U0303551

汉译世界学术名著丛书

大陆和海洋的形成

（第一版和第四版）

〔德〕阿·魏根纳 著

张翼翼 译

Alfred Wegener
DIE ENTSTEHUNG DER KONTINENTE UND OZEANE
Friedr. Vieweg & Sohn Braunschweig, 1980
（根据不伦瑞克费韦格出版社 1980 年版本译出）

阿尔弗雷德·魏根纳

汉译世界学术名著丛书
出 版 说 明

我馆历来重视移译世界各国学术名著。从五十年代起，更致力于翻译出版马克思主义诞生以前的古典学术著作，同时适当介绍当代具有定评的各派代表作品。幸赖著译界鼎力襄助，三十年来印行不下三百余种。我们确信只有用人类创造的全部知识财富来丰富自己的头脑，才能够建成现代化的社会主义社会。这些书籍所蕴藏的思想财富和学术价值，为学人所熟知，毋需赘述。这些译本过去以单行本印行，难见系统，汇编为丛书，才能相得益彰，蔚为大观，既便于研读查考，又利于文化积累。为此，我们从 1981 年着手分辑刊行。限于目前印制能力，每年刊行五十种。今后在积累单本著作的基础上将陆续汇印。由于采用原纸型，译文未能重新校订，体例也不完全统一，凡是原来译本可用的序跋，都一仍其旧，个别序跋予以订正或删除。读书界完全懂得要用正确的分析态度去研读这些著作，汲取其对我有用的精华，剔除其不合时宜的糟粕，这一点也无需我们多说。希望海内外读书界、著译界给我们批评、建议，帮助我们把这套丛书出好。

商务印书馆编辑部

1985 年 10 月

目　录

重印前言

1980年适逢阿尔弗雷德·魏根纳[1]诞生一百周年和逝世五十周年。鉴于他的著作在近几十年中赢得的巨大意义，费韦格出版社决定重新出版他的《大陆和海洋的形成》一书。在大陆移动[2]假说的发展过程中，他对自己初始的构想作过重大改变。为了使读者了解魏根纳的思想和为科学奋斗的发展过程，本书收入了1915年的第一版和作者生前最后改写过的1929年的第四版。

为了符合作者的愿望，并尊重这份科学文献的崇高历史意义，出版社采用这两个版本未经改动的原文。出版社也不愿舍去第五版他哥哥库尔特·魏根纳撰写的阿·魏根纳生平及活动。除此以外，本书完全保留了作者当年所交文稿的原来面目。

---

① 阿尔弗雷德·魏根纳，在我国的文献中也常译作阿·魏格纳。本书根据1979年版《辞海》中关于《大陆漂移说》条目，统一译为魏根纳。——译者

② 魏根纳的大陆移动学说，在我国专业文献中习惯称为大陆漂移说。作者原著中"移动"用的是verschiebung，这个词在德语中指空间的意思是主动或被动地改变位置或地点，并无"漂"的含义，因此中文应译为"移动"。魏根纳的学说译成英文时用了drift这个词，中文的漂移恐怕就是从英语的drift翻译过来的。后来，drift这个英语词，又反过来被引入德语词汇中去。因此，现代的德语专业文献中涉及魏根纳的学说时，"移动"(verschiebung)和"漂移"(drift)是通用的。本书从作者二十年代原著直接译出，verschiebung一词按德语原意译为"移动"。而现代的叙述和评论中两个词混用时，verschiebung仍译为"移动"，drift则译为"漂移"。——译者

《重印序言》向读者介绍大陆移动论形成历史的真实情况。在魏根纳的原著之后，收入一篇从现在的观点评论他的理论的文章。这篇文章向读者介绍魏根纳大胆的思想如何从开始起就对科学界提出严重的挑战，经过一段时间的保留观望，精确地球科学的方法又如何在几十年之后终于能够提供出数量方面的证据，表明他的理论基本上是正确的，以及他的论证在原来预想不到的程度上丰富了地球科学，并导致联合的研究活动。

文献索引提供当前讨论状况的概貌，但并不要求包括无遗。最后还附有一个论述魏根纳生平及创造性工作和他本人著作的文献目录。

编者及出版社

柏林/不伦瑞克

重印序言

1980年11月1日是阿尔弗雷德·魏根纳诞生一百周年。而正好在此之前五十年,他在一次对格陵兰大陆冰盖的科学考察旅行中,被极地的严冬过早地夺去了生命。

但是这位不知疲倦的科学家,在他生命的五十年中,除了大胆的科学活动以外,已经创立了他的设想,并通过艰苦细致的工作汇集了证据,这些成果还在他生前就已震动了当时的科学界,而在他去世后则影响地球科学进行着深刻的革命。

魏根纳生于柏林,文科中学毕业后在海德尔堡和因斯布鲁克度过了他的大学年代。他主要学习天文学,但在大学时代就已同时致力于研究地质学和气象学。1905年他获得天文学博士学位,从而结束了大学阶段。然后在林登贝格的普鲁士皇家航空观测站任助理。在那里他得以熟悉风筝和系留气球的升空技术,这些都是为大气学领域的研究工作而进行的。他也钻研了自由气球升空的理论和实践,并且取得了很大的成绩,以至1906年3月他和他的哥哥库尔特在一次持续52小时的长时间飞行中,从柏林北上至日德兰半岛,并向南到达斯佩沙尔特(Spessart)一带,从而大大超过了当时的世界纪录。

1906年夏至1908年夏,他作为气象学者参加了丹麦人米留斯—艾里逊组织的格陵兰考察旅行。

魏根纳于1908年秋就已经在马尔堡获得了天文学和气象学教授资格。在马尔堡大学担任兼课讲师时期，他开始了惊人多产的阶段。除了众多的短小论文外，在此期间他还写就了教科书《大气的热动力学》。这部著作出版于1911年，并引起各界对这位青年学者的注意，从而奠定了他的学术声望。魏根纳在这里表现出把自己的研究工作和深刻的科学论述结合起来这个出众的特点。汉堡的“气象学巨匠”柯本教授——魏根纳自1910年就和他有密切的学术交往——写道：“同这个领域的其他著作相比，这本书有两个特点。第一表现在新形成的大气学，首先表现在魏根纳通过自己的大量气球航行直接从大气层中取得的观点，这是以前的气象学家所不具备的；第二是他在毫不损害严格性的情况下，善于以简朴的明确性和最低限度的数学来阐明复杂问题这种特殊才能。”

这一期间，魏根纳已经转向了一个完全不相同的领域。他开始探索后来给他带来世界性荣誉的思想。根据他的朋友和最后一次格陵兰航行的伴随者格奥尔基的说法，魏根纳早在1903年就曾提醒他的大学同学伍恩特—许温宁格注意大西洋东西海岸的明显耦合。他第一次提出可能存在大陆移动这种思想是在1910年。第一个考虑到大陆海岸线耦合，并由此引申认为原来连成一片的大陆可能裂开而各部分位移了的科学家并不是魏根纳，这一点他自己后来也知道了。

从弗兰西斯·培根（1561—1626）和洪堡（1796—1859）起，这种现象就已经激起了一些杰出研究家的创造性幻想。斯尼德1858年在他的著作《天地及其被揭开的奥秘》中已绘了一些图，而且这些图暗示出大西洋两侧以前是邻接的这种设想，和魏根纳的复原构图很相似。美国人泰勒和魏根纳同时，但却是分别单独地根据地质构造证据，指出在地质时代中大陆必然进行过显著的重新布局。

1911年秋，魏根纳得到了一份综合报告，从中读到了关于古老动物界近亲关系的情况，这促使他去研究有关文献并认真地探讨这个问题，这时，大陆可能移动的思想把他完全吸引住了。

柯本以前曾经告诫过魏根纳，不要致力于这类"次要领域"，以便全力集中于气象研究，并指出以前就曾有些人在观察世界地图时对大西洋海岸的相似感到惊异。但后来柯本说，这一次察觉到这个现象的人却是"一个知识丰富的地球物理学家，一个有天才的人，一个坚忍不拔的人，他不畏艰难探索这个问题，并从其他有助于阐明这个问题的学科中获取必要的知识"。

经过系统的研究，魏根纳写成了大陆移动假说的初稿。1912年1月6日，他在美因河畔法兰克福向地质协会作了题为《大陆的水平移动》的报告，第一次把他的思想公之于众。他遭到激烈的反对。几天后他又在马尔堡向促进自然科学学会作了同样的报告，得到虽有保留却是友好的支持。

从他回答柯本告诫他还是从事原来专业的信中，可以最清楚地看出他初始的思路和论证的方法：

"我想，你认为我说的原始大陆是空想，其实不然，而你还没有看到这只是对观察到的资料如何解释的问题。虽然我是单纯由于海岸轮廓的一致想到这一点，但证实它必须基于地质学的观察结果。为此，我们不得不假设例如在南美洲和非洲之间曾存在过陆地通道，而它在某个时间中断了。对这一事件可以作两种设想：第一是一个起连接作用的大陆沉没了，第二是两者被一个大断裂分离开了。以前，人们从每一块陆地位置不变这个未经证实的假想出发，总是只考虑前者，而排除后者。可是前者与现代的地壳均衡说，而且与我们的整个物理观念相违背。一块大陆是不能沉没的，因为它比它漂浮于其上的物质轻。因而我们不如考虑后一种可能！如果由此会使解释出乎意料地简化，如果表明由此便于解释地球的整个地质发展历史，我们为什么还要犹疑而不抛弃旧的观念呢？”

他的假说，第一次成文发表于1912年《彼得曼地理通报》，摘要发表在《地质评论》中。此后出现了一场激烈的讨论，很长时期里，知名权威的坚决反对一直占上风。

魏根纳则再次到格陵兰去了，他从1912年夏到1913年秋，在那里参加了丹麦人科赫上尉领导的充满惊险和艰辛的穿越大陆冰盖旅行。回来后他和艾尔莎·柯本结了婚，几年前他拜访她的父母时赢得了她的爱情。

第一次世界大战爆发后，魏根纳作为后备役上尉立即被召入伍。开战不久即两次负伤，不得不较长时间住院。在大战的其余时间里，他一直在战地气象站工作，其间到过西线两次，到过保加利亚和立陶宛，在立陶宛时还在塔尔图大学讲课。在这些战争年代中，他表现出的积极性是惊人的，这从他发表文章的数量可以看出。

让我们来读读魏根纳后来在格拉茨年代的亲密朋友伯恩多夫对他在大战岁月里创作情景的介绍：

“我并不确切了解，因为我从来没有就此和他谈过，但是我相信战争服役对他是很严峻的。不是由于危险和艰苦，这些对他这样的人甚至是有吸引力的，而是由于把他引入了严重的内心冲突，对祖国的义务和深信战争是可憎的信念之间的冲突。魏根纳属于那种当今十分罕见的人，他在为自我、家庭、本国人民和人类福利这个阶梯上，并不完全随意停留在人民这一级上，而是把促进整个人类的福利视为生活的意义。魏根纳肯定是一个真正地道的德国人，但是没有那种在战争中以令人不快的方式培育起来的狭隘民族主义。

“这也许正是魏根纳在负伤后以异乎寻常的精力投身到科学工作中去的原因之一。除了公务以外，他甚至能够在1915年就出版了他的《大陆和海洋的形成》一书。虽然战争的波涛汹涌，这本书在科学界仍引起了异常的轰动，并且正如大家知道的，开始时并未得到使人宽慰的赞同和承认，从某些方面甚至遭到意料中的和极其粗暴的反对。”

1919年，魏根纳继柯本之后任汉堡全德天文台气象室主任。并且被任命为副教授。在他的前任建立起来并设在格罗斯波斯特耳的实验所中，那些优良的技术装备促使他去进行各种使用仪器的工作。但是在汉堡的时期，魏根纳的主要科学工作却集中在继续扩展和深化他的大陆移动论。格奥尔基介绍了汉堡时期的情况：

“但是对他更有意义的是：一方面他要每周数次在高耸于汉堡港之上的海洋气象站大楼里执行‘公务’，也就是完成使他感到十分遗憾的官方公文往来；另一方面，他却终于得以在郊外的气象实验所简陋的工作室中，重新致力于大陆移动的研究，这方面的辩论现在‘引起了轩然大波’。当时战争已告结束，与国外的联系已经恢复，不仅从各种不同专业的同行那里传来了支持或反对魏根纳理论的新资料的消息，而且这些专家还从世界各地来到格罗斯波斯特耳，访问那间不起眼的木板平房或者附近的柯本—魏根纳的家。也许可以把当时的格罗斯波斯特耳称为对这个问题感兴趣的地球物理学家和生态学家的麦加，就如像在此之前二十年柯本的家曾经是大气学这门新兴学科的麦加那样。通过柯本和魏根纳的共同工作，大陆移动说在古气候学上的应用成了一项特殊成果。

“我们这些魏根纳在格罗斯波斯特耳的科学助手，与我们的上司在个人关系上是很亲密的，每当又出现新的事实支持他的理论时，对我们也是激动的日子，而当他不得不和对手争论或者甚至要在明显的误解面前为自己辩护时，对我们则是抑郁的时刻。我们有幸在这些事件中亲眼见到过一些著名的学者。”

不伦瑞克的费韦格出版社出版了《大陆和海洋的形成》这本书的第一版后，1920 年紧接着出了第二版，1922 年出了第三版，后两版都是分别重新加工并扩充了的。魏根纳以不倦的勤奋精神，从各方面不断、反复地提出新的证明材料以支持他的理论，彻底检查反对者的责难，毫无顾忌地推倒那些他认为不确切的论据。

他的著作被译成多种外文，证明他的理论在全世界引起了多么大的兴趣。第三版已经被翻译成英文、法文、西班牙文、瑞典文和俄文出版。魏根纳赢得了世界声誉，并且高兴地看到他的支持者逐渐愈来愈多，而且有一些原来顽固的反对者由于新提出的证据改变了看法。

魏根纳在不久以后也认识到，大陆移动必然和气候变化有联系。他相信，借助大陆移动论能够给大量由于古气候证据造成的混乱带来条理化，同时为他的理论找到完全新的支柱。

通过和柯本在这个领域的紧密合作，产生了两人合著的《地质古代的气候》一书，这是大陆移动论的一个重要部分。

1924 年魏根纳接受了到格拉茨大学的任命，担任地球物理和气象学正教授，他的家和岳父母柯本一家不久也搬到那里去了。

魏根纳作报告时深信自己理论的正确性，并闪耀着他的性格，读一读伯恩多夫对他在格拉茨时期的描述就可以看到这一点：

“作为一个新来的人，魏根纳自然不得不作很多报告，这在一所无名的大学里是容易理解的。但他却总是兴致勃勃地承担这种令人厌烦的义务，我还能愉快地回忆起他的一些报告。

“他关于移动论的报告，至今在我的记忆中仍然印象深刻，这是他到这里后第一个冬天，在自然科学协会对我们做的。他开始时没有很多开场白，言辞简单朴素，近乎平淡枯燥，还有点断断续续。但是随后系统地、极其明确地和生动地逐个列举出证据——先是地球物理的，接着是地质的、古生物的、生物的和古气候的——时，他变得活跃起来，眼睛闪闪发光，听众被他提出的构思的美妙、宏伟和大胆所吸引。我从来没有如此清楚明确地感到，在只有事实能说明问题时，修辞对一个报告的作用是多么没有必要。

“在报告后的讨论中有人提出异议，但我认为只涉及非实质的东西。后来魏根纳作了回答，毫无恼怒之意，明确而深思沉着，这时人们才充分感到他扎实地掌握着从所有各门科学中汇集起来的巨量资料。”

他显然也善于说服他的学生：

“在喝茶时他给我们讲述他的多次旅行，那些不大了解他的经历的大学生专心致志，以极大的兴趣倾听他的叙述。我们那些十分热衷于体育、在格拉茨尤其热衷于滑雪运动的大学青年，深为他的成就所感动是理所当然的。他们中的大多数，大概也知道他是一个著名的学者，而人们却完全不会感觉到这一点，加之他甚至和最年轻的学生交往时，也是那样简朴和平等待人，这些正是他能迅速赢得青年人的心的原因。我相信他们会为魏根纳赴汤蹈火，如果有人敢于怀疑大陆移动论，他们肯定会愿意列举出明确的论据。”

1929 年出版了他论述大陆漂移著作的第四版，而且又是经过重新修订整理的。

魏根纳多次把他在格拉茨度过的岁月称为一生中最幸福的年代。1929 年，继续对格陵兰研究的诱惑再次闯入这种宁静的生活。直接的起因是否来自哥本哈根的一封信呢？信中通知他，丹麦每隔五年进行一次的经度测量，证明格陵兰每年向西漂移 36 米。对于魏根纳来说，这是对他理论正确性的第一个直接证明。

十五年以来，魏根纳自己就在考虑进行一次大规模的考察旅行，以便了解大陆冰盖以及在它上空生成的反气旋。1930 年春，他出发去作一次大考察旅行，却一去不复返。

安德里阿斯·伏格尔

1979 年秋于柏林

大陆和海洋的形成

第一版

阿·魏根纳　著

马尔堡大学

气象学、应用天文学和宇宙物理学兼课讲师

插图 20 幅

不伦瑞克

费韦格出版社

1915 年

目　　录

前　　言

1914 年夏季，出版社要求我在 1912 年参加科赫上尉主持的穿越格陵兰旅行之前把提纲式地发表的大陆移动假说，以较为详细的形式在《费韦格丛书》中加以论述，可是当时我希望等待由于我的第一篇论文引起的德美合作测量经度的结果，这次测量是由波茨坦大地测量研究所与华盛顿海岸和大陆测量局共同开展的，并预计于 1914 年秋季结束；因为这次测量一定会显示出理论上要求的经度差的增加，如果它存在的话。从而可以看作这一假说正确或错误的“关键实验”。然而我遗憾地听说战争陡然中断了这项正在顺利进行的测量，并把它的结束无限期地推迟了。由于这个原因，我认为不如不再迟疑，把因在战争中负伤而给我的休养假期利用来完成这项科学义务。虽然由于这些不利的外部情况，也许会带来某些在安宁时期可能得以避免的不完整性，我还是相信我搜集到的新证明材料以及更精确地理解以前的证据，足以成为再作一次论述的理由；况且第一次论述时，由于简短，有几点被误解了。

文中试图尽可能用简图和其他图解来补充文字的论点。但仍要提请读者注意，某些阐述还是只有借助地图集才能正确地作出判断。此外,我还很愿意建议诸位使用格罗尔出版的《海洋深度图》①。

我认为很荣幸的一项义务是感谢地质学兼课讲师克鲁斯博士先生,他最无私地给我以耗费大量时间的帮助,指导我查阅地质文献,并且可能更重要的是他的富有启发性的思想交流。

阿尔弗雷德·魏根纳

1915年3月于马尔堡

① Veröff. d. Instituts f. Meereskunde, Neue Folge A, Heft 2, Juli 1912, Mittler & Sohn, Berlin.

第一章　大陆移动论是陆桥沉没说和海洋永恒说的折中

直至不久前，人们还试图用旧的、比喻为苹果变干这样一个明显直观的观念，来既解释山脉，也解释从深海底升起的宽阔的大陆架。这种观念认为地球由于逐渐冷却而收缩，而且内部比外部收缩得厉害，这当然是难于证明的。外壳不断地变得过大，因而产生一种普遍而持续的水平"穹隆压力"，导致外壳形成皱纹（褶皱山）。但是为了也能解释大陆地块，人们还得假设穹隆压力可以暂时地阻止最顶部的地层随着内核而收缩，直至超过某一界限时出现较大地块的相对突然的沉降，使得在某一处会形成一个"地垒"，而相邻的地块则已经"下沉"。

按照赖尔设想的过程，人们假设大陆上的地垒可以无限制地交替升起和再沉没，因为在各大陆上几乎到处都可以遇见含有海生动物化石的海相沉积，另一方面还因为现在为深海隔开的大陆上的陆相区系植物和动物是如此一致，以致不得不假设以前曾经存在过宽阔的陆地通道，使得各种属都可以直接交流。"确凿的证据证实一方面海盆是由大陆破裂形成的，另一方面古老深洋的沉积则并入陆地。"（诺麦尔—乌利希，Neumayr-Uhlig，Erdgeschichte，2. Auflage，S. 416，Leipzig und Wien 1895）。沉入海底的有南美洲和非洲之间、北美洲和欧洲之间、印度及非洲南部和澳大利亚之间的古老陆地通道,不断增多的标本愈来愈雄辩地证实这些通道曾经存在过。这种观点在最伟大的地质学家之一修斯的毕生名著,即他的四卷巨著《地球的面貌》中不仅作过最完整的论述,并且广泛地和地质事实结合起来,而且也最简短和最精辟地归结为一句话:“我们现在亲身经历的正是地球的破裂。”(卷Ⅰ,778页,1885)

然而当今绝大多数地质学家已经一致认为,这只是一种肤浅的解释;但是迄今人们也公认:“收缩论早就不再为人们全盘接受了,但暂时还没有找到一种理论来完全代替它并能解释一切情况。”(引自伯塞[①])

特别是从地球物理学方面提出了如此大量的疑点和指责,以致看来上述结论是无可辩驳的。就是地球在冷却这种说法,在发现了放射性物质以后的今天看来也是成问题的,因为它们的裂变不断地放出热量。如果考虑到这种新能源,粗算一下地球的热能收支,就可以看到,地球内部只要含有不多的这类放射性物质,就足以使热量循环得到平衡。可是我们在地球外壳的岩石中观察到的这种物质的含量是超过这个界线的,因此如果整个地球内部的含量相同,则地心的温度必然应不断上升[②]。虽然我们就宇宙起源的问题而言,现在还是认为地球最终要趋于冷却,因为它的放射性物质藏量不可能是无限的,所以无疑这种冷却在地质时代中不

---

① E. Böse, Die Erdbeben (Sammlung “Die Natur”, o. J.), S. 16, Anm.——并参阅安德烈(Andrée)的评论,Über die Bedingungen der Gebirgsbildung. Berlin 1914。

② v. Wolff, Der Vulkanismus I, S. 8. Stuttgart 1913.

会起什么作用。但是即使由于放射性研究是新的，而且还恐怕有谬误，仍然不能不承认山脉褶皱的幅度太大了，任何地球温度变化都是解释不了的，况且如果考虑到最近才发现的逆掩则更是如此，例如阿尔卑斯山由于逆掩而收缩了十个经度。按照我们现在的观点，地心不是由易于压缩的气体组成，而极可能是由已经强烈压缩因而几乎不可能再减小体积的镍钢组成。有一段时间，人们认为穹隆压力能使一个大圆的收缩传导到它的某一个部位上去（海姆），这种设想是一条出路；但是对此地壳的压力强度又不够。阿姆弗洛[①]、赖日尔[②]、鲁茨基[③]等人的结论是正确的，按上述说法，整个地表本应均匀地产生皱纹。

对洋底下沉的疑虑就更大了。下一章将要论述的重力测量，提出了严格的数字证明大洋底部的岩石重于陆地之下的岩石，而且其重量差正好补偿了空间上的亏缺；就像冰山在水中漂浮那样，大陆块正是镶在同样也分布在海洋之下的较重物质中。如果这样，深海基底就不可能是下沉的大陆。[④] 与此相对应的是如华莱士首先认识到的，今天的大陆以前也绝不可能成为深海的基底，而只是被浅水所淹没（海侵），就像我下面还要论述的现代的陆棚那样。固然有少量沉积岩样本被认定为深海沉积物，但是几乎不断

---

① Ampferer, Über das Bewegungsbild von Faltengebirgen. Jahrb. d. k. k. Geol. Reichsanstalt LVI, S. 539－622, Wien 1906.

② Reyer, Geologische Prinzipienfragen, S. 140 ff. Leipzig 1907.

③ Rudzki, Physik der Erde, S. 122. Leipzig 1911.

④ 有些浅海床如爱琴海、英吉利海峡、爱尔兰海等，即使从大陆移动论的观点出发，也理解为大陆下沉了的某些部分；它们的下沉是由于地壳较深的塑性部分被水平拉力稍为“拉薄”了些。

地有人反对这种看法。例如有些人就和许泰曼是同一意见,把阿尔卑斯上侏罗和白垩纪的所谓放射虫岩定为这种“深海沉积”。这是一种含石灰质少的红色、有时也呈绿色的有放射虫残迹的页岩,带有燧石和碧石,而且常常和锰矿共生。实际上尤其是贫石灰质这一点表明形成深度大,因为在深度大时,海水才对石灰起溶解作用。但是也有人表示过对此怀疑,特别由于这类放射虫石,有时也夹在显然是浅海的沉积岩中。许泰曼还想把整个北阿尔卑斯的“红层”定为深海沉积;格于姆伯尔则把阿尔卑斯山前地带老第三纪中含有粒辉石的岩层也定为深海沉积;摩里伊认为马耳他岛上的中新世泥灰岩,是在1 000—2 000米深处沉积的;雅克斯—勃劳恩和哈里逊描述了西印度岛屿巴巴多斯的红色粘土和抱球虫泥岩及放射虫泥岩;伯雷迪根据它们的区系动物成分,认为形成深度达2 000米。还应提到的是特立尼达和新梅克伦堡一些新近发现的沉积(古皮和舒伯特)。最后也许还可以包括在这里的是古生代的石英板岩,它的矽质同样来源于放射虫①。但是这些岩层完全可以解释为是在中等深度的海底生成的。可是对它们的解释总是相互矛盾的,而与大陆的面积相比,它们的分布是微乎其微的。其他以前普遍认为是深海成因的沉积物,通过最近的研究已经认定为浅海产物。最著名的例子是白垩岩,对此卡佑已经提供了证明。就是说大陆从来没有成为过深海底,只是被海水所淹没这种说法肯定基本上是成立的。

此外,如果说在现在的海洋所处的地方以前存在过大片大陆,

① Dacqué, Grundlagen und Methoden der Paläogeographie, S. 215. Jena 1915.

则还会出现一个极大的困难，就是海洋的水到那里去了，彭克和威里士曾特别指出过这个问题。如果让"沉没了的"陆桥再现，那么大陆所占面积就会异常巨大，以致没有足够的空间以容纳现在大洋盆中的水。否则就只能是当时的陆台几乎完全为海水淹没，而从沉积层看，情况又不是这样的。对此，冷缩说只有一条出路：当时整个海水量相应较小。但是这种"专门为此"制造的假说当然是不能使人满意的。

美国的地质学家偏重上面提到的后一种考虑，同时比欧洲的地质学家更快地吸收了重力观测的结果，他们片面地强调这些因素，从而出现了首先为华莱士和丹纳提出、最近特别受到威里士热烈支持的"海洋永恒"[①]说，但是这一学说完全忽视了现在已经不能否认在距离甚远而为深海所隔的大陆之间以前存在过的陆桥。数以百千计的古生物标本成为愈来愈有力的证明材料，表明这些大陆的动物和植物区系曾经毫无阻碍地互相交流，横越今天的深海。只靠假设海岛带来代替陆桥，或者甚至假想绕道今天尚未查清的地区，以维持海洋的"永恒"，这种尝试太不能使人信服，因此我们不必认真深入讨论。这样，欧洲——虽然已经有人怀疑——宣称"地球的破裂"，而美洲则鼓吹"海洋的永恒"，——这是两种互相排斥的假说，并且双方都无法驳倒反对者的批评。

---

① 《古地理学原理》(Principles of palaeogeography，Sc. XXXI，N. S.，Nr. 790，S. 241—260，1910）一文中写道："大洋盆是地表的永恒地形，它们一直就在其现在的位置处存在着，自从水开始在那里积聚以来，外形只稍有变化。"特别僵硬的是结束语："这个结论似乎已把海盆的永恒性置于尚可争论的问题范围之外。"

这些困难都会完全消失①,只要下决心走出唯一的但却是关系重大的一步:只需假设大陆地块能在地球表面上做侧向移动。

可以作下述设想。我们迄今设想有古老陆地通道沉没于海洋深处的各个地方,现在都假设两个大陆地块以前是紧挨在一起的,甚至构成一个整体的台块,而它的各部分是由于断裂才彼此分离开的,然后由于目前还不清楚的力量,在漫长的地质时期中拉开到它们今天的距离。这样,我们可以把大西洋理解为在第三纪才张开的巨大断裂,在这个断裂不断进行而且今天还在继续的加宽过程中,在美洲地块的西部边缘挤起了狭长的安第斯山脉。我们还可以假设格陵兰直至冰川期还和欧洲及北美洲直接相连,这样,当时极其巨大的内陆冰盖就缩小到一个较小的空间里了;而喜马拉雅山脉则是长形的勒穆利亚——前印度半岛强大并仍在继续的挤压的结果;澳大利亚和新几内亚则向北推进,在最近的地质时代才插入后印度的伸延支脉之间,它们由于动物区系的差异而与周围格格不入("华莱士线"),这一点今天仍然是对此的明证。对所谓沉没了的冈瓦纳古陆,我们假设南美、南部非洲、前印度和澳大利亚以前曾经是直接毗连时,这样,现在互相距离非常远而分布着的二迭纪内陆冰盖残迹,就可以拼接成一个大小合适的同心圆状的极地冰盖了。由于这种可以出现水平移动的假设,使得对大量现象的解释简化了,这就是我们下面将要论述的主要内容。我们由此获得的地壳性质的图景当然是新的,而且在某些方面是怪诞的。

① 达奎(参看引用过的著作 S. 181—183)在我第一批论文的基础上已承认这一点。

但是正如下面还要指出的，这些都不缺乏物理学上的论证。

在阐述之前，我想先作一些历史的说明。皮克令[①]在 1907 年就已经表达过这种由于海岸线的平行走向而很容易联想到的猜测，美洲是从欧亚大陆分裂出去而被驱离成大西洋这样一个宽度的。固然他是把这个过程和达尔文的假设联系起来的，达尔文假设月球在很久以前从地球抛出去，并认为太平洋洋盆就是这一事件的残迹，同时也就把大西洋的形成放到远古时代去了。史瓦西、里阿普诺夫、鲁茨基等人反驳了达尔文的这种设想，可是最近达奎又表示赞成这种观点。我不想详谈这个问题；因为即使达尔文的想法是对的，太平洋作为抛离的疤痕这种观点也是难于成立的。既然太平洋是由一种这样奇特的手术造成的，那么为什么其他结构相似的洋盆的起源又会完全不同呢？根据本书提出的观点，各大洋是最外层地球壳层各碎块间的空当，这些碎块由于不断进行的推挤而面积在缩小，今天只还占地球表面的三分之一。在我们能明显觉察出这种推挤作用的山脉地带，它的幅度还要大得多，因此毫无必要虚构其他原因以解释洋盆的形成。太平洋中的海岛带是大陆地块在移动时裂离并滞留下来的边缘部分，它们非常生动地证明了这个过程，因此我们看来并不需要假设抛出月球这样奇特的方式来解释海洋的形成。皮克令提出美洲是从欧非大陆[②]分离出去的这个思想其实是成功的，可惜由于掺和了达尔文这种宇宙生成的抽象推论而大为失色。

---

① The Journ. of Geol. XV，No 1，1907；也请参阅 Gaea XLIII，S. 385，1907。

② 前面说“美洲是从欧亚大陆分裂出去”，这里又说“从欧非大陆分离出去”，原文如此。——译者

另一篇泰勒[①]发表的文章更为接近本文阐述的观点。因为泰勒也假设各大陆曾做大幅度的水平移动,尤其是在第三纪,并且往往恰当地把它们和那些巨大的第三纪褶皱带联系起来。对某些过程,例如格陵兰和北美洲的分离,他的设想和我们是一致的。而对于大西洋,他则认为其整个宽度中只有一部分是由于美洲地块的移离而形成的,而大西洋中间的洋底隆起是沉没的陆桥;我们则认为海岸或者起码陆棚的边缘正是当时断裂的外端。他的目标是从"陆地逸离两极"或类似的造型原理中去寻求地球上大型山脉的分布规律,而只是偶尔并不加论证地提到大陆的移动。正是由于这个原因,别人在评论他的论述时大多采取怀疑的态度。

上述两篇论文,我都是在基本上形成了我的假说以后才了解到的,因此未能从其中汲取启示。我的最初启示毋宁说是来自对地图的观察,以及从其中感受到的大西洋两岸平行这个直接的印象。过了一些年月,我偶然地接触到了一些古地理方面的研究成果,证实了我开始时认为不大可能的想法,这时我才决定从有关的学科中系统地仔细验证这种大规模移动的可能性,并得以于1912年1月6日和10日,在法兰克福(美因河畔)的地质协会及马尔堡促进自然科学学会的演讲中报告此项研究结果[②]。随后还在当年发表了最初的两篇论文[③]。

---

① F.B.Taylor,Bearing of the Tertiary Mountain Belt on the Origin of the Earth's Plan. B. Geol. S. Am. XXI,2,Juni 1910,S. 179—226.

② 演讲的题目是:1.《从地球物理学的基础看地壳大地形(大陆和海洋)的生成》;2.《大陆的水平移动》。

③ 《大陆的形成》,见 Geol. Rdsch. III,Heft 4,S. 276—292,1912,第二篇以同一题目发表在 Peterm. Mitt. 1912,S. 185—195,253—256,305—309。

第二章　地壳均衡说

这里的均衡是指压力平衡，或者说固体地壳在较重的岩浆基底上漂浮。像一块冰由于负重而会更深地沉入水中一样，大陆地块负重后也会更深地沉入比重大的岩浆中，在负荷减轻后则再浮起，如果大陆台块为大陆冰盖所覆盖，它就下沉，冰盖融化后，海侵时形成的海滩线随之升起。冰盖厚度最大的中央部分沉降也最厉害，因而可以在这里找到最高的海滩线。从德·耶尔的等升线图可以看到，最后一次冰期时斯堪的纳维亚中央部分的海侵至少达到 250 米，向外则逐渐减弱①，对“大”冰期则估计数字会更大。德·耶尔证实了北美洲冰川地带也有同样的现象。鲁茨基指出，基于均衡说假设算出的大陆冰层厚度值是合乎情理的，即斯堪的纳维亚为 930 米，北美洲为 1 670 米（人们假设那里的沉降为 500 米②）。

沉积物自然也会起同样的作用。如果说在地表下，我们已经钻到的冰川底冰碛最大深度在汉堡附近为 190 米，在乌德勒支为 160 米，在柏林为 125 米，在吕德斯多夫甚至为 175 米，因而今天

---

① G. de Geer，Om Skandinaviens geografiska Utveckling efter Istiden，Stockholm 1896.

② Rudzki，Physik der Erde，S. 229，Leipzig 1911.

在广阔区域内位于海平面以下。这样,根据上述原理,显然没有必要假设底冰碛在沉积时就位于海平面下如此深的位置。费舍尔似乎首先认识到均衡说这个有趣的结论。来自高处的所有堆积只要波及较大的地区,都会导致地块的沉降,固然时间会稍错后,从而使新的地表处于和原有地表几乎相同的高度。是否会超过原来的高度则取决于沉积物的比重。但沉积物一般都比较轻,因而虽然基底下沉,整个地槽仍然可能为沉积物所填满。但是由于起作用的总只是沉积和沉降的差,因此这里需要的沉积物的厚度必然往往是地槽初始深度的很多倍。我们在下面还要返回来谈这一点。

关于地壳的这种均衡说,从上世纪中叶以来已经出现了大量文献,但是最近各不同学科才取得一致的看法。这种假说是以普雷特的名字命名的(“均衡”这个词是德通到 1892 年才使用的),他于 1855 年首先发现喜马拉雅山脉对测锤并没有产生原先设想的引力,此后艾黎、费耶、赫尔梅特等人提出了一个想法,认为加于大陆上面的山体由于在它们下面的某种质量亏缺而得到补偿。原来关于地下空穴的想法出于地质的原因而被抛弃了,最后剩下的只有海姆首先提出的假设,即山体下部较轻的岩石圈具有特别大的厚度,从而把较重的岩浆压到了较深的位置(图 1)。

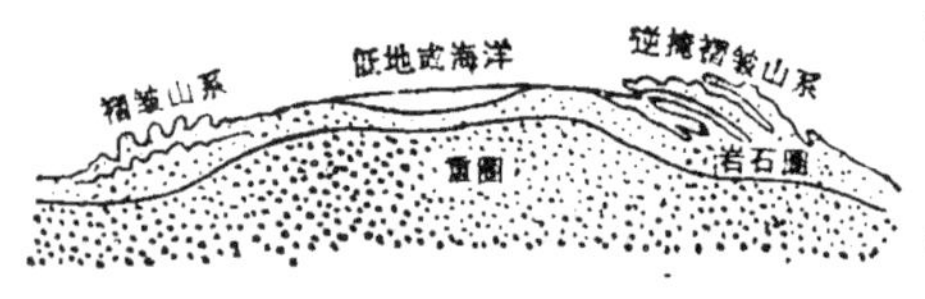

图 1　岩石圈按现有设想的不同厚度
(据海姆,引自凯萨)

在海洋岛屿上所作重力测量的结果,也是出乎意料的,它得到的不是易于理解的重力减小。由于轻的海水取代了重的岩石,重力本应减小,可是测量结果,却和陆地上测量所得的数值大致相等。亨逊在北极洋弗拉姆探险旅行(1893—1896)中所进行的测量也得到同样的结果。当时在大洋上进行观察有困难,因为许特恩艾克摆的振动周期只有把仪器固定好才能测出。为此赫克尔把摩恩以前提出过的一个建议付诸实施,就是在远洋中同时对汞气压计和测沸点计读数以确定重力①。赫克尔在 1901 年作了一次航行,从里斯本到里约热内卢,1905 年又穿过地中海到澳大利亚和旧金山,并回到横滨,航行中所作的观测,才最终确定了大洋中预期的重力亏缺并不存在。在赫克尔的航行之前,费耶、赫尔梅特等人就已对此作出了正确的解释,他们设想在海洋下部地球由比重较大的物质组成,而在大陆下部的物质则比重较小。但他们并非假设深海底本身由这种重物质构成,下文中我们则认为它可能是由重物质组成的。相反,甚至在最近,所有作者(洛乌卡谢维奇,海姆在图 1 中所引的示意图等)还都附和艾黎 1855 年就已提出、后来又为斯托克斯所发展的观点,即岩石圈包裹着全球,只是在海洋下面比在大陆下面薄。② 其实这样已经可以解释那些重力观测结果,但是下一章将要提到的存在两个最常出现的高度面这一点仍然无法解释。但是两种观点都认为海洋明显的质量亏缺,由于在其之下的重量状况而正好得到抵消,这证明陆地地块和洋盆之间也存在着均衡状态。围绕着均衡说的适用范围开展了极其大量的

① 从水的沸腾温度不难确定气压的绝对值,而汞气压计给出的值是汞柱的重量,但相同的柱长的重量是取决于重力的。因而两个数据的差系由于重力偏离其正常值而产生,这就可以用来求出重力。这个方法的精确度虽然比用摆的方法差十倍,但是还能勉强满足我们的上述目的。

② 但自我的第一篇文章发表以来,已经有一些研究家,如安德烈和达奎,赞同我的观点。

研究工作,因为事实表明均衡说对地壳中很小的地限并不适用,如对单个的山(特别是块状山,也许还有火山);因而我们必须设想这些部分是由整个陆块的弹性所承受的,就像把一块石头放在一个冰块上那样。这时均衡存在于冰块加上石头这个整体与水之间。就地壳而言也必须假设,由于加上了一座这种块状山,其整个周围地带下降了,当然下降的幅度是微不足道的;山本身却没有在均衡方面得到等同补偿。地堑裂谷、深海沟和一些其他现象有时也会偏离均衡说,对它们都需要作专门的解释。在地表的所有较大单元之间,这种压力平衡就我们的测量精度来说却已经完全达到了。在大陆上,很少能够测得出直径几百公里的形体对均衡状态的偏离。如果形体的直径只有几十公里,大多只存在部分的补偿;如果只有几公里,则这种补偿往往完全不存在。当然对于海岛,无论它们多么小,都必须假设处于均衡状态,因为这里不存在任何把它们承托起来或者从旁边把它们固定起来的地块,相反,它们直接漂浮于海洋的岩浆基底之上。由于这个原因,人们也不得把例如太平洋上的火山岛想象为完全由熔岩堆成并且坐落在深海基底之上,而是必然存在一个由组成陆地的那种轻物质构成的核心,并且我们下面还将详细论述,它的绝大部分,也就是百分之九十五,一定要沉没在水面之下才能使其余的百分之五露出水面。最近的地区性研究结果,也明显地表现出这一趋势;嘎格尔指出,卡纳里群岛不是由火山物质,而是陆地的碎块组成的,豪格并强调很多太平洋上的群岛也是这样。

不难看出,大陆范围均衡存在的有效界线具有多么重大的物理意义。在大面积的规模上地壳表现为塑性的,在小面积时则是刚性的。这里出现的是质量力(重力)占主导地位向分子力(强度)为主的过渡。均衡意味着质量力占优势[①],均衡的丧失则表示分子力占优势。正是由于这个原因,很小的天体,如某些行星的卫星和一些小行星不再呈球形,陨石自然更是如此;因为球形表示均衡。月球作为整体来看时,已经受均衡的支配;但是月球表面的十分不平坦,表明那里的质量力已经比地球上弱得多,从而分子力的作用增强。山岳的高度也不是偶然的数值,而主要是由这两种力的比例关系确定的。这种比例使得山岳也不会长到天上去,而是当地块超过一定厚度后,其物质主要从底部向四周流去,于是就降低。

基于这些考虑还可以推论,所有把地球理解为某种形式的晶体的假说都是站不住脚的。这样,科恩最近假设的地核铁晶体[②]本身立即会取得球状,很多人鼓吹的收缩四面体[③]也只有在足够小的橡皮气球才能产生,而对天体是不可能的。

在形成褶皱山脉中,均衡起着特别重要的作用,但这一点往往还没有得到相应的承认。与这种造山作用有关系的因素将在以后专设一章综合加以论述;这里只想提出下面这一点。上面已经提到,从重力测量,我们必须得出结论,认为这种山脉作为整体是通过补偿达到均衡的,地块向下方相应加厚表明了这一点。如果说目前年龄如此不同的所有山脉情况都是这样的,则我们显然必须作出结

---

① "克分子力压倒分子力"(见 Loukaschewitsch, Sur le mécanisme de l'écorce terrestre et l'origine des continents, S. 7. St. Petersburg 1910)。

② H. Kohn, Die Entstehung der heutigen Oberflächenformen der Erde und deren Beziehungen zum Erdmagnetismus. Ann. d. Natur-u. kulturphilosophie XII, S. 88—130.

③ 达奎在 Grundlagen und Methoden der Paläogeographie 一文中对此作了详尽报道 S. 55 ff. Jena 1915。

论,认为在其形成的所有阶段均受均衡作用的支配,或者换句话说,褶皱山脉是在维持均衡的情况下通过推挤作用产生的。如果我们把漂浮在液体上的一块大的塑性盖通过水平压力很缓慢地推挤,就会得到类似的情况。若假设这时塑性盖先有四分之三沉入液体以下,那么变厚以后也会有四分之三沉下去;因为液面以上和以下部分之间的比例必须保持相等。由于地内岩浆和漂浮于其上的岩石壳之间的密度差微小,后者几乎完全沉入前者之中;只有百分之五露出岩浆平面之上,而百分之九十五潜于其下,因此地块由于推挤造成变厚后也必须保持同样的比例。也就是说,我们在山脉中看到的只是整个推挤作用的一个微小部分。因而说山系的"褶起"是容易引起误解的。在这个过程中受推挤地区重心的沉降幅度往往是巨大的,达到50公里甚至75公里!我认为通过上述论证,使得所有那些把阐述山脉"隆起"作为其专门任务的理论都失去了根据。因为一旦要为这种隆起去假设某些特殊的力量,就必然要确认它们的进程是违背均衡作用的,这显然不符合实际情况。

反之,山脉由于冲蚀作用引起的剥蚀,也是在维持均衡的条件下进行的,推挤而成的沉积盖层,开始时还完全覆盖着原始岩石,当然首先遭受剥蚀。喜马拉雅山脉就表现着这个阶段,它目前还处于挤压大力进行的时期。阿尔卑斯山脉则剥蚀已甚为发育,从而中心原生岩石带从沉积岩中裸露出来,而挪威的山脉中沉积外壳已被完全清除。但是由于均衡的原因,原生岩石核心必然上升,其程度大致相当于从其上除去沉积岩所减轻的负荷;也就是说,虽然山脊的高度在剥蚀过程中要下降,其程度却远不会像剥蚀那样大。

第三章　硅铝的大陆地块和硅镁的洋底

大陆移动理论的基础，就是设想起始时连成一体的地球岩石圈现在只剩下几个大洲这些推挤而成的残块，而大洋底则是由较深的岩浆层物质组成。下文将论述其原因。

在地球表面有两个最频繁出现的高度，它们相应于陆地和深海底，这是早已知道的事实。“地球表面高程曲线”（图 2）使人对此一目了然。用数字表示的频度如下[①]：

	深							
公　里	7 以下	6—7	5—6	4—5	3—4	2—3	1—2	0—1
百分比	0.2	0.7	2.1	**36.0**	13.0	6.5	4.0	9.2

	高				
公　里	0—1	1—2	2—3	3—4	4 以上
百分比	**22.3**	4.0	1.0	0.5	0.5

约位于 2.3 公里深处的平均地壳平面甚少出现，而存在两个频度最大值，一个在 0—1 公里高处，另一个在 4—5 公里深处；整个地球表面约有百分之六十分布于这两段内。为了更准确

---

① 据 W. Trabert, Lehrbuch der kosmischen Physik, S. 277, Leipzig und Berlin, 1911.

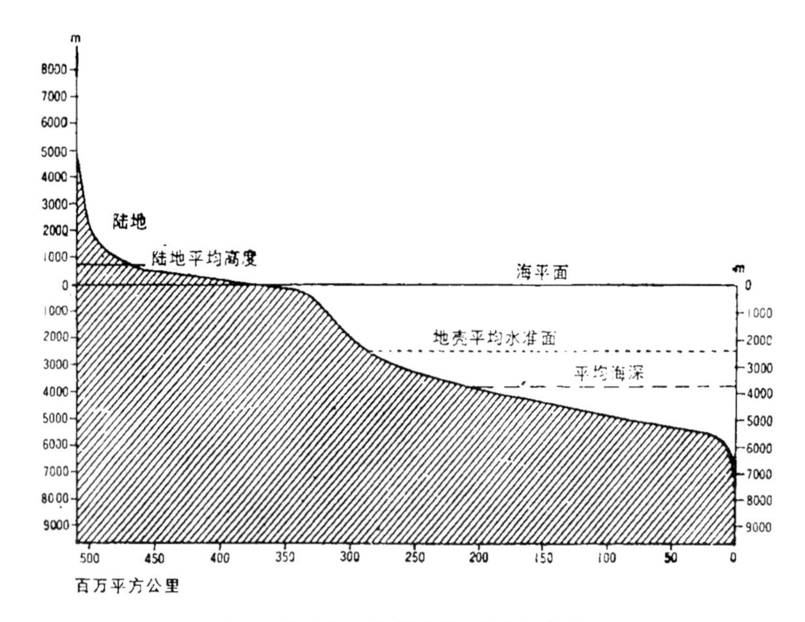

图 2　地球表面高程曲线(据克吕梅尔)

地表示出最大值的位置,需将这两个区段进一步细分。得出的结果如下:

深度(公里)	4.8—5	4.6—4.8	4.4—4.6	4.2—4.4	4.0—4.2	
百分比	9.4	12.1	6.0	4.7	3.8	
高度(公里)	−0.2—0	0—0.2	0.2—0.4	0.4—0.6	0.6—0.8	0.8—1.0
百分比	6.0	10.0	5.2	3.2	2.1	1.8

即是说两个最大值位于约 4 700 米深处和约 100 米的隆起处。

由于上述内容具有巨大重要性,所以把所引的数字再一次以另一种方式在图 3 中用图形加以表示。以纵坐标表示的百分比数字相应于 100 米的区段。

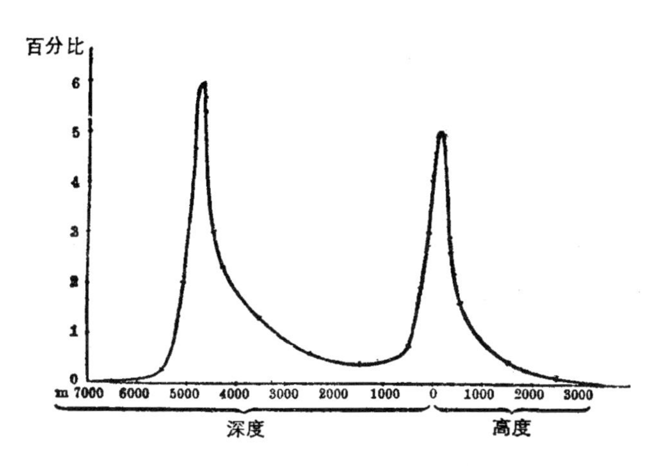

图 3　以百分比表示的地表高度分段的频度(据特拉伯特)

为了正确地评价这两个平面,我们必须考虑到不能把它们随意地划分为陆地和海洋。如图 2 所示,只有当海平面再降低 500 米时才能这样做。上层的相当大部分,就是所谓的陆棚,虽为浅海所淹没,但必须算入大陆地块的范畴,它的边缘向深海急剧倾斜表明了这一点。北海和波罗的海,哈得孙湾,纽芬兰浅滩,斯匹次卑尔根岛和新地岛之间的海面,福克兰群岛周围,巽他群岛之间及新几内亚和澳大利亚之间的海面,就是较大型陆棚的例子。因为我们下面探讨的只是包括陆棚在内的完整的大陆地块,所以要摆脱通常的海岸线图形。下面的图 4 表示一幅以墨卡脱投影绘制的这类大陆地块地图。

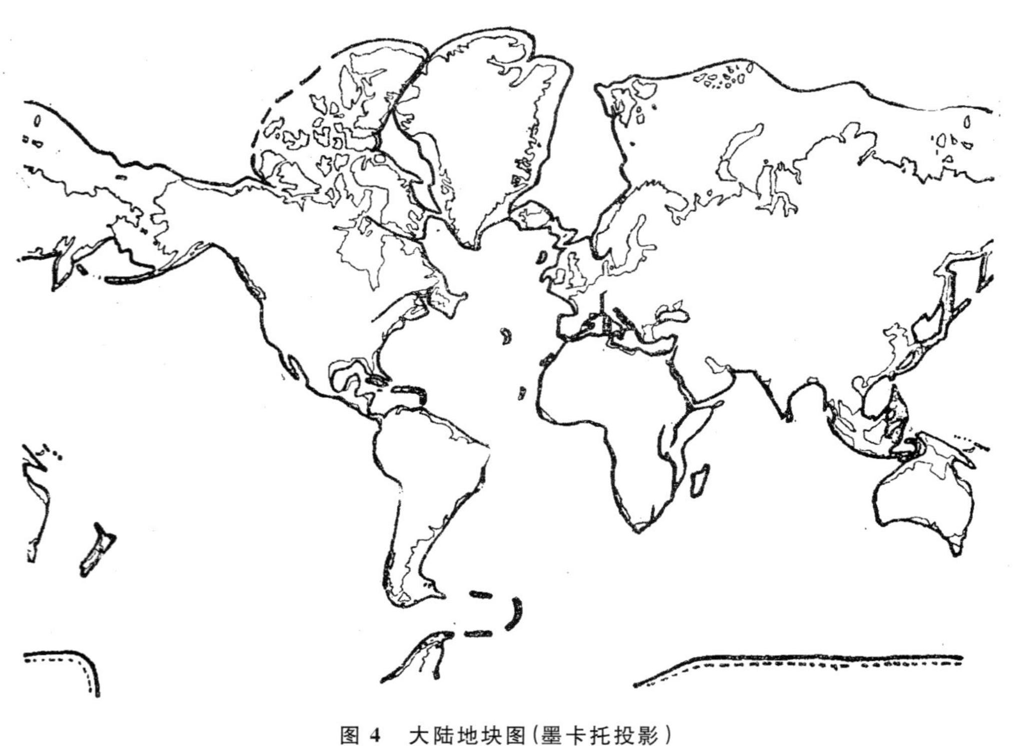

图 4　大陆地块图(墨卡托投影)

但是我们愈是精确地了解洋底的这种高度情况，就会愈迫切地提出这个问题：这个两级高度是怎么来的？如果按冷缩假说的设想，大洋盆和陆地仅只是由于沉降和隆起形成的，那么情况就应该是完全另外的样子：平均地壳高度（约在水平面下 2 300 米处）显然应该具有最大的频度，而在两个方向上偏离平均值愈远都应愈少出现。即使为了符合重力测定的结果，假设岩石圈按照图 1 所示，在大洋底下比在陆地底下薄得多，仍然很难使人信服为什么大约 600 米至 3 000 米的深度如此罕见，按说在这个区段应该出现唯一的频度最大值。两级高度是如何来的呢？

唯一真正恰当的解释是，岩石圈不是包裹着整个地球的完整壳层，而应该说现在的大陆地块只是这一壳层破碎后，由于推挤而大大变小了的残块。这样，深海底就是由图 1 所示的重圈的重物质组成的，而较轻的大陆块漂浮在这些重物质中，就像一个个冰山浮在大海中那样（图 5）。

这样，立即就会产生这个问题，即是否有证据表明洋底的物质确实不同于大陆的物质。对此，重力测量是无济于事的，因为它们的结果可以只解释为海洋下岩石圈厚度减小。用现在深海研究的手段，还不可能把洋底出露的岩石样品取上来。可是如果我们考虑到均衡，那么地面裸露的地形也已能给我们启示。很久以前，人们就已经注意到深海底往往在很大范围内惊人地平坦，这一点对铺设电缆不无实际意义。例如为铺设中途岛和关岛之间的电缆，在 1 540 公里距离上所进

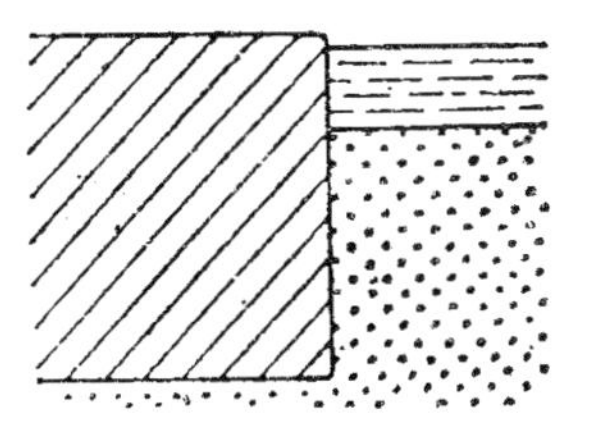

图 5　大陆边缘横剖面示意图

行的100个重锤测深的极值(5 510和6 277米)之差只有767米。在一个100海里长的区段中所作的14个重锤测深,得到的平均值为5 938米,而其最大偏离只为+36和-38米[①]。但是深海底平坦这个论点最近受到了一些限制,因为事实表明要做出此类结论,测深网往往还是安排得过稀,如果在陆地上以相似的密度进行少量的高度测量,也会得出使人误解的极为平坦的印象。但是随着克吕梅尔,可以说大多数研究家又抛弃了有一段时间过分的怀疑而转回原来的观点,认为(除去下面将要论述的深海槽[②])仍然存在这样一个陆地表面和深海之间的原则区别,虽然过去也许对这种区别估计过高了。这一点对我们的问题是重要的。因为如果这两个阶梯是由同样物质组成的话,那么情况正好应该相反,就是说深海底正好应该表现出较为不平坦和陡峭的地形;因为沉入水中后,岩石的重量要减少三分之一,或者换句话说:对岩石的重力也减少三分之一,而分子力则保持不变,就像月球表面的情况那样,那里要比地球表面崎岖得多。因而如果海底相反地特别平坦,那就是它比大陆地块具有更大的塑性,即更高程度的流动性。

在海底没有褶皱山系,这也是平缓的一种表现。大陆地块为新老褶皱纵横穿插,虽然我们作了大量重锤测深,却至今未曾在无垠的深海底表面上发现一个稍有把握称之为山脉的形体。固然有几个人想把中大西洋的海岭和爪哇岛外两条海沟之间的洋脊,理解为正在形成的褶皱山脉,但这一观点的支持者甚少,因此我们在

---

① Krümmel, Handbuch der Ozeanographie I, S. 91. Stuttgart 1907.

② 很多人使用的词"深海地堑",我认为不妥,因为正如下面还要指出的,这里涉及的无论如何是和构造地堑原则不同的现象。

这里只需指出安德烈曾对此作过批判就够了[1]。既然应该假设深海底也是存在推挤作用的，那么如何解释这种情况呢？如果我们想到所有较大的推挤在进行时都要保持均衡，对此的答案就是不言而喻的了。如果洋底像我们假设的那样是重的深层物质组成的，则要保持均衡，就不能由于推挤而造成高度变化，而是所有多余的物质必然直接向下避让。因此深海底缺少褶皱山脉正好证实了重的岩浆在这里出露这个想法。

我们想在这里稍为离开正题而把新老深海底这个问题插进来，它对我们下面的论述是有益的。一般说来，大西洋和西印度洋被认为是年轻的，而东印度洋和太平洋则多半依据费勒希、科肯和修斯的论述，假设在中生代时就已存在，虽然在太平洋红粘土中发现的鉴定为第三纪并往往长满了厚厚的锰块的鲨鱼齿以及大量的陨铁球粒这两种东西的说服力要缩小一些。下面还将看到，这种年龄划分和大陆移动论是完全一致的。奇怪的是它也符合深度的差别。克吕梅尔[2]认为太平洋的平均深度为 4 097 米，大西洋的为 3 858 米，而具有一半太平洋一半大西洋特征的印度洋则为 3 929 米，并且准确地说又正好是大西洋性质的西段比太平洋性质的东段浅。深海沉积物的分布也具有同样的情况（图 6），克吕梅尔在世时曾亲自提醒过我注意这一点。使人惊奇的是，可以说在这里看到了大陆移动的痕迹。红色深海粘土和放射虫淤泥这两种真正的深海沉积，主要局限于太平洋和东印度洋，而大西洋和西印度洋

---

① K. Andrée, Über die Bedingungen der Gebirgsbildung, S. 86 ff. Berlin 1914.

② Krümmel, Handbuch der Ozeanographie I, S. 144. Stuttgart 1907.

则为浅层沉积所覆盖,其石灰含量较高是和生成于较浅的海底有因果联系的。

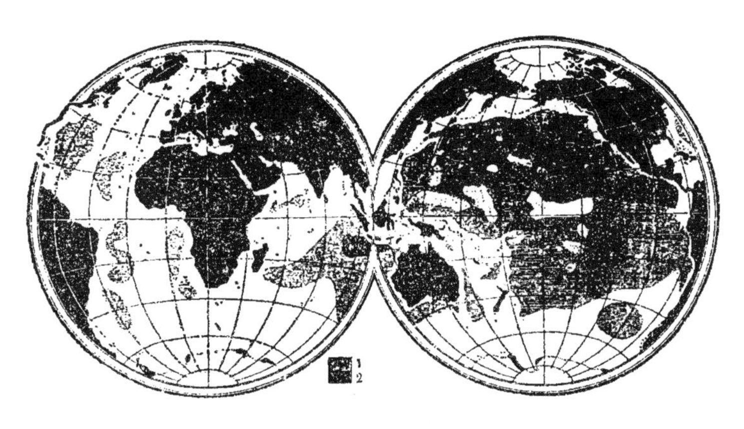

图 6 深海沉积分布图(引自克吕梅尔)

1.红色深海粘土,2.放射虫淤泥

还应指出(虽然解释并不可靠),这些深度的差别有可能来源于岩石温度的差别,就是较冷的太平洋底较之现在还比较热的大西洋底具有稍大的比重。温度降低时,比重的增加可能是这样造成的:就是岩浆的结晶伴随着体积的收缩;但是单只热体积变化恐怕也已足够了①。当然看来大西洋底在估计以百万年计的长时期中,得以保持其较高的地热梯度是不太可能的。我们并不知道地球内热的来源;如果它像某些人认为那样是由地壳的放射性物质

① 如果假设大西洋底之下 100 公里厚的最上部岩石层比太平洋底之下热 100°的话,那么以花岗岩立方膨胀系数为 0.000 026 9 以及假设两个大洋盆处于均衡的平衡状态下时,计算出的结果是大西洋较热的基底必然比太平洋的基底高出 300 米。(升温 100°时体积膨胀为 0.002 69。若设原来为 1,升温后比重也要减小。如果原来为2.9,那么升温 100°后应为 2.892。进一步的计算见本章结尾部分。)

衰变产生的，或者甚至只受到衰变的重大影响，那么新出露的深部地层因其放射性物质含量较高，甚至在漫长的地质年代中会有较高的温度这种想法是不能完全排除的。

上面我们仅只提到岩石圈和重圈、大陆岩石和海洋岩浆。要想得到一个完整的概念，必须说明这两种物质的性质。我们先说大陆。沉积岩只构成一个表面层。此层的最大厚度估计约10公里，这个值是美国的地质学家对阿帕拉契亚山脉古生代沉积层计算出来的；另一端的极限为零，因为在很多地方原始岩基出露而毫无沉积盖层。克拉克估计大陆地块上沉积盖层的平均厚度为2 400米。因为如我们马上要论述的，大陆地块的总厚度估计为100公里，那么这个沉积盖层实际上只是一个表面上的风化层，它全部消失后，地块为恢复均衡会上升到几乎是原有的高度，以致地表的形貌没有什么改变。因此大陆地块的物质首先是原生岩石，对它的“无所不在”现在虽有某些疑虑，但却是不能否认的。如果就其主要组分看，则可以说：大陆地块是由片麻岩组成的。

修斯在其巨著《地球的面貌》第三卷（626页）中提出，非沉积岩分为两组，即片麻岩状的原生岩石和火成喷出岩。他按前者的主要组分硅和铝把它称为“硅铝”，后者则按硅和镁为主要成分称为“硅镁”。因为大陆地块是由硅铝岩石组成的，显而易见，大洋底物质可确定为硅镁，它作为深部岩石同样来自大陆地块以下的地层。但这当然不是说，在海洋基底物质和喷出岩之间就不能存在矿物上的差别；这一点甚至是很可能的。只要想一想，甚至在大西洋和太平洋的熔岩之间也已经反映出这类差别。但这并不妨碍把这些岩石归纳起来，称之为硅镁以与硅铝相对应。

最后,为了完整地说明在硅镁层之上漂浮的硅铝大陆地块的全貌,还要探讨它的厚度这个问题。海福特从北美洲的重锤偏离计算出它为114公里[①]。

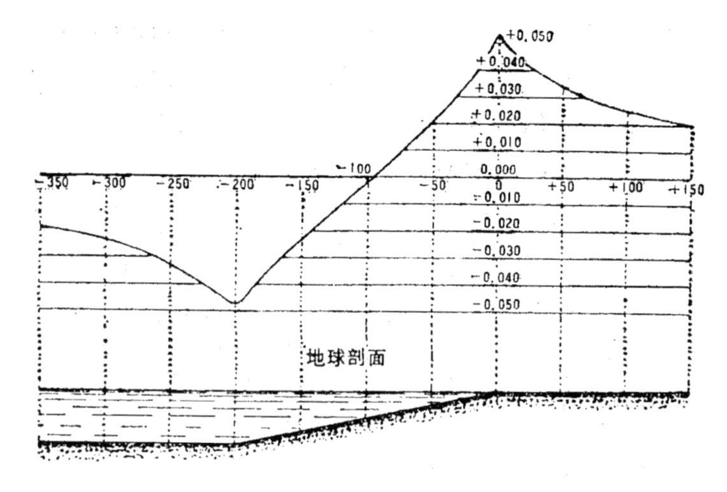

图7 大陆边缘的重力变异(引自赫尔梅特)

赫尔梅特[②]从完全不同的途径用摆观测取得了几乎相同的数字,史俄茨首先看出,在大陆台块的边缘出现一个特有的重力变异(图7)。从陆地向海岸方向去时,重力在岸边处增长至最大

---

① 他的思路是:用三角测量法和大地测量观测方法,在美国的几百个测量站测定重锤对真正垂直向的偏离。然后计算由于测量站周围直至2 564英里距离范围内的地形不平坦引起的那部分重锤偏离,此时假设不存在均衡补偿。观测值在任何一点上均没有达到这个大小,因此必须认为存在这样一种补偿。海福特假设得到完全的补偿——这当然不是毫无问题的——而求出上述最可能的岩石圈厚度值。

② Helmert, Die Tiefe der Ausgleichsfläche bei der Prattschen Hypothese für das Gleichgewicht der Erdkruste und der Verlauf der Schwerestörung vom Inneren der Kontinente und Ozeane nach den Küsten. Sitzber. d. Kgl. Preuβ. Abteil. d. Wiss. XVIII, S. 1192—1198, 1909.

值，然后迅速降低，在深海底开始处则达到最小值，接着在离海岸较远处又表现为正常值。造成这一重力变异的原因在于，这里存在的轻物质和重物质之间的垂直界面并不符合均衡状态的质量排列，而只能由大陆地块的分子力加以维持。赫尔梅特得以指出，如果以地块厚度为约 120 公里来进行计算——其结果示于图 7——则在 51 个海岸测量站观测到的变异，可以得到最为完满的解释。

当然不应由于海福特和赫尔梅特得到的数据相符而引出结论，认为大陆地块到处都具有这个厚度；否则就会与均衡说相矛盾。必须估计陆棚处的厚度小得多，而高原（例如西藏）则要大得多，从而上下限可以设为 50—200 公里。

可以预计地震研究将会验证这些想法。可是在这方面还没有取得具有所需精确度的确切结果。维赫特从岩石圈的自振动算出它的厚度小于 100 公里，伯恩多夫认为这个数字太小。莫霍洛维奇从地震波的反射确定了在 50 公里深处有一个地层界面，可能只产生于硅铝块内的地震，其震源深度在迄今测定过的所有事例中均位于 1.5—170 公里之间，与上述结果均无矛盾。在这个领域中把硅铝大陆地块和硅镁洋底加以区别恐怕也是有益的。

硅铝和硅镁的比重也是和上述结果相符的。因为大陆质量柱体和海洋质量柱体的重量（直至大陆地块的底面）必须是相等的，所以我们可以如图 8 所示，得出下列式子，以计算大陆地块的厚度 M，式子基于上面提到过的两个主要高度＋100 米和－4 700 米，a，b，c 分别为硅铝、硅镁和海水的比重：

$$Ma=(M-4.8)b+4.7c$$

或

$$M=\frac{4.8b-4.7c}{b-a}$$

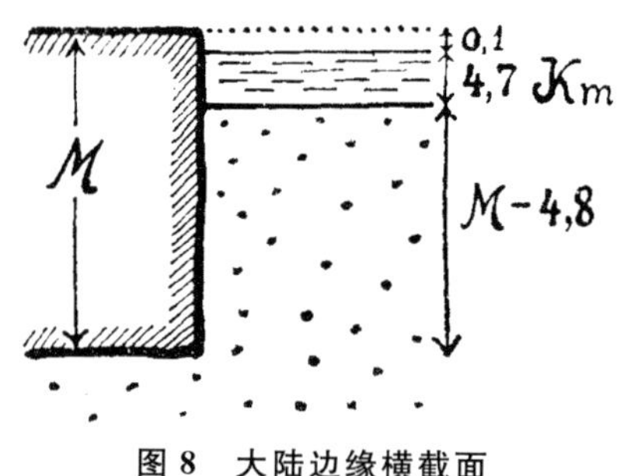

图 8 大陆边缘横截面

海水的比重 c 等于 1.03。但是 a 和 b 就只能估计了。魏特曼、克罗斯、吉尔伯特得出片麻岩的比重为 2.615(12 个样品的平均值)。其他测定得出的值为 2.5—2.7 之间。因为所有样品都取自地表,而比重看来到处都随深度增加,也许可以设想整个地块的平均比重为 2.8。硅镁岩石如玄武岩、辉绿岩等等的比重约为 3.0,只有极少数达到 3.3。因为这些物质估计来源于大陆地块的底部,可以假设海洋之下较高处的硅镁层的比重要小一些,可能为 2.9[①]。这样求出的 M 为 91 公里。当然这个数字的说服力是很小的,因为如果那些本来就不可靠的数据值只要稍有变化时,它的变动就很大。但是无论如何,它表明了上述的比重值是和其他的那些设想相吻合的。

为了把在本章中论述的内容形象地表现出来,在图 9 中画出一个地球的横截面,外圆通过北美洲和非洲,用真实的大小比例。山脉、大陆和海洋的凹陷只构成微不足道的不平坦,它不超出图中地球表面圆弧线本身的范围。主要由镍和铁组成的地核,修斯称

① 在硅镁带中比重也随深度而增加,这一点从下面的事实可以看出,即地震研究对整个 1 500 公里厚的硅酸盐壳层给出的比重值为 3.4。

之为镍铁。为便于比较,也把大气圈主要的分层画入:氮气圈达到60公里高处,其上至200公里高度为氢气圈,再上面是假想的地氪圈(Geokoroniumsphäre)。气候现象带只达到11公里高度(对流圈),由于太薄,无法表示出来。

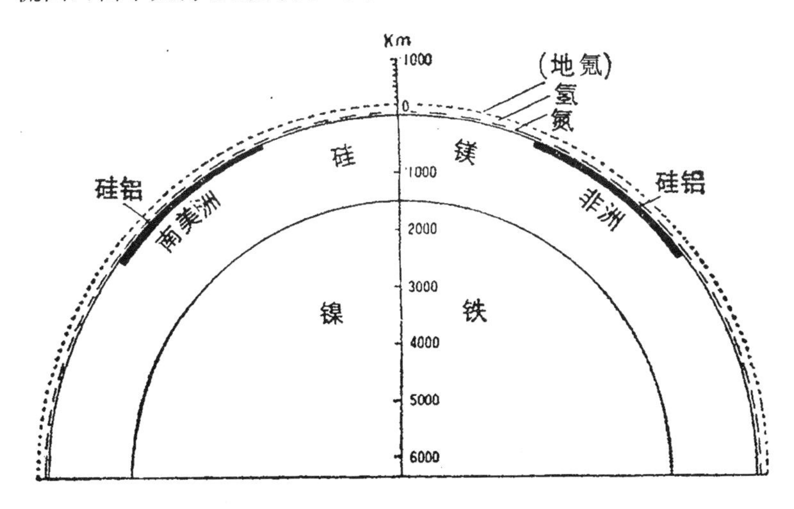

图9　穿过南美洲和非洲的大圈的截面,真实大小比例

在本章和以后各章中都有必要把硅铝和硅镁层之间的差别稍加简化。实际上是存在各种过渡的。我们不知道是否仅靠各组的比重就足以解释硅铝地壳的分异,也可能是地球硅酸盐壳层结晶产物的组成和此外的流体部分的组成稍有不同。这样,大陆地块底层部分,就可能由固体硅铝和岩浆状硅镁的一种混合物构成,就像在水中漂浮的雪那样是一种固体和液体物质的混合物。只是由于把液态的硅镁榨压出去(部分地也向上),这种地块才愈来愈具有硅铝的特性,从而才得以形成硅铝和硅镁之间的明显区别。可是这恐怕是将来才能解决的课题了。

第四章　硅铝层的塑性和硅镁层的粘滞性

关于在硅镁层中漂浮的硅铝地块能否移动这个问题，重要的是硅铝岩石的熔点一般比硅镁岩石的熔点高 200—300 度[①]，因而在同一个温度下，岩浆状的硅镁质和固态的硅铝质可以同时存在。如果可以假设在大陆地块底部存在这种状态，则对大陆移动论是特别有利的，因为它要求在同一个温度下，硅铝层具有固体的特性，而硅镁层则具有流体的特性。就我们现在对岩石熔点以及对地心温度的了解而言，与此是不相矛盾的。德尔特和德伊的试验表明，复合的硅酸盐岩石没有一个确定的熔点，只有一个有时甚至相当宽的熔融区间；可以说，辉绿岩约在 1 100℃左右、维苏威熔岩约在 1 400℃至 1 500℃熔化。当然这些数值只适用于大气压下，对于 100公里的深处恐怕要加上几百度[②]。另一方面，现在最深的钻孔——上西里西亚的苏荷夫Ⅱ号钻和帕鲁绍维奇Ⅴ号钻——对地壳最上层的两公里得出的增温为每 100 米 3.1 度[③]。可惜不

---

① 参看 Doelter，Petrogenesis. Die Wissenschaft，Bd. 13. Braunschweig 1906。

② 几乎所有物质的熔点都随压力的增加而稍为上升；根据巴卢斯的计算，辉绿岩的熔点每增加一个大气压上升 0.025°，伏格特(Vogt)修正为 0.005°。

③ 见 Michael und Quitzow，Die Temperaturmessungen im Tiefbohrloch Czuchow in Oberschlesien. Jahrb. d. Kgl. Preuß. Geol. Reichsanstalt 1910。早就应该把已过时的概念“地热深度梯度”改为温度落差了！我们把温度看作深度的函数，而不是相反。

能用这个值作线性外推。因为一则这种测量是在沉积岩中进行的,沉积岩因其空气含量(较小的比重)而可能具有低得多的导热性,这必然使得在它们之中的等温线密集;对于在沉积岩之下的原生岩石,应假设温度随深度而增高较慢,即使热流相等。另外,愈往深处去,热流也必然愈弱,而到地球中心点处显然肯定是零,因此地球核心部分的温度实际上是相同的。需要多长时间才能接近这个中心温度,自然取决于是假设地球纯然为一个从表面向内部冷却的炽热火球呢？还是认为放射性物质的衰变有重大影响？和过去高得不着边际的估计相反,今天假设地心温度为3 000℃—5 000℃。据此我们就不得按线性外推法,假设100公里深处的温度为3 100℃,而是在1 000℃—2 000℃之间,因此认为在这个深度处,已经达到与上面叙述过的状态这种假设并不是不可能成立的。

表明大陆地块下端的硅铝层有时也会熔融的某些迹象,将在以下章节讨论。通过克鲁斯新近在南非的观察,排除了以前对花岗岩熔融所作解释的各种怀疑,这些花岗岩的熔融,显示出熔点的等温面有时甚至会上升到地表处。

如果说我们设想硅铅地块主要是由固体的结晶物质构成的,那并不是说它们不具有塑性。在大范围中,这种塑性就表现在造山过程的挤压上,它使地块反复重新变厚;小规模的我们甚至从原生岩石的手标本中显示出来的复杂皱纹就可以看到。从受高压的固体总是表现出大小不等的塑性(假塑性)这个一般的经验可以推知,大陆地块的塑性必然也随深度增加。温度随深度的增加在相同方向上起作用这一点,可以用实验证明,硅酸盐在未达到熔点温度之前，就已经全然是真正塑性的了。

为了进一步阐明这个观点，在此提前举几个例子，从大陆移动论的角度出发加以论述。塑性随深度的增强解释了下列引人注意的事实，即本来的断裂边界，例如非洲和南美洲的大西洋海岸，在现在的海岸线中较好地保持了它们原有的对应性，而它们的海底陆坡，则因不规则的岩浆涌起破坏了这种对应性。裂缝壁 4—6 公里深的部分，事实上已经处于它们所承受的岩层的全部压力之下，而从海洋方向却没有受到与此相当的侧压力，因此它们就由于本身的塑性而向海洋方向运动①。这种侧向的涌起，自然伴随着地块边缘相应的沉降，而沉降在上部较脆的岩层中，则往往取走向与海岸平行的断层这种形式。

如果我们不说大陆边缘的这种涌起是缺少测压力，而是说有一种侧向拉力，那也不过是换了一种表达方式。这就引起一个问题，即硅铝层对拉力到底如何反应。拉薄因而减少厚度，这种情况虽然可能出现，但总只能达到很小的程度。冰岛法罗陆棚的形状，使人猜想在某些地点曾经产生过这种拉伸，如果可以像下面的章节中所描述那样来理解它的运动的话，则尤其如此。塔斯马尼亚和澳大利亚之间的巴斯海峡大裂谷表明，这里的上部较脆岩层(可能由于南极洲的断离)是被拉断了的；下部岩层则显然被拉伸过，

① 进一步考虑表明，大陆地块中相对于与其相邻的海洋的剩余压力，从前者的表面到海平面增长很快，从海平面到深海底则以一半的速度增长，并达到其最大值，然后向大陆底面方向减小到零。这个情况和威里士假定的正好相反，他假设较重的海底岩石压进大陆地块深部岩层。(参阅 Research in Chine, Vol. I, S. 115 ff. Washington 1907。)

因为塔斯马尼亚并不像新西兰那样原地未动，而是被澳大利亚带走，也就是说仍然和它相连。用完全类似的办法，似乎也可以解释纽芬兰从爱尔兰断离开的时候，为什么以前一直相连着的陆地大部分沉降到海平面之下成为陆棚。爱琴海的沉陷以及很多其他的这类现象，可能也是同样方式造成的[①]。

这类例子还可以举很多，但从这几个已经可以看出这种拉伸是比较微小的，并且仅限于硅铝带的较深岩层。我们坚定地认为，这种物质对拉力的反应主要是断开。无论如何，这种拉伸为较薄岩层的微小程度与褶皱山系的巨大挤压是不能相比的。也就是说同样大小的压力和拉力交替出现时，它们的作用并不能相互抵消，相反它们单向的连续发展，会引起大陆地块的分离和推挤。这样，原来完整的硅铝地球外壳就不断裂开，而且水平方向的面积减小，同时厚度则增加。

硅镁层的塑性则很不相同。如果说硅铝层形成一个塑性的盖层，硅镁层则是一种粘滞的流体。熔融试验已经表明，熔化的硅酸盐浆具有极大的粘滞性。这种粘滞流体的特性之所以奇特，是因为作用力的持续时间长对它们起很大的作用。室温下的火漆就是一个好例子。如果把一根火漆掷到地上，它会折断成锋利的断块。但是如果将它由两点支撑悬搁着，经过几个星期就会看到它弯曲了；几个月以后，不是支撑着的部位会变得几乎是垂悬着。与此相对应，地球对地震波那样的快速震动的反应像固体（因为流体不能

---

① 奎令强调指出，这种由于各个部分沿裂隙做水平移动产生块状山的过程中，往往面积也在扩大。（见 Die Entstehung der Schollengebirge，Zeitschrift deutsch. geol. ges. 1913，Abhandl. Heft III；引自 O. E. Meyer。）

传播像地震波那样的(横)波),然而它也能表现出均衡补偿运动,即是说如果给它足够的时间,它会像流体那样地动作。因为地质学家面对的是非常长的时间,所以从他们的观点出发,应该把火漆这样的物质看成是非常稀的;但是对他们说来硅镁层却粘滞的。许韦达确实从用水平摆可以测出的"固体"地球的月潮汐,求得硅镁层的粘滞性约为室温下火漆粘滞性的一万倍。冰川是在这方面很能说明粘滞性的又一个例子。冰川的流动,初看起来也是荒谬的,于是人们曾认为必须假设一些特殊的原因来解释它,例如再结冻。这种想法直到最近才被人们放弃,那是由于对同样是流动的、而内部温度很低的极地冰川的观察,使我们得以比较正确地理解这种物体的粘滞性。

硅镁质的量比较大,对地球整个行为的作用比硅铝质大,因此在这里似应阐述一下关于地球粘性①得出的数量结果,虽然目前这些结果看来还不适于用以支持某种观点。地球的粘性,从其对地震波表现出刚性而对自转产生的离心力表现出流动性来看,至多只存在于某个范围之内。地球只部分地随之应变的月潮使我们能够通过对这部分应变的测量,定量地测定这种粘性。开尔文、雷波尔—帕许维支、赫克尔、许韦达等人的工作就是这样,他们借助水平摆,推算出地球作为整体大致具有钢的性质。用另一种方法也得到了同样的结果。俄勒从理论上证实了摄动曲线,认为地球的自转极每305天沿此曲线围绕惰性极运动一周,而根据国际经

① 目前使用的有几个在数学上稍有区别的关于粘滞度的定义;最常用的一种定义,为了避免混淆而引入了"阻滞"(Riegheit)这个词。

度局的测量则约 430 天才运动一周。纽坎布推想，这是由于地球部分地适应转动椭球体的各个新位置引起的，奥格和许韦达则据此计算出地球的行为必然和钢相同。后者考虑到地心的分层作了进一步计算，求出维赫特通过地震观察认为可能存在的铁地核具有三倍于钢的粘性，1 500 公里厚的硅酸盐地幔，其粘性则为钢的八分之一[①]。

但是这些数字对我们的观点没有什么补益。因为我虽然知道钢这种物质在使用适当的压力时表现出塑性，而它却不适于说明流动，即在较弱的重力作用下的运动。如果想在实验室里获得分子受重力制约的现象，则应选择粘性小几千倍的物质。优越得多的办法是借助地球表面本身的现象来阐明硅镁层的粘性，但是为此必须提前假定大陆移动论是正确的。

普遍存在的均衡，以及深海底的平缓和无褶皱山系，大陆的移动，均标志着硅镁层是流动的。另一方面有些现象正应归因于这种流体的粘性。所有均衡补偿运动的滞留都属于这类现象。例如原为冰层覆盖的地区，在冰层溶化后很长时期中隆起仍在继续；斯堪的纳维亚还在上升，约每 100 年 1 米。高耸的海岸线肯定是在隆起之前就已形成了的，而当时——起码在很多地点——冰盖显然已经消失了。归因于硅镁层粘性的现象，还有大陆地块向着硅镁层移动时，在前缘形成一道堵阜，形式为与地块边缘平行的褶皱

① 伯恩多夫作了综合论述，载于 Über die physikalische Beschaffenheit des Erdinneren. Mitteil. d. Geol. Ges. Wien III，1908。此外见 Pockels，Die Ergebnisse der neueren Erdbebenforschung in bezug auf die physikalische Bescbaffenheit des Erdinneren. Geolog. Rundsch. 1，249—268，1910。

山脉。深海沟也证实了硅镁层的粘性;不管原因何在,它们总是洋底的凹陷,它们的张裂或者说深陷进行得很快,以致硅镁质来不及流入。

第五章　山脉、岛弧和深海沟

还在1878年，海姆就不得不承认，在完成对远古时代大陆升降更精确的观察之前……以及在我们对大多数山脉的平衡挤压幅度作出更为完整的测量之前，难于期待在认识山脉和大陆以及各大陆彼此的形状之间的因果联系方面，有重大而切实的进展①。按照我们的观点，正是反复易地的造山作用，造成硅铝地壳的挤聚变得愈来愈厚，并从而形成大陆。地台上原生岩石的褶皱，往往也还可以明显辨认出来，它们也就是由于褶皱才从原始海洋中出露的。这些开始时形成为真正的带状山系的褶皱，后来才由于风化作用或冲刷被重新夷平，正可以从夷平的程度近似地推断褶皱的年龄。因此取得关于这种褶皱过程尽可能清楚的概念是至关重要的。

对这个题目繁多的文献作个略为完整的概貌介绍，也会大大超出本章的范围。因而我只想突出提一下认为对我们的命题重要的东西。

霍尔最先注意到这个无法辩驳的事实，即恰恰是褶皱山中的沉积岩厚度比邻近的无褶皱地区大得多。因为它们往往有几公里

---

① Heim, Untersuchungen Über den Mechanismus der Gebirgsbildung usw., 2. Teil, S. 237. Basel 1878.

厚的浅海沉积层,所以霍尔完全正确地用与上文偶然论述均衡作用时相同的方式来解释这些现象,即在山系的位置原曾是一个地槽(地向斜),沉积物对它的填充因地块均衡下沉而近乎完全补偿。这样,得出的规律是:山系是从陆棚形成的[①]。为什么愿意优先选用陆棚来解释这个问题,作者们作了甚不相同的回答,也有一些人避而不答。

里德指出,由于几公里厚的古老沉积岩石被向下压到温度较高的区域中去而使塑性增强,因此在挤压时,这个部位会首先变形。这种考虑本身是符合实际的;因为虽然由于沉积层而使地块变厚这一点造成了一种反作用,但较低的地表温度却仅局限于沉积层,沉积层虽不如原始岩石那样富有塑性,但其压力强度也相应较低。然而要注意的是,下沉 1 000 米时温度只上升约 30℃。因此,这种影响是否应予考虑诚然是成问题的。我觉得应假设陆棚处地块厚度较小,这样做会提供易于理解得多的解释。目前最深的陆棚位于海面下 500 米以下(冰岛法罗陆棚的一些部分或者斯匹次卑尔根和挪威之间的部分),也就是说,在最常出现的大陆高度以下 600 多米和平均陆地高度之下 700 多米(+700 米)。很容易算出,这种陆棚位于一般平面之下约 1 公里处,因而在此陆棚下的地块厚度只能有 70 公里,而不是 100 公里。图 10 中形象地表明这一点,人们再不能怀疑在推挤时,首先是作为最弱部位的陆棚部分下陷的。

褶皱过程本身虽然还未能完全解释清楚,但今天比之海姆写

---

① 奥格(Traité de Géologie, I. Les Phénomènes géologiques, S. 160, Paris 1907)阐述如下:“山系表明了地向斜的位置。”我认为“陆棚”比“地向斜”这个词更为正确,因为大概很难把一个边缘陆棚,比如说建造起南美洲安第斯山脉的陆棚,称为地槽。

出上面引用的那句话时，看得要清楚多了。过去对普通褶皱的设

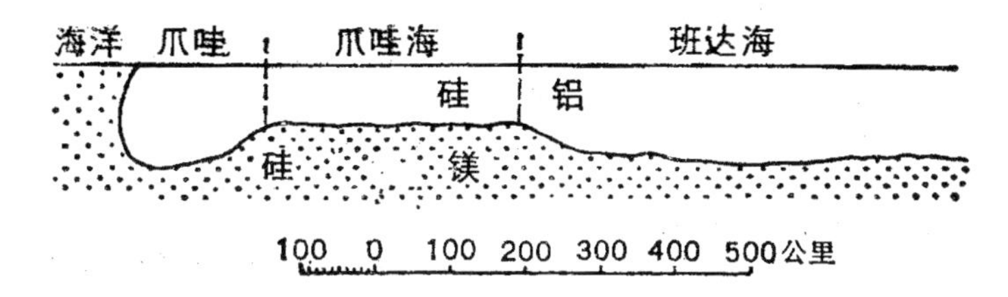

图 10　穿过爪哇陆棚的实际横切面

想，看来在很多情况下是切实的。但尤其通过贝特兰、沙尔特和鲁吉昂的研究，关于阿尔卑斯山脉巨大挤压产生了新的概念：据此，沉积壳犹如众多的鳞片堆叠起来（“倒转褶皱”，“逆断层”，参看图1）。这些研究导致了对阿尔卑斯褶皱的大部分提出完全与前不同的理解，也使海姆有可能推算更为可靠的挤压幅度数值。这位作者以前根据旧观点计算出瑞士汝拉山脉只压缩到五分之四，阿尔卑斯压缩到一半，而现在他则设想，被挤压的壳层原来曾为这些山脉现有宽度的 4—8 倍。由于现有宽度为约 150 公里，那就应该是由一个 600—1 200 公里宽的陆棚挤压而成的[①]。

鳞片状逆掩盖层的这种景象主要存在于沉积岩；位于其下的原始岩石反应则不同：它更多地表现为流动。它很少参与逆掩活动，在它那里的结果，主要是地块向下方变厚。看来沉积岩和原始岩石间，在塑性上确然存在一个由结构引起的差异。原始岩石往往表现出十分复杂的褶纹，而沉积岩则倾向于形成大褶皱，在小褶皱中却易于破碎。在山脉的剥蚀作用中，沉积岩也表现出较大的

① 这里或其他地方的大陆地块受挤压前的轮廓，肯定是另外的形状，这个推断未得到应有的正面评价。

脆性而比原始岩石遭受流水破坏要快得多。我们的阿尔卑斯冰川之所以美,是由于它们的冰碛少,这绝大部分是这里的中央山体的沉积岩已完全被清除的结果;在喜马拉雅山则不是这种情况,它的冰川几乎为巨量的堆积石所掩埋。

但是我们只有考虑到均衡作用,才能对山脉褶皱获得一个完全的概念。上面已阐述过,挤压是在维持均衡的情况下进行的;其时只有百分之五被挤向上方,百分之九十五则被挤到下面去。如果假设我们有一个地块厚度为 70 公里的陆棚,则在沉积层厚 3.5 公里的情况下,因挤压而被推向上的部分已经完全是由沉积岩组成,而所有原始岩石均被挤向下方。地块只能随被挤压的地壳中央最高部分,由于沉积岩剥蚀而减轻负荷的程度因均衡作用而升起,从而最终在沉积岩全部消失后生长成一条高度大致相同的原始山脉。很值得重视的是,阿姆弗洛和哈姆尔[①]通过经验途径,已对东阿尔卑斯山取得以下结果,“在有较大推移和褶皱的地表带之下”,存在着“一个深部的岩浆运动源”,“在此处,上部地带很厚的一部分被吸向深处”如果设想将较新地层现有厚度再展平到原有的状况,可能会得到一条比展平新结晶褶皱宽 2—3 倍的地带,因而应假设存在一种“深部区的吸收”。这些从自然界观察出的情况,与上百的推论阐述完全吻合。

在此还应同时讨论岛弧现象,大陆移动论看来对此提出了一种新的解释。迄今,李希霍芬对这种类型的主要现象,即东亚海岸弧

① Ampferer und Hammer, Geologischer Querschnitt durch die Ostalpen vom Allgäu zum Gardasee.Jahrb. d. k. k. Geol.Reichsanstalt. LXI,S. 531—709,1911.请重点参看其结束部分,S. 708—709。

的解释最为流行。[1] 他认为这是地壳中一股来自太平洋的吸力的作用。按他的说法，岛弧和相邻的陆地上一片宽阔地带共同构成一个巨大的断裂带，该宽阔地带的特点表现为海岸及隆起的弧状伸延。列岛和大陆海岸之间的地区称为第一“陆地阶梯”，它由于向西的倾斜运动而沉入海平面之下，而东侧则作为岛弧露于海面上。李希霍芬相信在陆地上还可以找到其他两级这种陆地阶梯，但它们下降较小。虽然难于解释这些断裂为何成为规则的弧形，但是人们相信由于沥青和其他材料中弧状裂缝的启发可以克服这种困难。他在这方面的理论可以说是有历史功绩的，由于他的威望，使得也用拉力来解释其他大陆边缘断裂这一点，比拱形压力学说也较快地得到承认。尽管如此，看来李希霍芬的观点恰恰对东亚没有触及事物的核心，这一点从其他角度已多次强调指出过。正是那种特征性的弧形，看来未得到充分的解释。在沥青和其他例子中，结构方面的条件可能也起作用。我们在自然界看到的情况是，如不存在这些先决条件时，拉力多半只生成直线的裂纹，从古老油画中裂开的颜料和粘土中的干裂纹，直至地壳的裂谷和月球表面的沟槽均如此。对东非裂谷，我们下面还要深入讨论，它们显示出地壳受拉应力时如何反应。霍恩最近强调，东亚在构造上也完全没有表现出断裂的特征，而是一种垂直于海岸的挤压作用的特点。[2] 从地形图上可以看

---

① F. von Richthofen, Über Gebirgskettungen in Ostasien. Geomorphologische Studien aus Ostasien. 4. Sitz.-Ber. d. Kgl. Preuβ. Akad. d. Wiss. Berlin, Phys.-math. Kl., 1903, 40, 867—891.

② E. Horn, Über die geologische Bedeutung der Tiefseegräben. Geol. Rdsch. V, Heft 5/6, S. 442—448, 1914.

出,我们在这里遇到的不是像东非那样为断裂切割的台块平原,而是列岛和陆上海岸地带均由与海岸平行延伸的山系构成。此外海深图还表明,深海盆把岛弧和陆地隔开;根据我们前面对各方面的叙述,显然必须把岛弧看成为分裂出去的边缘环链,它们使硅镁物质在本身和陆地之间作窗口状逸出。

肚突状海岸线以及分离的环链的形成按照大陆移动论可以理解为巨大推挤时的一种分离现象,下面将作详细论述。整个亚洲东部沿北东—南西,即平行于海岸及海岸山脉走向的方向,经受过这种挤压。我们还需要再稍为论述一下沿现存褶皱走向推挤的设想。一个大陆地块的结构会因褶皱而大为改观。尤其如果各山系是互相很好分开的,那显然必定会形成可以沿平行的垂直面分离的情况。(参看图 11a 中的横切面示意图。)这样一个形体在沿山脉山脊方向推挤时将作何反应呢?可以拿一副扑克牌作为极端的例子。如把它放在桌上,可得到水平层状,挤压会产生普通的褶皱,它们只向上方或下方伸展。但如果将这副牌直立,就会得到垂直的可分性;这时,挤压作用将会导致褶皱向两侧伸展。图 11b 概括地表示出此过程的俯视图。玩牌时就可发现,往往偶然地有个别边缘的牌会因弯曲方向不同而脱离开,其余部分却仍紧紧相连。下文还将指出,在亚洲东部,硅镁质的潜流可能还有一股指向海洋的分流,它特别有利于这里的边缘环节脱离主体。

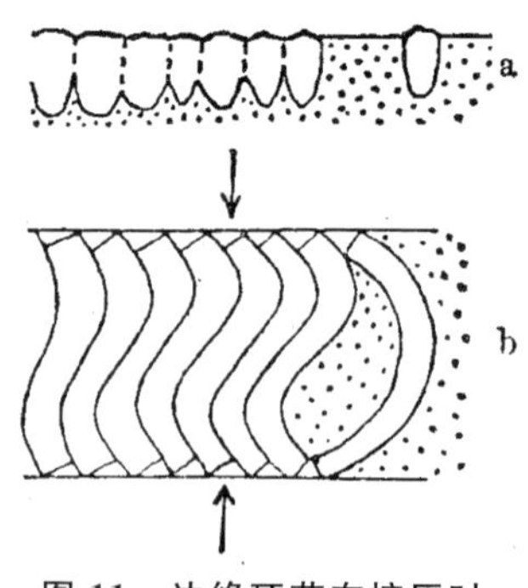

图 11 边缘环节在挤压时沿褶皱走向的分离
a.横切面, b.平面

上面描述的现象绝非仅限于亚洲东部。小亚细亚的景象相同：波浪状的山系排列和肚突状的海岸线；塞浦路斯看来也是这样一个分离出来的边缘环节。中美洲的安的列斯群岛与亚洲东部的岛弧更为相似，而中美洲本身则相应具有肚突状海岸。下文还将详细论述。新西兰原来可能也曾是澳大利亚东部的一个边缘环带，它先是作为一个链环脱离出来，然后由于落后于向前推移的澳大利亚，而与后者完全分离。连接阿平宁山脉和阿尔卑斯山脉以及连接乌拉尔和新地岛的S状山系，恐怕也可以解释为沿走向方向的挤压。

会有人提出指责，因为这样一个岛弧，最初脱离时必须假设压力的传输要通过它的整个长度，即达到2 000公里。但实际上这也许并不是什么困难。鲁茨基虽然计算过，由于岩石的压力强度有限，压力传输到100公里的距离就已经是不可能的了，前提是该地块位于固态基底之上[①]。但此处的基底并不是这种情况；而是地块漂浮于一种粘滞的流体之上，而且不难理解，如果这种流体毫无粘性，则对压力传输是不存在任何界限的。也即可以说，没有什么东西妨碍我们假设，所有岛弧的大小在相同的量级上的原因，正是在于这种压力传输在此已达到了它的限度。

即使上面概括勾画的解释，符合岛弧的实际情况，仍然还有某些不清楚的地方。正如有人已强调指出的，各岛弧的地质结构都相一致这一点是很奇怪的。岛弧凹侧总带有一系列火山，而凸侧则几乎到处都有第三纪沉积，且其层位不整合严重。这一点可能

---

① Rudzki, Physik der Erde, S. 244. Leipzig 1911.

表明,岛弧直至第三纪仍为大陆的海岸。在更深入地了解大量岛弧的上述构造不整合情况之前,最好还是把关于分离的深刻缘由这个问题暂且搁置起来。

尤其对深海沟,看来一时更是无能为力,它们往往位于岛弧凸侧前方,因果联系的存在是不能否认的。它们位于硅铝和硅镁物质的分界上,看来就像以前强调过那样,肯定是在比较迅速的事变过程中形成的,因为硅镁质显然没有时间来填充这个凹陷。这样,看来赫克尔观测到,在汤加海沟上方有一个重力异常也是对的。此外似乎无需专门讨论就可理解,这些海沟对直接与其相邻的岛弧必然具有某种吸吮作用①,从而使它们看来和岛弧脱离过程是有联系的。但是对这种不久前才知道的现象作完整的阐述恐怕要留待将来了。

① 系由岛弧两侧硅镁层位置的高度不同而产生的静压力差引起。

第六章　大陆移动的力学

为了便于更好地了解下文，本章提前假设大陆移动论是正确的，并尝试把这些移动的规律性归纳为一个整体。

在不同种类的移动中，有一种是这个理论的反对者也难于否认的，那就是由于在造山作用中地壳挤压而直接造成的移动。地中海区域由于阿尔卑斯褶皱系而经历的变化异常复杂，因此在此不拟深入讨论；高加索、喀尔巴阡、狄那里克阿尔卑斯、亚平宁、比利牛斯和阿特拉斯均应列入这一褶皱系。下文还将详细描述的最佳例子是前印度，包括喜马拉雅山脉。这些往往都是半岛，它们向地块主体的方向推挤，西班牙连同比利牛斯山也是这方面的一例。一般的规律似乎是，半岛倾向于比它从那里脱离出来的大陆地块的其余部分缩短得多一些。长形的下加利福尼亚半岛就比主地块中与其相应的缺口，即加利福尼亚湾变得更短一些。阿拉伯在东南—西北方向上，看来也比非洲地块相应的缺口短一些。格陵兰在第三纪时还是一个半岛，在北面原和斯匹次卑尔根陆棚以及格林内尔兰(Grinnell-Land)相连，它的南半部，同样比那两个地块拼合起来留下的缺口，在南北方向上短得多。

单纯由于推挤作用产生的这种移动，我们可以很容易地得出1 000公里的幅度，对前印度甚至可达约三倍。

大陆地块的自由移动也同样常见,这种情况,我们可以在今天的格陵兰,在北美洲、中美洲和南美洲,在南极洲、澳大利亚、新西兰、马达加斯加等观察到,简单地说,在所有孤立的地块乃至大洋中的岛屿,都可以或多或少观察到。对这类运动我们又必须区别两种情况,一种是发生相对于硅镁层的移动,另一种则是地块被动地为硅镁质流所带走。在主要是较大的地块经受的相对于硅镁层的移动时,出现一系列特征性的伴生现象,它们都应归因于硅镁层的粘性。此类地块的前缘,由于这种阻力而堵起高大的山脉;美洲地块上的安第斯山,南极洲地块上格雷厄姆地、维多利亚地的高山和澳大利亚地块上新几内亚的山脉都证实了这一类运动。这些山脉的推挤作用自然并不完全相当于大陆移动,但前印度和喜马拉雅山脉则肯定是这种情况。这种推挤作用也可以小得多,因为硅镁质虽然是粘滞的,但仍是流体的。

有人提出,如果说例如安第斯山脉的成因要归结于太平洋硅镁层的阻挡,那么后者本身由于更容易变形必然经受了更大的挤压。但如果我们考虑到上文说过的褶皱过程进行中要保持均衡,而硅镁层由于这个原因又不可能生成褶皱山脉,那就可以理解到硅镁层的挤压作用必然是我们见不到的,因为它是向下进行的。可以假设在地块之下的硅镁层中产生一股微弱的反向流,它把被排挤的物质从地块的前缘输送到后面去。运动方向改变时,褶皱过程也相应地转移到地块的新的前缘;因而,下文中还将详细叙述的澳大利亚东部的古老边缘山脉,应该归因于这块大陆以前曾向东移动,而后来的移动则如年轻的新几内亚山脉所表明的那样,是指向北方的,现在的移动方向基本上仍然如此。

这类推向硅镁层的大陆移动的另一伴生现象，是大陆地块较小块体的滞留。这方面最明显的例子，是图 12 中表示的合恩角和格雷厄姆地之间的德雷克海峡这个区域——这里的整体现象，甚至可以说完美地体现了大陆移动论。南乔治亚、南奥克尼、桑韦奇[①]这一系列岛屿构成了在大陆移动时滞留的连接环节。两个大陆的末端愈窄处则愈拖后。两者最末端和最西端的山脉段落均断开，因为它们由于拉力变弯时都在走向方向上受到应力。在美洲方面已可辨认出张断裂；麦哲伦海峡似乎可视为火地岛脱离的开端，预计火地岛在将来运动的过程中将要进一步滞后。在山脉西段，脱离的特征终止于奇洛埃岛，从此处起向北，海岸就完全是单纯的了；这里正好是一个转折点，从这一点以南可辨认出海岸线向后弯曲。

小地块的滞留从力学上很容易解释，因为它们的前沿阻力比大地块的相对要大[②]。

由于同样原因，西印度群岛在美洲大陆向西移动时也在硅镁层中滞留，而且最小的块体——小安的列斯群岛滞留最厉害，较大的如海地岛和古巴则弱些；佛罗里达半岛也拖后了一些，因为我们

① 桑韦奇群岛即夏威夷群岛。——译者

② 假设两个地块厚度相等，几何轮廓相似，并同样地正对运动方向。它们在移动时需要克服的阻力分为两部分，其中之一是在流体的硅镁基底上的摩擦力，它和表面积成正比。而另一部分，即与已结晶因而粘性较大的上部硅镁层接触产生的前沿阻力，只随线性度量正比增加，就是随与运动方向垂直的直径正比增加。由于可以认为两种力中，不论哪一种都和地块表面成正比，这样第一部分阻力对大的和小的地块都没有区别，因为阻力和受力同样增长。而对第二部分则阻力随地块的线性度量增长，受力却随其平方度量增长，因而地块愈大愈易于运动。

在下文中作复原时可以看到，在把各个地块拼到一起时必须把它向西推。所有大西洋岛屿，可能都是这类从断裂边缘脱落出来而滞留的块体；那些在大洋正中(在大西洋中间的洋脊上面)的岛屿，

图 12 德雷克海峡深度图(引自格罗尔的《海洋深度图》)

可能是断裂开始张开时就脱离出来的，其他的则可以说，离其脱离出来的位置愈近，脱离的时间就愈晚。太平洋的群岛可能是在较古老的时期以同样方式形成的。

在格陵兰南部，也可以看见微弱的、随着向南变窄而加强的向东折回弯曲，在复原时就会发现这种弯曲只能产生于从欧洲分离出来以后，从而同样可以理解为滞后作用。

第二种自由移动正如已经提到过的，在于地块被动地为硅镁流所带动。由于已讨论过的小地块在硅镁层中具有的运动自由度

小,所以这种移动方式是小地块的特点。马达加斯加就是一个很好的例子,它由同一个硅镁流带动而离开非洲向东北漂动,下文还将讨论的这股硅镁流使喜马拉雅山中的前印度受挤压,并从底下流过整个东亚,一直达到白令海峡,使这个地区产生皱纹。大西洋中间的岛屿也是被动地由硅镁流从欧非海岸带离的,虽然硅镁流这个词用在这里——我们还将提到——并不合适。

还应指出窄长的地块做倾斜运动甚至翻转,在理论上也是可能的。尤其当它们的窄向伸延小于厚度,即一般说小于 100 公里时即会出现这种可能,大多数岛弧看来都满足这个条件。是否能把深海沟也与此联系起来看,这个问题我想先搁置起来。克里特岛也许正在进行这种倾斜运动,因为它的北侧看来在下沉,而南侧在上升。

最后还应特别强调大陆移动的相对性。我们总是只能确定距离是在扩大或者缩小,但只要尚未找出这些运动的规律,就完全无法判断两者中哪一部分在运动,例如是美洲向西逆太平洋的硅镁层移动呢抑或此硅镁层向东逆美洲流去。出于方便,我们将这些运动相对于假想为静止的非洲,上文的阐述都是这样做的。

前面已经说过,地壳中压力和拉力的交替,导致大陆地块的单向发展,就是它们通过挤压不断地缩小面积因而增加厚度和海拔高度,而拉力则引起不断的割裂。这个原理提供了关于地壳发展的大致概貌。硅铝物质原来以小得多的厚度(约 35 公里)构成一个覆盖整个地球的完整壳层,这种设想是很合情理的。固然我们必须为此假设,这个壳层在发展进程中被挤压成它原有水平伸延的三分之一[①]。看来挤压成三分之一对造山褶皱是一个正常的值,因而我们似乎只需假设所有硅铝地块都已平均经历过一次褶皱作用;这不是不可能的,因为虽然陆棚甚少或者没有经过褶皱,而其他地区却有经过多次褶皱的。后来的阿尔卑斯地区在石炭纪就经过一次褶皱。事实上,没有任何地方的原始岩石是在较大范围内水平的,相反几乎到处都是陡立的,显出细密皱纹和经过断裂。似乎没有任何理由假设这个硅铝外壳开始时就存在亏缺;在作复原设想中,发现到中生代时,原来还是连成一片的原始大陆地块就已经扩大到占地球表面大约一半了。由此自然就会推论出,海洋水体开始时作为约 3 公里深(彭克的计算为 2.64 公里)的"全球大洋"覆盖着整个地球。这个全球大洋当时曾经存在过的直接而虽然不是肯定的迹象表明,有最古老的海洋动物区系的某些生物特性以及用肺呼吸的海洋种属发展成为陆上动物。泥盆纪以前还没有陆上植物,志留纪以前还没有呼吸空气的动物。这个硅铝壳层张裂以后,海洋先开始分成浅海和深海,直至大

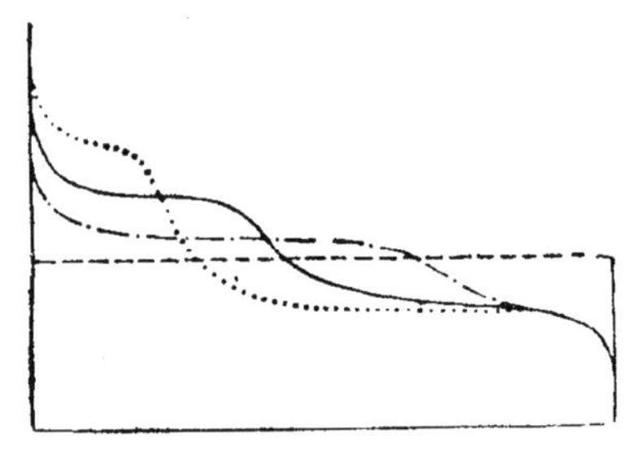

图 13 地球表面过去和将来的高程曲线

…………将来的 ——现在的

—·—古代的 ----原始状态

(同时有地壳平均高度)

① 根据克吕梅尔,5.1 亿平方公里的地球表面划分为 1.49 亿平方公里陆地,3 000 万平方公里陆棚和 3.31 亿平方公里深海。亦即大陆地块,现在占地表的百分之三十五。

陆露出水面,这个过程现在还没有完全结束。只有当所有陆棚都经过褶皱后,各处的海岸线才会与大陆台块的边缘相重合。也就在这个发展进程中海侵愈益减弱,并且将来必然要完全消失。图13画出了地球表面的高程曲线,其中远古和将来的两条是假设的。现在的平均地壳高度同时就是尚未分裂的地球外壳的原有表面。

第七章　断裂

显而易见,裂离在大陆移动论中起着重要的作用。在解释这种现象尤其是大裂谷方面,这个学说只提出了一点点完全新的东西,那就是把它们理解为地块的两个部分完全脱离的前奏,其中有一些可能是真正的现代构造活动,或者也可能是早期的裂离尝试,后来又因拉力停止而再度沉寂下来。其他绝大多数观点都可以在地质学文献中看到,虽然也有人提出过相反的看法。

大陆移动论对裂谷是这样设想的:由于塑性随深度增长,在一个大陆地块裂开时,首先只是在上面的较脆性地层中出现张开的裂口,而较深的地层则表现为延展。如要求垂直陡壁达到这里涉及的高度,则对岩石抗压强度的要求就太高了,因而和断裂同时或者代替断裂会出现斜的滑动面,地块两部分的边缘区段,则沿着裂缝随张开的速度陷入裂口中。下陷的块体自然是强裂破碎的,并在地堑底部构成一个由沉降深度不等的块体拼成的镶嵌体,它们通过堆积和剥蚀使表面逐渐拉平。两侧的地块边缘,由于边缘区段的沉降而负荷大为减轻,并由于均衡的原因而上升,形成边缘凸隆。这类地堑断裂的宽度,显然不能大大超过地块厚度(100 公里),否则裂缝就会同样穿透较深的地层而导致两侧分离。断裂继续张开,最终会给硅镁质打开出路,致使地堑的镶嵌底部漂浮于其上。这个阶段的特点，是地堑作为整体现在不再造成重力异常，因为在地表上可见到的质量亏缺，由于断裂中较重的硅镁物质而正好得到补偿。相反，硅镁质进入断裂以前的阶段，则表现出质量亏缺形式的重力异常。

如果初始的断裂面不是垂直而是倾斜的，则各部分拉开时只要不超出一定的限度，就完全不需要形成断裂张口，而只是一个正断层，这时地表较宽的那一侧的地块下沉，底部较宽的则上升，从而形成一个断裂阶地。看来我们无需详细叙述这种或者其他的特有形状，因为它们在构造学中是人所共知的[①]。

举几例以阐明上述情况。莱茵河中游低地[②]就是这样一个40公里宽的地堑，钻孔已经确定其底部由沉积岩的强烈破碎地块构成，相同的沉积岩在黑林山和伏盖森山（Vogesen）这两侧高地上，都或是仍然存在，或是剥蚀前确曾存在过。各断块的沉降深度不等，但地表已夷平且为较年轻的整合岩层所覆盖。这个地堑断层的踪迹还可以继续追溯；在北端，即美因兹附近，它变窄并转向东北方向，然后逐渐消失。向南它的痕迹穿过阿尔卑斯山直至地中海。因为它的形成肯定在渐新世，也就是说它形成于阿尔卑斯褶皱前不久。黑林山和伏盖森山两者均表现出上升而无褶皱的特征，显然应理解为地堑边缘凸起，如像上文提到过的那样。莱茵河中游低地的重力测量表明，其可察觉的质量亏缺在地下得到了补

---

① 参阅 B. Tornquist, Grundzüge der geologischen Formations- und Gebirgskunde. Berlin 1913。

② 参看 Carl Schmidt, Bild und Bau der Schweizer Alpen 书中的剖面，S. 80. Basel 1907。

偿;亦即可以认为硅镁质已从下向上侵入断裂。

正如下文还要阐明的,与这个地堑裂谷同时,也形成了走向与此基本平行但更靠西面的断裂,它把北美洲和欧洲分隔开。显然必须假设,撕开这两条断裂的是相同的拉力。有一段时间,似乎难于肯定两者中哪一条应是新世界和旧世界原来的边缘,因为两者一时都未能完全切穿石炭纪褶皱山脉地带,这个褶皱带架起一道始于欧洲内地,经爱尔兰和布列塔尼通往纽芬兰的桥。也许正是使东面断裂重新弥合的阿尔卑斯褶皱,造成了西面的断裂终于得以在洪积世分离开。随着北美洲的离去,欧洲承受的拉力自然减轻,该地堑也由于这个原因现在不再继续扩展。

东非地堑带是一个更有意思的例子。它们属于一个巨大的断层系。这个断层系向北还穿过红海、亚喀巴湾和约旦河谷,直至托罗斯褶皱山脉的边缘(图 14)。根据最近的研究,这些断层向南继续延伸到开普兰,但出露最清楚的是在德属东非(现均已独立——译者)[①]。这里我们作一个与诺麦尔—乌利希很相近的简短描述[②]。

从赞比西河口起有一条这种地堑,它宽 50—80 公里,向北伸延,经塞勒(Shiré)河和尼亚萨湖(今称马拉维湖——译者),然后转向西北并消失。可是紧靠着它并与其平行开始了坦噶尼喀湖地堑,它宏伟壮观,湖深 1 700—2 700 米,城墙般的陡壁高 2 000—2 400米,甚至达 3 000 米。它向北的延续是鲁西西(Russisi)河、阿伯特—爱德华湖和阿伯特湖(今亦称蒙博托湖——译者)。"凹

① Oskar Erich Meyer, Die Brüche von Deutsch-Ostafrika. Neues Jb. f. Min., Geol. u. Paläont., Beilage-Band 38, 805—881, 1915.

② Erdgeschichte, I. Allgemeine Geologie, 2. Aufl., S. 367. Leipzig und Wien 1897.

陷的边缘表现为凸起，就好像这里地球爆裂，并伴随着骤然张开时断层边缘的某种上升运动。高地边缘这种奇特的凸起地形，可能就使得尼罗河源出于紧靠坦噶尼喀湖陡坡的东面，湖水本身则流入刚果河。”第三个明显的地堑始于维多利亚湖以东，向北去包括卢多尔夫湖[①]，在阿比西尼亚(今埃塞俄比亚——译者)折向东北，那里一支伸入红海，另一支则伸入亚丁湾。

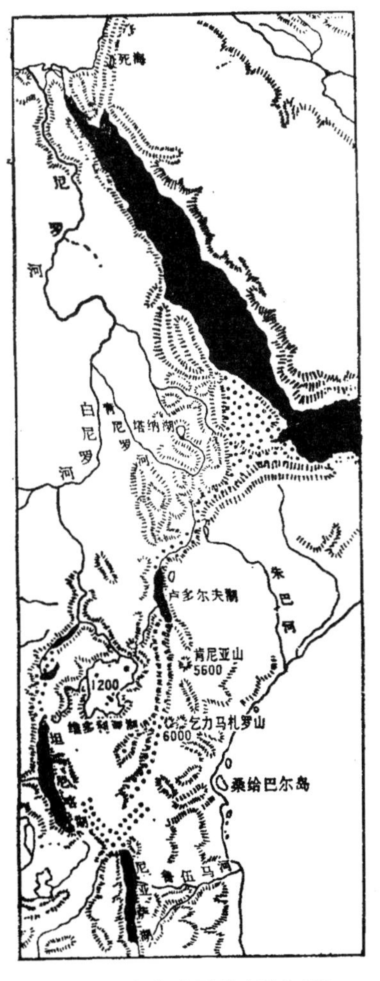

图 14　东非大裂谷(据苏潘)

∴　地堑　■被水覆盖的地堑部分

特别是在海岸地区和德属东非的中央部分，这些地堑多半取断层阶地形状，其东侧下沉[②]。

未能确切解释的是哪个巨大的凹陷三角地带，在阿比西尼亚和索马里半岛之间(在安科伯、贝色巴(Berseba)和马萨瓦之间)，很多人认为它是断裂底部的极大扩展。整个地区由年轻的火山熔岩组成，按特拉维希的说法，就像

① 卢多尔夫湖，现已改称图尔卡纳湖。——译者

② 参看奥勃斯特德属东非东北部无出水口的块状台地新地图。

经过一场巨大火灾破坏的废墟,和冰岛的火山熔岩荒漠十分相似。

修斯对整个断层带作了如下刻画:“从各方面看,这个地区总的说更像一个把大地切成长形的块体和碎片的绵延地带。这个地带的形成,就好像一个在很深处存在的断裂向上伸延时分散成极多长形和网状交错的裂缝,而这些碎片和块体则下沉至不同的深度。”①可是很难设想,维多利亚湖东西两侧相距近700公里的地堑,会在湖底之下合并,因为地块厚度只有约100公里;也没有任何理由能使人信服为何不能偶尔形成一个断裂系,以代替一条单一的断裂(如像红海那一段)。但重要的是,除少数例外,所有的作者均把这个东非裂谷带理解为拉裂,即归因于拉力。

这些东非断层的形成,应划入较年轻的地质时期。它们多处切割年轻的玄武熔岩,在一处甚至也切割了更新世的淡水建造。也就是说,它们无论如何不可能是在第三纪结束以前就已形成了的。另一方面,它们看来在洪积期时就已存在了,这一点是从地堑底部的无出水口湖的岸边上,作为较高水位标志的湖岸阶地推断出来的。在坦噶尼喀湖处,它以前显然是海相,但后来又适应了淡水的所谓残留动物表明,该湖已存在较长时间。频繁的地震和强烈的火山作用却似乎暗示着,分离过程目前还在进行。

科尔许特在这个地区所作的重力观测②显示出,这里的地堑也许有一两个例外未得到均衡作用补偿,由此可以推断硅镁物质

---

① E.Sueβ, Beiträge zur geologischen Kenntnis des östlichen Afrika. Die Brüche des östlichen Afrika. Wien 1891.

② 见 E. Kohlschütter, über den Bau der Erdkruste iu Deutsch-Ostafrika. Nachr. d. Kgl. Ges. d. Wiss. Göttingen, math-phys.Kl., 1911.

尚未向上涌入断裂中。正如特里乌济和赫克尔已经发现的，红海的情况相反，由于这里的断裂较宽，这一点也是可以预想到的。

按照大陆移动论的观点，断裂必然要起的巨大作用，使人们很容易会提出这样的问题，即是否还有以前没有想到它们会是断裂或者地堑的其他现象现在应作这种解释的。最肯定应作这种解释的恐怕是把纽芬兰和大陆分离开的海沟，它作为地堑断层还可沿圣劳伦斯河上溯甚远。纽芬兰由于这种分离显得已经作了一些转动，这不仅从比较它和新苏格兰的褶皱方向中可以看出，尤其在把欧洲和北美洲复原拼合时也反映出来。如果把圣劳伦斯河的入海口沟看作断裂，那么对哈得孙河出海口外的海底沟似乎也应作相同解释。对法国比斯开湾最靠里的“布列塔尼角海沟”，看来作同样的解释是合情合理的，单凭由于没有任何较大河流注入该海沟就可以这样说。著名的刚果河海沟也是如此，人们以往总是把它看成被淹没的刚果河冲刷河谷，现在看来似应修正对地质事实的看法[①]。

很容易提出的不仅反对上面阐明的关于断裂的看法，而且也反对整个大陆移动论的指责是，在地块两边拉开并互相远离时，它下面约 1 500℃高温的硅镁质就会直接与水接触，就必定引起灾难性的事件。但简单考虑一下就会清楚，这种后果不致酿成。例如宽度超过 4 000 公里的北大西洋，如果每年加宽约 4 米这样一个

① 见刚果河海沟的详细深度图，参考：Schott，Schulz，Perlewitz，Die Forschungsreise S. M. S. “Möve”im Jahre 1911. Arch. d. Deutsch. Seewarte 37，Nr. 1，1914. 以及 Schott，Geographie des Atlantischen Ozeans，S. 102. Hamburg 1912 一书中的略图（包括整个海沟）。

幅度(参阅前一章),那么很自然要假想硅镁层以同样的幅度延展,因而一般说完全不会有高温的深部物质升至硅镁层表面。

但是即使某处发生此种情况,也不会因此造成爆炸。水的“临界压力”只有 20 大气压,这种压力在水深 200 米处就已达到。因而在这个深度以下即使温度再高,也不再会形成蒸气,而是这种超临界加热的水由于其比重减低寻路上升,在这过程中,它自然很快就会与深海中温度降至临近冰点的水体混合。海底熔岩喷发就是这样静静地进行的。根据贝吉埃的考察,在 1888、1889 和 1892 这几年中在武尔卡诺附近 700—1 000 米深处发生过这种海底喷发,造成拉断从利帕里群岛通向米拉措电缆的后果,这才使得人们真正重视这类喷发。凯萨尔补充道:“因为海底火山爆发的一个奇特之处,是进行时几乎不发出响声。”[①]

① E.Kayser,Lehrb. d. Allg. Geol.,4. Aufl.,S. 650. Stuttgart 1912.

第八章　大陆移动的可能原因

我认为现在提出大陆移动的原因这个问题仍嫌过早。但是因为我第一篇文章的一些批评者提出，原因不可知是我的理论的缺陷，因而下面的阐述在这方面也许是有益的，那就是避免他们散布完全无法找出原因的怀疑。

旋转着的地球受一系列宇宙力的作用，根据我们当前的知识，有太阳辐射及其压力，有也是由太阳辐射出来的电子，有行星际气体和流星的阻力，有太阳和月球的潮汐力。这些力在空气和水圈中引起活跃的环流，但直到目前尚未能成功地完全看清其物理联系。因为地球也应看成是流体的，虽然是粘滞的流体。所以我们必须从根本上就预期各种宇宙力在地球上也表现出这种特性，固然方式不同。大气的特点是在温度变化时伸缩能力很大，因而对大气圈来说，两极和赤道间太阳辐射的差别作为运动的原因高居首位；相反，例如潮汐作用在气压计中只能勉强察觉出来。大气的最上层，由于宇宙气和流星造成的阻滞虽然可能是很可观的，却仍为很多人所否认。水的伸缩能力小得多，对于它，热力学的运动原因无论如何不会占特殊位置；这里，潮和汐起重要作用，并造成巨大的潮汐流。大气圈要受宇宙气体的影响，相应地水圈还要受大气的影响，因而风会引起洋流。最后对于“固态的”地球，运动的热力学原因退居如此次要地位，以致可以不予考虑。可是水圈的运动，产生一定的影响倒是可能的。如所周知，离海岸甚远的地震仪，纪录到与击岸浪节拍对应的微弱地球波动，而水平摆也能证实海洋潮汐的影响。因此，大洋底的硅镁层表面，从洋底潜流接受到一种与其同方向的明显的运动推动力，这一点也不是不可想象的，也许甚至大陆台块也会从洋流那里受到一种明显的动力压力。可是地图上在某些地方，对此提供的乍看颇为吸引人的例证，其实几乎是经不起一驳的。

搁置起来的还有一个由于磁极偏离，转动极是否会产生磁推动力的问题。地极的周期性缓慢摆动，提供产生其他运动动力的可能性，因为这种摆动迫使地球不断改变其虽然是微小的变扁的方向。此外，对只被较轻壳层残留体部分覆盖的液态球体的平衡状况，似尚未加以研究，因而我们不清楚面积巨大的海洋，是否会对环绕它们的大陆产生一种微小的吸引力，这种想法可能是由环太平洋的情况引起的。上文中已曾提及陆地逸离两极这种设想，即大陆均有移向赤道的微弱趋势，但目前尚未能予以证实。

但是最使人感兴趣的恐怕还是潮汐力，因为固体地壳的潮动可以用水平摆测出。由于一个大陆地块的重心要比被它排走的硅镁质的重心高几公里，因而或许可以产生这样一个基本看法，就是地球在转动中，由于潮动导致的延缓对大陆地块要比对硅镁层强烈。地球是向东转动的，从而似应产生各大陆普遍持续的向西移动，或者如果我们以大陆为坐标，则可以说硅镁层普遍向东流动。必须说，至少不能否认存在某种趋向这类移动体系的迹象。格陵兰、北美洲、中美洲和南美洲以及格雷厄姆地无疑均符合这种说法：在东非、马达加斯加、前印度和东亚，硅镁流起码有向东的分量，这个分量特别明显地表现在东亚海岸处岛弧的分离。滞留的新西兰证明澳大利亚沿北北西方向对着硅镁层移动，澳大利亚现在的运动也是符合上述方向的，虽然这里子午向运动分量是主要的。我们到处都可以看到，在硅镁层中滞留并显示出其运动方向的较小块体，是向东逐渐远离其母地块的，大西洋东海岸地区是例外，但是这里很少出现明显属于这种类型的现象。

但是即使这个设想符合实际——这个结论暂时还不能下，前印度和澳大利亚以及某些其他地区的移动仍然向我们表明，关于探索原因的这个问题，无论如何并未彻底解决。

这个问题也许可以倒过来说；正像下文还要谈到的那样，我们可以用天文学方法追溯大陆移动本身，或许也能够通过相似的观察测出推动这种移动的力，而无需知道这种力产生的根源。这样，由于北美洲的测锤偏差产生指向西方的一个微小合力，即使大量增加观测站也无法消除，这种想法①并非不可想象的。但是自然还有一种可能，就是这种力并未大到足以和重力形成一个合力，从而造成天文测锤能够测出的偏差。也许这方面的推断最后将从运动的幅度和硅镁层粘滞系数中导出。

环视一下行星系也许会驱散其他疑虑，因为可以看到外层岩石壳的移动和挤压，显然在所有天体上都出现。太阳黑子就是例子，它们因与太阳赤道的距离不同而转动速度不同；但是这些过程都在光球耀斑中进行，不能任意和固体地表相比较。水星表面不

① 这是毕令麦尔的一个建议。我迄今没有可能深入研究这个问题。

了解,金星则为完整的水云所笼罩。月球表面景象奇特,对它的解释意见分歧。虽然阴暗的马尔海也许可以说成为硅镁面,与位置较高、较明亮而看来像是硅铝壳层部分相对照,但我认为从成因上说,不能把它们与地球上的洋盆相比,因为在月球上存在着一系列连续的过渡形式,从这些海,而环形平原,而带有中央山的坑。在这里唯一可以和地球相比较而没有争议的现象是那些沟槽。就是说月球壳层已经产生了断裂(地堑裂谷),但是它们还没有发展到裂离和持续加宽的程度。对同样还很小、直径只有地球一半左右的火星,看来很可能可以把“海洋”比为硅镁面,“陆地”比为硅铝壳层。如果这种观点符合实际,则火星壳层经受的挤压要比地球小得多,因为在火星上以硅铝面为主,而在地球上则以硅镁面为主,因此火星在这方面以及按体积大小,均居于地球和月球之间。木星表面的红斑特别值得注意。它在1878年已被发现,根据克里欣格的说法,甚至可以回溯到1831年的古老绘画,直至今天形状基本上没有改变,因此它显然肯定属于行星的固态核心,按我们的观点为粘滞液态核心。这一红斑向不同方向移动过很大距离,从而使得根据其重现计算的转动速度不是恒定的。罗谢依照这些观察,反过来以恒定的转动为前提推导红斑在木星经度上的变化,得出的结果是它在1878—1892年几乎移动了木星周长的四分之三,然后又回移了四分之一,1900年起又重新沿以前的方向开始运动,到1910年又已走动了25°①。就是说在这里二三十年中出现

① 参看 Newcomb-Engelmann, Populäre Astronomie, 5. Aufl., herausgegeben von Kempf, S. 414. Leipzig und Berlin 1914 等资料。

的移动幅度，在地球上需要经历地质时期才能达到。从我们所知道的各个角度看来，木星都反映出它的温度比地球高得多，因而硅镁质变得更近于稀流体并可以较快地移动。但是还有质量较大这个影响，它相当于地球质量的320倍。因为各种力归根结底都是质量力，即随天体的增大而增长，而作为分子力的阻力是与质量无关的，所以在同样的物理条件下，也应期待较大的天体比小天体表现得更近于稀流体状。正是在这里表明这些观察，即木星、地球、火星和月球壳层在裂开和移动方面，表现出也对应于它们体积的排列顺序，这一点具有一定的说服力。

第九章　大西洋

本章和下一章包括大陆移动论最重要的证明材料。

皮克令就已经因大西洋两岸的大范围吻合而设想它们原是一个整体，这种吻合也正是本书所探索的问题的起点，它对于认为这两岸是一个断裂极度拓宽后的边缘这个假设，是一个不可忽视的证据。我们试观看一下南美洲和非洲的海岸线，那里任何一方的凸出部分都可以在另一方找到凹进的部分；中间陆地（宽 5 000 公里）的下陷是不可能形成这种吻合的。浏览一下地图还可以看到，两边的山脉（格陵兰—斯堪的纳维亚）、断裂带（中美洲—地中海）和台地（南美洲—非洲）是互相对应的。

现在仍然单靠观察地图自然是不够的。如果真正想检验大陆移动理论，那首先要探讨下面这个问题，即因古生物的原因，是否确实必须假设美洲地块和欧非大陆之间曾经存在过陆地通道，如果肯定这一点的话，那么为何大陆移动的设想比沉没的陆桥的设想要优越得多。

首先说南美洲和非洲，地质学者和生物地理学者都一致认为，这两个洲之间在中生代时存在着宽阔的陆地通道[1]。冯·依赫令

① 主要参阅 Arldt，Die Entwicklung der Kontinente und ihrer Lebewelt. Leipzig 1907。

称这个据说沉没了的巴西非洲大陆为“赫伦古陆”。他和其他人如俄特曼、斯特罗默、凯尔哈克和艾根曼通过近期的工作，也把该通道中断的时间愈加肯定地移到第三纪，具体地说，是始新世末或渐新世初①。

欧洲和北美洲之间，也认为直到第三纪前期仍有宽阔的陆地通道，它使各生物种属有可能交换，而到渐新世已不甚通畅，在中新世时则完全中断。可是此后还有一系列种属在欧洲和北美洲一起出现，这表明欧洲和美洲之间的陆地通道在个别地点甚至直到冰河期还存在②。我们只提一些具有普遍兴趣的论据：整个北美洲西部都没有鲈鱼科，整个亚洲东部同样也没有，因此它不可能是通过白令海峡传入美洲的。普通石楠(Calluna vulgaris)在欧洲以外，只出现在纽芬兰和它以南的相邻地区；相反，许多北美洲的种在欧洲则完全局限于爱尔兰西部，因而纽芬兰和爱尔兰表现为最后通道的桥头堡。但是此外也有迹象表明在遥远的北面还存在过另一通道，它经过冰岛和格陵兰，人们以前大多假定，所有最后的种属交换是通过这个北方通道进行的。这方面的例子之一是一种蜗牛(Helix hortensis)，它除了在欧洲大陆，还出现在冰岛、格陵兰、拉布拉多、纽芬兰直至美国东部。在这方面特别有教益的材料，还有魏尔明和耐得荷斯(Nathorst)对格陵兰区系植物的研究，

---

① 在第三纪的五个主要分期，即古新世、始新世、渐新世、中新世和上新世中，奥格和凯萨认为分离无论如何在中新世开始之前，冯·依赫令、俄特曼和斯特罗默认为在始新世，斯特罗默和艾根曼认为在下始新世仍存在通道。

② Scharff，Über die Beweisgründe für eine frühere Landbrücke Zwischen Nordeuropa und Nordamerika. (Pr. of the R. Irish Ac. 28,1,1—28,1909；引自 Arldt 的报告，Naturw. Rundsch. 1910。)

研究结果表明格陵兰东南岸,也就是根据大陆移动论,直至洪积期,正好靠近斯堪的纳维亚和北苏格兰的区段,欧洲的元素占优势,而在整个格陵兰的其他海岸则以美洲的影响为主。

北美洲和南美洲之间还有另外一层关系。先是俄斯伯恩推测,后来沙尔夫进一步阐述过,直至第三纪开始,在这两个地块之间也存在过畅通的陆地通道,后来中断,第三纪末前后(按照凯萨为上新世)又在有限的程度上(像现在的中美洲那样)恢复了。迄今大多数人到西侧(即加拉帕戈斯群岛地区)去寻找这一前第三纪陆桥;按照我们的设想,可能就是西北非洲构成了这个通道。

较大块的陆地沉没,在物理学上是不可能的。但是所有这些古生物的和生物的关系本身,其实用沉没了的连接陆地和用大陆的移动来作解释同样都是可行的。我们还可以得到一个最终的"关键实验",任何人都不能怀疑它对解决这个问题可以起到最终的决定作用,那就是对比大西洋两岸的内部构造。因为有一点是很清楚的:如果这些地块一直是像今天那样相距四五千公里的话,则将两侧拼合时它们的构造必然会不吻合。恰恰相反,如果一侧的构造在整条线上正好都是另一侧构造的延续,那么这就精确地证明了海岸是断裂边缘。

我们从北方开始。在格陵兰东北部北纬81°处,出露个别未经褶曲的石炭纪沉积残余,它们在岸边突然中断,而在斯匹次卑尔根相对应的边缘,可以找到以同样形式出露的这种沉积,使人得到的印象是,两处露头是在较近的地质时代才因断裂作用分离的。从75°向南,在格陵兰方面开始了一片大规模的第三纪玄武岩盖层残余,这个玄武岩盖层在这里主要组成南端毗邻斯科雷斯比湾的巨大半岛。除了已分离并部分地跟随移动的杨马延岛以外，属于此层的主要还有冰岛和法罗群岛，再往南去，这个玄武岩带在英格兰的北端再次出现。我们在下面还要指出，它从格陵兰方面（在北方）向欧洲方面（在南方）的位错与这一情况相符，即本来单一的断裂，在此处分解成为两条平行的断裂，冰岛和法罗群岛夹在两者之间。

格陵兰和北美洲之间也呈现这种所要求的对应性。在费尔韦尔角及其西北，片麻岩中反复出现前寒武纪侵入岩，这在美洲方面在贝尔岛海峡以北亦可找到[1]。在格陵兰西北的史密斯海峡和罗伯逊海峡，大陆移动并不表现为断裂两侧的拉开，而是大幅度的水平错位；格林内尔兰沿格陵兰滑动，两个地块奇特的直线状交界恐怕正是这样造成的。这个移动的缩小了的片段，可以从北美地质图（图 15）中看到，只需要追溯泥盆

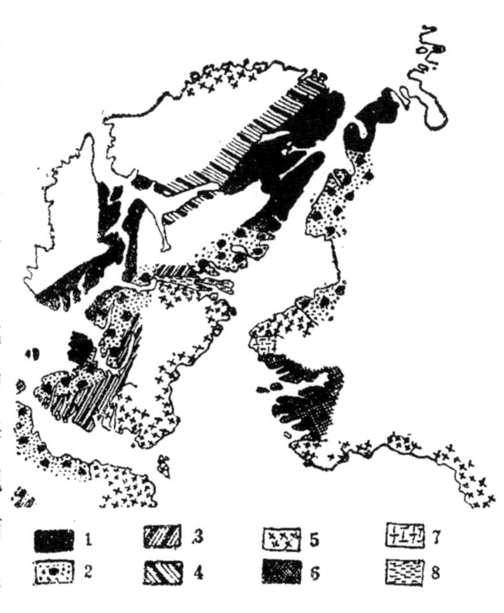

图 15　史密斯海峡和罗伯逊海峡地质图
（据《北美地质图》）
1 三叠纪，2 泥盆纪，3 志留纪
4 石炭纪，5 片麻岩，6 前寒武纪
7 晚第三纪，8 寒武纪和下奥陶纪

[1] 见美国地质调查所的《北美地质图》。

纪和三叠纪之间的界限,它在格林内尔兰位于 80°10′处,在格陵兰则在 81°30′处。

这种吻合固然首先只涉及比较邻近的海岸。因此欧洲和北美洲本身之间的一致说服力就强得多。罗弗敦群岛、赫布里底群岛和北苏格兰的古老(元古代)片麻岩山脉,相应于那边的坎伯兰和拉布拉多的片麻岩山脉,这些山脉向南达到贝尔岛海峡,并深入加拿大内地。褶皱的走向,在欧洲是东北—西南,在美洲为东—西至东北—西南。达奎对此指出:“由此可以推断该山脉越过北大西洋达到对岸。”①可是沉没的连接环节,必须具有惊人的 3 000 公里长度,况且在美洲的延续,现在并不位于欧洲山脉的延长线上,这条延长线按说应远距前者几千公里而指向南美洲。相反,如果按大陆移动论进行复原而把地块拼合起来,则美洲的山脉正好经过一个向东的横向位移,使得它位于欧洲山脉的直接延长处。

在欧洲,南面紧接着是一条稍年轻的褶皱带,生成于志留纪和泥盆纪之间,穿过挪威和英格兰北部。修斯称之为加里东山脉。它在美洲方面的直接延续可以在纽芬兰北半部找到,按我们的复原设想,正好与该山脉的欧洲一端相接。

但这种一致性,表现得最明显的是再向南紧接着的石炭纪褶皱山系,修斯称之为阿尔莫利加(Armorika)山脉,它使北美洲的煤层表现为欧洲煤层的直接延续。这个现在已经大大夷平了的山脉发源于欧洲大陆内地,先呈弧形向西北西方向伸延,然后转而向西,在爱尔兰西南海岸和布列塔尼截然中断,构成支离破碎的海岸

① Dacqué, Grundlagen und Methoden der Paläogeographie, S. 161. Jena 1915.

(所谓的河口海岸)。“丁格尔湾和拉罗歇尔之间的河口海岸,是这一巨大建造的天然终结这种设想违反所有其他的经验。应该在大西洋底及其彼岸寻找该建造的延续。”(引自修斯)正如贝特兰1887年首先发现的,美洲方面的延续,是阿帕拉契亚山脉在新苏格兰和纽芬兰东南部的支脉。这里同样也有一条石炭纪褶皱山脉(和欧洲的山脉一样向北褶皱)截然以典型的河口海岸形式在海边终止,在此之前,它先取东北方向,后取正东方向。两侧的区系动物和区系植物,都不仅在石炭纪时期而且在较老的地层也表现出一致性,并将随着观察材料的增加而会更清楚地认识到这一点。在这里我们不可能进一步讨论道森贝特兰、沃尔科特、阿米、索尔特等人关于这方面的大量文章。这条“横越大西洋的阿尔泰山”——修斯也曾这样称呼它——在海岸两侧中断的地方,正好是我们在上文中说的,出于生物的原因,必然推测为两个大陆间最后一处通道所在的地方,这就成了反对中间陆地沉没这个说法的有力论据。彭克曾作为困难强调指出过,沉没了的那一段,必须比我们现在知道的距离还要大。在连接线上,现在在海底存在一些孤立的隆起,人们迄今一直把它们视为沉没山系的山峰;但并不能由此导出反对大陆移动论的论据,因为看来假设当大陆移动时,河口海岸处会有较小的块体分离出来并留在原地,这是合情合理的。

北美洲和欧洲洪积期巨大内陆冰盖的终冰碛,也位于几乎相同的地区。而这些冰盖在复原时亦能完美地吻合——下面还将借助图20进行阐述,如果两侧海岸在其沉积时不是真正连成一片的话,这种情况是很难想象的。

北非的阿特拉斯山脉是唯一在美洲方面找不到其延续的单

元。根蒂尔却不仅把加那利群岛、佛得角和亚速尔群岛视为其最西端的伸延,甚至认为中美洲的同时代山脉(具体指安的列斯群岛),是它的延续。雅沃尔斯基最近正确地强调指出,这种想法是和修斯提出并被普遍接受的观点不相符的,修斯让南美洲科迪勒拉山系最东端的弧转入小安的列斯群岛,即向西弯回来,而不向东岔出任何分支。可是这种联系的不存在,不仅不是反对大陆移动的证据,相反是一种证实;因为阿特拉斯山脉和安的列斯群岛的褶皱同样起源于第三纪。自然只有那些于地块分离以前形成的构造,才会从一侧跳到另一侧①。

为了比较非洲与南美洲,我们可以用图 16,它表示出雷莫埃绘制的西北非走向图②。两块大陆均由很古老的褶皱片麻岩块状山组成,其上出现两种不同的走向。从图中可以看到,在苏丹以东北方向为主,这个走向,在近乎直线且方向相同的尼日尔河上游已经明显表现出来,并一直到喀麦隆还可以视察到;它和海岸线约以45°相交。在喀麦隆以南——在图中还可以看到——出现另一个较年轻的走向,它是南北向的,也就是说在这里和海岸线平行。

根据修斯的描述,我们可以在南美洲找到完全相对应的走向变化。"东圭亚那的地图……反映出组成这个地区的古老岩石基

① 当然,按大陆移动论,加那利群岛也必须视为从阿特拉斯山脉脱离出来,并已稍漂离的边缘块体。嘎格尔(Die mittelatlantischen Vulkaninseln, Handbuch der Regionalen Geologie Ⅶ,10,4. Heft, Heidelberg 1910.)事实上对它(及马德拉群岛)的结论是:"这些岛屿是从欧非大陆分裂出来的碎块,它们是在比较近的时期才与大陆分离开的。"

② Lemoine, Afrique occidentale, Handb. d. Regionalen Geologie Ⅶ, 6A. 14. Heft, S. 57. Heidelberg 1913.

本上都是东西走向的。夹在其中的古生代地层构成亚马孙凹陷的北部，并且也沿这个方向，而从卡晏到亚马孙河口这段海岸，则因而垂直于这一走向……就我们今天对巴西的结构的了解，必须假

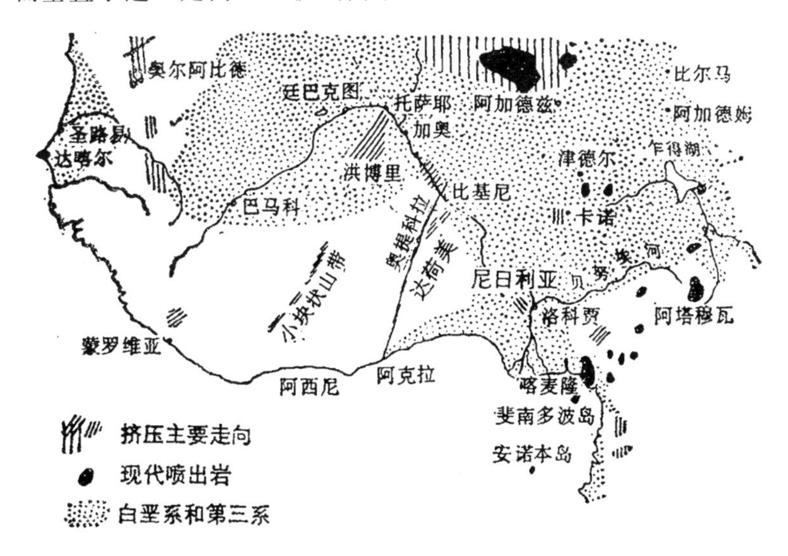

图 16　非洲的走向(据雷莫埃)

设大陆的整个轮廓，直至圣罗克角(S. Roque)也都垂直于山脉的走向，但从这个山前地开始一直向下到乌拉圭，则海岸的位置是由山脉规定的"[①]。对这种走向的方向，还要考虑到根据大陆移动论，南美洲是旋转了相当大的角度的。如果我们把南美洲再和非洲拼接起来，则由亚马孙河表现出来的南美洲北部海岸的走向，看起来就像是苏丹(指现在的马里共和国一带——译者)的走向的天然延续，而在圣罗克角以及喀麦隆以南，则两方面的走向都平行于

① E. Sueβ, Das Antlitz der Erde Ⅱ, S. 161. Wien 1888.

海岸的伸延和它的弯曲。——如果其间曾存在一块沉没了的中间陆地,那么这种一致性也是完全不可理解的。

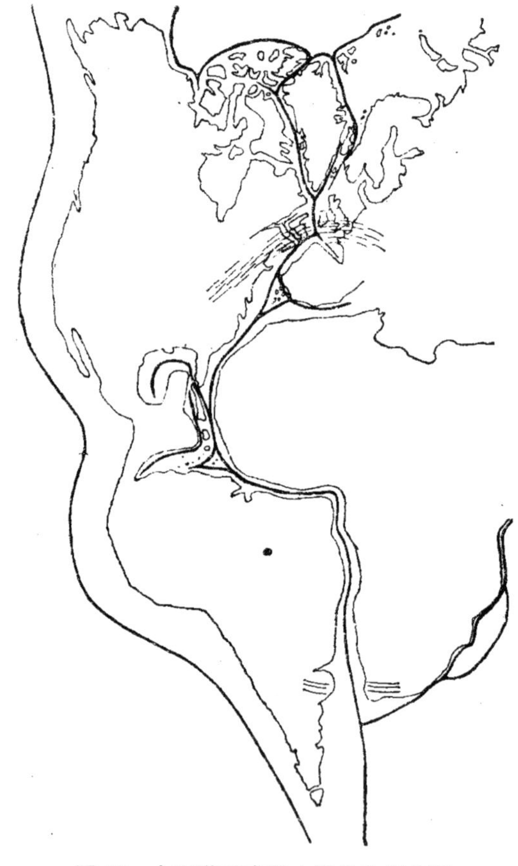

图 17　大西洋形成前大陆块体复原图

自我的第一篇文章发表以后,这种构造联系又增加了一项非常重要的内容:凯德尔在多伦多(1914 年)的国际地质学家会议上指出,极其奇特而与非洲其他部分明显不相同的开普山脉延续到南美洲,表现为布宜诺斯艾利斯以南的各山脉,两者在构造和历史上完全一致[①]。如果大陆之间的距离不变,就要假设在这里存在过一条 6 700 公里长的连接山脉,后来沉

① 根据许泰曼的报告(Geol. Rundsch. 5,Heft 3,S. 216,1914),原文似乎尚未发表。

没了，它把东西两段相互连接起来！相反只要把南美洲和非洲地块拼合复原，则这两个部位正好相接（见图 17）。

如果想就其说服力来正确地评价上文引述的一致性，则必须注意，大陆移动论正确的几率并不与这些一致性的数量简单地成比例增长，而是以更高的指数增长。因此我认为已经不可能怀疑这种理论原则上是正确的。

在图 17 中，我尝试复原在大西洋形成之前，它两侧地块的位置。图上没有表现出水面和陆地的分布，只有大陆地块包括陆棚的相对位置。地块的粗轮廓线才真正是这张图的内容，现在的海岸线只是为了便于辨认才画上去的。它的投影大致为在一个与穿过格林威治子午线接触的圆柱体上的投影。

无需特别强调说明，这样一种尝试现在还必然包含着某些随心所欲的东西，或者在地质上还未能充分论证的东西。这里出现的谬误，当然还不意味着大陆移动论本身是错误的。具体地说是作了以下的假设：安第斯山脉、阿特拉斯山脉和欧洲的阿尔卑斯褶皱系，当时还是尚未褶曲的陆棚，因此把它们画得宽阔得多。因而东欧尤其大大地移离非洲。另一方面，今天北美洲西海岸和阿拉斯加间的急拐弯，当时可能也还不存在；通过这两处变动，就可以使格陵兰周围的地块闭合起来。特别不落实的还是对西班牙和中美洲的设想。马达加斯加提到了，相反，印度、澳大利亚和南极洲却因太不可靠而被略去。图中把冰岛和法罗群岛合并进去这一点，我认为特别从现在它们周围等深线的走向看来是可能的。亦即在第三纪时，这些地区就像缓冲器似的处于挪威和格陵兰这两个面对面“冲撞”的陆块边缘之间，那里大规模的玄武岩喷出，大概就与此相关。格陵兰像受了歪曲似的;它现在的形状是南北方向上的收缩和南端向东弯曲造成的。巴西东南海岸阿波罗荷斯(Abrolhos)浅滩略去了;它不规则的形状就促使人们推测它不是老的陆棚,可能更像是地块底部的熔融硅铝物质。尼日尔河三角洲当然也不得不略去。

在这里同时还要讨论一个问题,就是从大陆移动论的观点出发,如何解释大西洋中部的洋底海岭。由于均衡的原因,它按说必须由轻物质组成。正是由于轻,它可能来自大陆,也许来自上面(沉积岩),或者来自下面(熔融的硅铝层)。无论如何可以假设那是以前的地堑底部,那时大西洋还只是一个比较狭窄的裂谷,其中填充着沉陷的边缘部分、海岸沉积物,也许还有熔融的硅铝物质;今天作为狭长的海岭顶峰的岛屿,似乎全都是在这个时间由断裂两侧的断块形成的。后来在大陆进一步移动的进程中,大西洋的硅镁表面像橡皮似的拉伸开,这种比较脆的物质却不加入这一伸延,仍然聚集在一起,并稳定地保持在两个大陆之间正中的位置。那些所谓深海沙的矿物组分直径可达 0.2 毫米,显然是在近海沉积的,但冯·德吕嘎斯基和费尔希纳领导的两次德国南极探险,却是在大洋中间发现的,这些沙看来有力地显示着洋底的这种拉伸,因为只有这样,它的所有部分才可能都曾经是近海的。

第十章　冈瓦纳古陆

对于南半球，古生物研究得出了一个十分奇特的结果，产生了存在过一个巨大大陆的设想，称为“冈瓦纳古陆”，它曾把南美洲和南非洲、前印度及澳大利亚连接起来。其中南美洲和非洲的联系，前一章已经讨论过了。由于前印度和马达加斯加特别紧密的亲缘关系，人们曾经特意假设了一个长形的印度马达加斯加半岛“勒穆利亚”，它是一条相应于现在的莫桑比克海峡加上其向北延伸的海洋分支，自三叠纪时期起就把它和非洲地块隔开，但这个半岛却在第三纪沉没了，只剩下今天尚存的残余。澳大利亚和非洲及前印度的分离也放在三叠纪，因为在二叠纪还存在联系，而到侏罗纪时这种联系就最终消失。相反，如赫德利、俄斯伯恩和其他人所强调指出的，澳大利亚在第四纪开始时还有一条陆地通道与南美洲相连；可是这条通道大概经过南极洲，后者位于前面两个大陆之间的子午圈范围之内，因而提供了最近的途径。在此对这些结果不能进一步深入论证了，只想介绍这方面的地质专业文献。

按照以前的观点，这些陆地通道的形成过程是，印度洋和南大西洋的整个地区在中生代是一个单独的成片大陆，它在以后的时期里下沉了，只剩下一些分散的碎块，就是现今的那些大陆。即使不去看这样大量的水的去处这个困难和对较大块的大陆沉没的原则性疑团,只要观察一下地球仪,也会立即领会这样一种假设的不妥之处。前印度与南美洲发现惊人一致性的地点相距约120°(就子午圈而言),即相当于中国海岸到非洲西北部或者阿拉斯加到阿根廷的距离。即使有通畅无阻的陆地通道,现在相隔如此遥远的地区,在动物和植物方面也绝不会相同的。我们是否真可以假设当时的一条陆地通道,就足以解释动物和植物化石的同一性呢?如果假设陆桥就足够了的话,为什么前印度和亚洲却没有表现出同样的一致性呢?为什么前者"四周均为断块"(修斯)却位于完全格格不入的环境之中呢?还有那条奇异的华莱士线,它是澳大利亚和后印度动物区系之间的无形分界线,使得澳大利亚动物界的近亲在邻近的巽他群岛上找不到,而要到遥远而相距几乎近四分之一的地球的南美洲去找,这样一条界线又是怎么造成的呢?南半球的这些情况,从根本上就非常有利于大陆移动的思想,而不利于沉没的陆桥的想法,而且下文还将表明,愈是深入细节,这些情况就愈具有决定的意义。

我们想在此处简短地研讨一下支持大陆移动现实性的事实,因而首先要谈论地图显示出的事物。喜马拉雅山系那些巨大的、主要在第三纪形成的褶皱,意味着地壳相当大一段的挤压,如把这一段复原,则亚洲大陆的轮廓会完全变样。也许整个亚洲东部,通过西藏和蒙古直至贝加尔湖,或者甚至到白令海峡,都卷入了这次挤压。如果我们局限于平均海拔4 000米的最高地区,它在推挤方向上为1 000公里,并且假设它的(虽然有更大的高度)缩短比例和阿尔卑斯山脉相同,即为其原来伸延的四分之一,那么我们可以得出前印度移动了3 000公里,亦即它在推挤前的位置在马达加斯加附近[1]。

原先的勒穆利亚半岛的这种推挤，大概并不是由指向大陆地块并使其在硅镁层上移动的一种力造成的，而是由硅镁层中的潜流，它来自非洲南部并使前印度被动地随之移动，向亚洲高原推挤。因为在这里受到阻力，地块的速度当然不如硅镁流那么大。硅镁流不断地继续向前涌，将与流向斜交的印度半岛折向东去，并同时把分离开的锡兰(今斯里兰卡。——译者)带走。印度最高的隆起位于其背面，即硅镁质向其冲击的西南海岸，这一点恐怕并非偶然。应理解为这一硅镁流伴生现象的，也许一方面还有非洲东部和阿拉伯地区构造中的某些特征，另一方面则有后印度构造的一些特点，它们都暗示着这些地区被向东北方向拖曳。属于这种情况的，尤其是上文描述过的非洲东部的断裂和地堑。使它们裂开的拉力显然并不是指向东，而是东北方向。虽然这些地堑的断裂面保存得不够好，不足以使人能辨认出东侧的地块曾向北移动，可是断裂在红海，亦即它垂直于拉伸方向的地方普遍展宽却是很清楚的。索马里半岛的不对称形状，也许可以部分地理解为愈向

---

① 我不愿闭口不谈一个明显的困难。从山脉的平均海拔高度可以近似地推导出大陆地块的变厚，由此又可导出水平挤压的幅度。如果假设山地在挤压前是陆棚，其表面位于水面下200米处(硅铝质和硅镁质的比重为2.8和2.9)，则要形成平均海拔高度为2 000(4 000)米的山脉时，其原来的宽度要缩短为0.6(0.4)。据此，由阿尔卑斯山的平均海拔高度计算出的它的挤压，虽然符合较陈旧的观点，但和现在已经认识到的倒转褶皱构造是不相容的。对前印度，通过这种计算，得出的移动也只有至多1 500公里，这看来是太小了。上面已经提到过一种推测，就是有时也出现大陆地块底部的熔融硅铝质；沉入硅镁层深处的山脉块体底部，尤其会受下面来的影响而熔融，而由于熔融的物质在这里很容易向外侧避让或者为硅镁流带走，因此，也许有理由假设上面提出的矛盾，系由于向下沉的地块凸出部的熔融。

尖端部位愈强烈的东北向拖曳作用，同样的情况，在前面阐述格陵

图18　前印度的挤压
(根据柏林施柯特公司制造的地球仪)

兰南部和火地岛时曾提到过。在半岛尖端部位前面的索科特拉岛已开始向东北方向移离。阿比西尼亚山脉是否也可以和索马里半岛的这个碰撞作用联系起来，恐怕不得不留待以后去解决了。还有一个问题同样要搁置起来，就是位于阿比西尼亚山脉和索马里半岛之间的大片沉降三角地带的海岸一侧，即马萨瓦和伯贝拉之间的海岸，是否也是由于这次碰撞才改变了它与阿拉伯海岸的平行位置。看来波斯湾的出口，也反映出阿拉伯地区受到了向东北

方向的拉力，这里阿克达尔(Akdar)山脉的支脉像一个马刺插入波斯的山系中。兴都库什山脉和苏来曼山脉的扇形聚集，看来像是挤压自东向西减弱的自然结果。这一挤压的东侧也出现了它们的真实对称图像，那里缅甸的山系从安南(今越南。——译者)、马六甲和苏门答腊原有的方向起，被拖曳转成南北方向。马六甲半岛的折曲，和特别在等深图中可以辨认出来的缅甸和苏门答腊之间最西环链的断离表明，在这种拖曳中，地块的塑性难以维持它不被拉断。同时这股巨大的硅镁流还波及更大的范围，这一点在上文曾有几处暗示过。这种推挤作用显然影响到整个亚洲东部。它的西侧边界表现为一个阶梯状褶皱系，该褶皱系在兴都库什和贝加尔湖之间尤其密集和规范，甚至可追溯到白令海峡。这一挤压在南端就已通过爪哇和苏门答腊之间的转折，显示出自己的特点，而在亚洲的东海岸，也以上文曾讨论过的肚凸式海岸形状表现出来。这种海岸形状加上它断离开的外围环链(即岛弧)，赋予太平洋海岸的这部分以独有的特色。显然，硅镁流在这里含有垂直于海岸并指向太平洋的分力，因而它本身在这里也许是东北东向的。由于压力看来不可能从前印度一直传导到白令海峡，因此我们必须把这个地区的推挤归因于硅镁流，它在亚洲的基底之下流动，并因摩擦力而将亚洲向前拖曳[1]。

关于澳大利亚，地图(特别是海深图)已经能够说明一些问题

① 请注意这种设想和阿姆弗洛的"潜流"设想多么接近。参看 O. Ampferer, Über das Bewegungsbild von Faltengebirgen, Jahrb. d. k. k. geol. Reichsanstalt 56, S. 539—622, 1906, 或 K. Andrée 的简短概述, Über die Bedingungen der Gebirgsbildung, S. 38 ff. Berlin 1914。

(参看图 19)。请看巽他群岛最南端的那两列岛屿。正东西走向的爪哇列岛在接近澳大利亚—新几内亚大台块时,以螺旋形弧状

图 19　新几内亚周围的海深图(据格罗尔的《大洋海深图》)

依次折向东北、北、西北、西、西南。在它之前的帝汶列岛,则因错动及多变的方向,表明与澳大利亚陆棚的碰撞,并接着以同样猛烈的方式作螺旋状折回。在这里,我们看到了两个大洲碰撞的景象:两个原来直线状并向东伸延的列岛,被从东南方挤过来的澳大利亚台块砥住,而且其前沿被推回来。

在新几内亚的东侧可以看到这一过程的补充。新几内亚来自东南方,擦过俾斯麦群岛的岛屿,在它原来的东南端上碰着了纽波麦尔岛(即今新不列颠岛。——译者)并把它拖着走,使这个长形的岛转了 90°以上而且弯成半圆形。这个岛以南和以东洋底上的深沟,是上述过程猛烈程度的明证,因为硅镁层还未能来得及把它重新填充起来。

这种从地图中看出来的运动情况,足以恰当地解释华莱士首

先发现的事实，即澳大利亚和新几内亚的动植物，是和巽他群岛及后印度的动植物截然不同的。例如澳大利亚哺乳动物主要成分是有袋类，其最近的亲属是南美洲袋鼠。现代尤其是在新几内亚和邻近的巽他群岛之间，由于种属的交换，使这一界线已经模糊得多了。澳大利亚的哺乳动物向巽他群岛推进，因而现在哺乳动物界线（华莱士线），已经穿过小巽他群岛中的巴厘岛和龙目岛后伸延到望加锡海峡，另一方面，澳洲犬（一种凶猛的犬）、啮齿类动物和蝙蝠则是洪积期以后迁居澳大利亚的。但正是这种近代的种属交换，比任何理性推论都更清楚地表明：澳大利亚这种古老的特点，如果在现在的位置上是不能产生的。那样就必须把新几内亚周围的一切岛屿，在洪积期后期之前都降到海平面以下——这由于地质的原因当然是不可能的，才能使澳大利亚足够地孤立起来，但即使如此也不能摆脱所有困难。大陆移动论却能在这里轻松地解开这个以前看起来无法解开的谜。

有两条洋底隆起把新几内亚和东北澳大利亚与那两个新西兰岛屿连接起来，看来指出了大陆移动的途径，也许是遗留的地块底部熔融物质。赫德利通过生物的途径也得出结论，认为新几内亚和新喀里多尼亚岛、新赫布里底群岛和所罗门群岛构成一个单元[①]。如果我们把澳大利亚还原到它早先的位置，则新西兰变成在其边缘的岛弧（估计位于新几内亚和澳大利亚东部之间的珊瑚海前沿）；塔斯马尼亚几乎一直伸延到南极洲的维多利亚地，而澳大利亚科迪勒拉山脉则表现为南极洲高山系的，因而也是安第斯

① 奇斯曼把克马德克群岛也列入这里。

山脉的直接延续。

澳大利亚的这种运动状况和印度不同。那里是随着硅镁流的被动漂游,这里则是冲向硅镁层的运动;新西兰岛弧给留下了,而在地块前缘,即新几内亚岛上则堆起一条从地质上看来年轻的高山脉,这证实了硅镁层的阻力①。

关于地图就谈到这里。固然它给我们提供了各大陆运动方面比较多的情况,可惜却没有像对大西洋那样指点明白这些大陆以前是如何连成一片的。窄长的勒穆利亚半岛两侧边界,由于推挤而消失,而与此有关的南极洲海岸线则尚未弄清。在这种条件下,从地图中还能为复原当时情景找到的少量根据,将在下文提出。即便引用地质事实材料,也无法排除恢复原貌中的不可靠之处。现在至少可以指出,这些事实不仅完全和大陆移动论互相协调,而且用这个理论要比用沉没陆桥的假设更便于阐明,我们正是在这里找到了支持大陆移动论的最有力证据。

马达加斯加以及非洲南部(开普山脉是例外),是由一个褶皱片麻岩台块组成的,其褶皱在两地都呈东北—西南走向。因此没有任何东西妨碍我们假设两者以前是直接相连的,而且马达加斯加直至第三纪,才由于平行移动离开。在非洲方面裂开的位置,可能在莫桑比克和迪拉果阿湾以南的某一点之间,那里海岸线的走向与马达加斯加西海岸近乎平行。在马达加斯加西

① 但是这里主要是阐述上的而不是事实的区别。因为如我们以前强调过的那样,所有运动都是相对的,对印度同样可以设想是整个欧亚大陆(还有非洲)向西南方向在硅镁层上移动,同时较小的部分如印度、马达加斯加等则在硅镁层中滞留不动。只是如果这样的话,我们就不能以非洲为基准来衡量运动了。

海岸可以找到一个海相沉积岩系，它在非洲海岸也同样存在，因而在两者断离之前，必然已存在一条浅海峡将两块陆地分隔开。与这一点相符的是，马达加斯加的陆相动物在三叠纪时即与非洲的隔离。但是在第三纪中期，当时印度远离而去，根据雷莫埃的说法还有两种动物，即 Potamochoerus 和河马，从非洲移入，他认为这两种动物至多只能游过 30 公里宽的海峡[①]。因此，这些地块只能在这个时间以后才相互断开，从而也可以解释为什么马达加斯加在向东北方向游移中，与前印度相比大大落后。此外，这一点促使人们把马达加斯加的脱离，理解为东非大峡谷断裂系中的一个次级现象。

前印度也是褶皱片麻岩组成的平缓台块。这种褶皱在最西北端（塔尔沙漠边缘）极其古老的阿尔瓦里（Arvali）山脉以及也非常古老的科兰纳（Korána）山中，今天仍起着决定地形的作用。根据修斯的说法，前者的褶皱指向为北纬 36℃，后者则指向东北。也就是说这两个方向与非洲和马达加斯加的走向十分接近，足以使人感到可以把它们直接连接起来，况且还要加上印度做过微小但对此十分必要的转动。此外这里还出现一组年轻一点但仍属中生代的褶皱，在内罗尔的加茨（Gháts）山脉或在维拉孔达山脉（Vellakonda），这组褶皱是南北走向，可能对应于非洲的也是比较年轻的南北走向。

或许可以假设印度的西海岸和马达加斯加的东海岸以前是相

① 见 Lemoine，Madagaskar. Handbuch der Regionalen Geologie VII，4，6. Heft，S. 27. Heidelberg 1911。

连的。两条海岸都由片麻岩高原的陡崖构成,出奇地直,它会使人联想到这两条海岸在断裂形成后相对水平移动过,类似格林内尔兰和格陵兰那样。

两边海岸的这一段陡崖,均约跨纬度10度,两侧的北端都出现玄武岩。在印度,是从北纬18度开始的德干高原玄武岩盖,它生成于第三纪初期,因此也许和两块陆地的分离有因果联系。马达加斯加岛的最北部,完全是由两组年龄不同的玄武岩所构成。

如果我们把印度和非洲之间陆地通道的消失和喜马拉雅山脉的褶皱联系起来,那完全是立足于事实的,这一点可以由这两个现象的同时性推导出来。喜马拉雅山脉和其他一切较大的山脉一样,也是多次挤压的结果;但是第三纪晚期的一次起主要作用。也就是说,它的开始和臆想的勒穆利亚陆桥的沉没,在时间上是重合的。至于说到褶皱过程今天还在继续,证据之一,就是重力随时间的强烈变化,这种变化是通过在山系脚下的反复测量发现的。

前印度的东海岸从前是否与澳大利亚西海岸连接,则仍不能肯定,下文还要说明。它同样是片麻岩高原的陡崖。这陡崖只被地堑状狭长的贡达瓦里(Gondavari)煤区中断一次,该煤区是由下冈瓦纳地层组成的。上冈瓦纳地层则沿海岸不整合地横架在煤区末端之上。

澳大利亚,特别是它的西南部,也是由一个类似的、具有波浪状表面的片麻岩台块组成,它沿海岸以一条伸延很长的陡边截止,那就是“达令山脉”及其向北的延续。在陡边之内有一条下沉的平原带，由古生代和中生代地层构成，有少数几处为玄武岩中断，往前，靠海岸处又是一条狭窄，有时甚至完全消失的片麻岩带。上述沉积岩在欧文河处也含有一个煤矿区。但是澳大利亚西海岸的这一段是否可视为印度东海岸的直接延续，则必须留待作深入的地质对比以后才能确定，我不可能在此对比了。片麻岩褶皱的走向，也无法提供最后的决断；按照修斯的说法，这一褶皱在各处都是子午线走向的。如果上述推测是符合实际的话，则这一走向已由于旋转变为东北—西南方向，并因而平行于非洲、马达加斯加和印度的主要走向。

如果说澳大利亚的归属，在这里也还无法肯定，还是可以认为目前似乎并不存在原则性的地质方面的疑问。

如果我们的设想是对的话，则澳大利亚南海岸肯定以前曾经和南极洲的威尔克斯地及威廉皇帝地相连，并且南极洲再靠西的部分则直接和非洲相连。但我们现在对这些地区还太不了解，因此这里难于讨论。

澳大利亚南部和东部的地质情况，因其与新西兰的关系也是值得注意的。在东部，澳大利亚科迪勒拉山脉沿海岸自南向北绵延，在北端以阶梯状向西后退的褶皱山系结束，其每个褶皱均为正南北走向。像兴都库什山脉及贝加尔湖之间的阶梯状褶皱那样，这里显出是挤压的侧翼边界；巨大的安第斯山褶皱从阿拉斯加开始，穿过四大洲，在此终止。澳大利亚科迪勒拉山脉的最西侧是最古老的，最东侧则是最年轻的。塔斯马尼亚是这一山系的直接延续，该山系与南美洲的安第斯山脉（它由于处在南极的另一侧，因而东侧是最古老的）的对称相似性是十分引人瞩目的。然而在澳大利亚缺失最年轻的环节。修斯认为它们在新西兰[①]。按照他所主张的理论,必须假设山系原来填满了整个塔斯曼海,后来除澳大利亚和新西兰的残留部分外均已沉没。研究一下地图就会立即看到,旧理论的这个结论是多么不妥当:塔斯曼海宽 2 000 公里;那么这里沉没的山系就要具有一个奇异的特点,即它不仅在挤压的幅度上超过地球上所有其他山系许多倍,而且还有一点,就是它的长度和宽度必须一样,因为没有发现它向东北或西南伸延的任何痕迹。但是,即使我们为了回避这个困难而把沉没了的中间陆地想象为没有褶曲的,那也不得不承认,这种解释就要丢弃和南美洲的一致性这个事实。如果我们假设新西兰以前是没有中间地带直接和澳大利亚相连的,那无疑意味着事情大为简单得多。

还要指出,新西兰的分离显然是在第三纪以后进行的。分布在整个澳大利亚南端,并越过巴士海峡宽阔的第三纪沉积岩带,只在新西兰再次出现,而在澳大利亚东海岸则完全找不到;由此应该可以推断,在第三纪时新西兰仍和澳大利亚紧紧相连。在两者之间的洛德豪岛可能甚至在最近时期才从澳大利亚分离出来;岛上发现了陆上动物的大块骨头,被列入蜥蜴属 Megalania 和 Notiosaurus。这些动物在澳大利亚是和大的有袋类动物同时生存的,也就是说在很近的时期,它们不可能栖息在一个如此小的岛上。

现在我们尝试基于上文阐述的所有考虑,构想一幅澳大利亚迄今所作移动的图景,当然并不忘记这种探讨只具有假说的性质。澳大利亚在三叠纪似乎已经和印度及非洲分离,和南极洲的威尔

① Antlitz der Erde II, S. 203. Wien 1888.

克斯地连在一起向太平洋方向移动，这时现在的东侧是前沿。由于新西兰山脉的形成划入三叠侏罗纪[①]，可以认为它的生成起源于这次运动。后来澳大利亚从西部开始和南极洲分离，直至只剩下科迪勒拉山脉作为两个大陆之间的固定板，虽然它也由于巴士海峡的断裂谷而有所松动。也许因为旋转而导致新西兰这个边缘环链作为岛弧分离出去，因为这时新几内亚逐渐移向前沿。随着新几内亚山脉的隆起，对较老的褶皱带产生了沿走向方向的挤压。但是直到第四纪似乎还有一些南美洲的种属，得以通过塔斯马尼亚锚形地带，经南极洲进入澳大利亚；例如在昆士兰的洪积期沉积物中找到过一种猪属的残骸，它和南美洲的佩卡利猪很相似。后来此环链中断，澳大利亚地块开始一边轻微旋转，一边向北进行，同时把新西兰甩在后面。这里我再一次声明，这样一种想象还非常需要验证。

我们在以上的叙述中，没有提到冈瓦纳古陆的一组现象，这些现象看来对大陆移动假说的正确性是特别强有力的证明，那就是二叠石炭纪的冰期。在古老的冈瓦纳古陆的各个部分，包括南美洲、南部非洲、印度和澳大利亚，都在二叠纪地层。一些研究家认为，甚至在石炭纪地层中已经找到了一个内陆冰盖的底冰碛，这些底冰碛到目前一直是古地理学中一个不解之谜。根据姆伦格拉夫的描述，这些冰川痕迹在南部非洲保存得特别好，那里不但找到了底冰碛，而且也找到了被冰川磨光的岩石表面，还带有冰川在运动

---

① Marshall, New Zealand. Handbuch der Regionalen Geologie VII,1,5. Heft,S. 36. Heidelberg 1911.

时刻出的擦痕。可以由此推断,冰川在这里是由北向南运动的。这些都是不能解释为山地冰川的,只有内陆冰盖才能说明南部非洲的这些发现。在澳大利亚,这些痕迹分布于北至昆士兰南达塔斯马尼亚(还有新西兰)的整个地区。这里,山地冰川的想法似乎更符合实际。单单由于冰层,根据其擦痕判断是由南向北运动的这一情况,看来就更宜于解释为是内陆冰盖伸张所波及,也许来自南方相邻的南极洲。前印度的冰川痕迹同样是毫不含糊的,那里的冰层运动也从南向北进行。最近许图策尔和格罗塞在比属刚果(今扎伊尔。——译者)也找到了这种典型的块状粘土,即古老的底冰碛。最后,南美洲,也就是巴西(南里奥格兰德)和阿根廷西北部也发现了这种沉积,只是对那里的岩层还没有作过很深入的研究。根据瑞典的南极探险结果,有这种沉积的还有福克兰群岛。陈旧的陆桥沉没学说,在这些事实面前无能为力,这一点在科肯的著作中表达得再清楚不过了:印度的二叠纪和二叠纪的冰期①这些说法,只能出现在福克兰群岛尚未发现,而对南美洲的发现还允许怀疑的时期。即使在这种有利的条件下,还是得出了不可能有如此巨大的极地冰盖的结论。因为即使把南极置于最有利的位置,即印度洋的中心处,有内陆冰盖的最远地区仍有30°—35°地理纬度。如果冰冻这样广泛,则地球表面上应该几乎没有任何地方能够摆脱冰川现象。而且这时北极应该在墨西哥,那里经过很好研究的二叠纪,还找不到冰川的任何痕迹。对于科肯近乎绝望的出路,即把所有这些冰川遗迹,都解释为它们的发掘地当时位于海

① Festband d. N. Jahrb. f. Min. 1907.

拔高度很大的位置，对这种说法，我们就不必深入讨论了。上述著作发表后不久，就在福克兰群岛发现了这些冰川现象，科肯在此前却提出赤道是通过这个群岛的；今天大概再也没有人怀疑这些冰川标本以及巴西和阿根廷标本的正确性了，它们的位置同样也很靠近科肯的赤道。虽然人们对北半球的沉积物要比南半球的了解得不知深入多少倍，但至今未能在这里肯定地，或者即使只是可能地证实二叠纪的冰川产物，那么根据不允许大陆移动的旧观念，这些事实材料就只能表明整个南半球为内陆冰川所淹没，而北半球则完全没有。无论从天文学和气象学的角度看，这样一种只在半个地球结冰的说法都是荒谬的，这是无需一提的，同时也证明了旧理论是错误的。

那么按照大陆移动论情况又会怎样呢？南美洲（包括福克兰群岛）、前印度、澳大利亚（包括新西兰），统统以同心圆状聚集到南部非洲周围；如果我们在复原的原始大陆上，测出二叠纪冰川标本互相之间的距离，那么这个最大距离，也就是二叠纪内陆冰盖目前看到的最大直径将是 60°—70°，换句话说，正与根据大陆移动论计算出来的北半球洪积期冰盖相一致（参看下一章）。这样北极也就不会造成困难了；因此如果假设南极在冰川现象中间即南部非洲，也就是离它今天的位置约 70°的地方，那么北极就应该落在今天北纬 20°的地方，即中生代时就已存在的太平洋之中，那里不可能产生冰川沉积。

第十一章　两极漂移

在这里进行详细讨论赞成和反对两极漂移这个目前还在激烈争论的问题，将会使我们远离原定的任务[①]。但我们在这方面无疑同意大多数研究家所接受的观点，即虽然不再能否认地极的大幅度移动；而另一方面，直至目前所有连续地从地球历史上追溯这种漂移的尝试，其结果总是矛盾重重。为论证这一点，只想在下面作简短阐述。

理论家们开始时倾向于完全否认实际上需要考虑的两极漂移，因为他们能够证明，地质上已十分了解的物质迁移，如沉积、内陆冰盖的形成、隆起或地震时观察到的水平移动等，所能引起的地球惯性轴（并从而还有转动轴）的变化，只是极其微小的，实际上是完全可以忽略的，因而看来缺乏地质上大规模地极漂移的根据。同时开尔文爵士和夏帕勒里得以证明，这种漂移能够达到很大的规模，如果把地球设想为塑性的，而不是刚体："我们不仅允许，而且甚至作为极大的可能性肯定，经常彼此靠近的最大惯性轴和转动轴，在古老的时代能够与它们现在的地理位置

① 我想指出赫尔内斯（Hoernes）的一篇综合报告：Ältere und neuere Ansichten über Verlegungen der Erdachse. Mitteil. d. Geol. Ges. in Wien I，S. 159—202，1908。

相距甚远，并且逐步地漂移了10°、20°、30°、40°或者更多，在此过程中却未曾发生过任何可觉察的水面或者陆地的突然变动”（开尔文爵士[①]）。

地质事实迫使我们假设地极在不同的地质时期其位置在改变。它们十分清楚地表明，北极在第三纪的过程中，从白令海峡一带移向格陵兰。在古新世和始新世这两个第三纪的最老阶段，西欧的气候还是热带的；根据森珀的说法，比利时在始新世中还有三分之一，巴黎甚至还有一半的生物种属是热带的，根据申克的看法，泰晤士河口的中始新世植物具有热带的特征。此后的渐新世气候已经稍凉一些，但棕榈和其他常青植物的分布还达到现今的波罗的海沿岸；例如在韦特劳的上渐新统中出现大量的棕榈树干和树叶残迹。还在下一个阶段即中新世初期，德国就已有很多亚热带品种，包括个别的棕榈、木兰属、月桂、桃金孃等等。但这些品种后来消失，气候愈来愈冷，到第三纪的最后阶段即上新世时，中欧的温度状况和现在已没有什么区别了，此后接踵而来的就是冰期。这一变化过程很清楚地反映了北极的临近。南极的观测结果也得到同样的情况。当第三纪开始北极还在它原来的位置时，正如赫尔首先指出的那样，在今天树线以北10°—22°的格陵兰、格林内尔兰、冰岛、大熊岛、斯匹次卑尔根群岛等地，生长着山毛榉、白杨、榆树和橡树，甚至还有杉树、悬铃木和木兰。

赫尔还相信存在过波及全球的气候变迁。诺麦尔曾首先坚决

---

① 转引自Grabau，Principles of Stratigraphy，S. 897—898. New York 1913，夏帕勒里几乎同样地表达了他的计算结果。

主张过这是由于地极移动造成的这种观点,他立足的事实是阿拉斯加和库页岛的中新统比格陵兰和斯匹次卑尔根群岛的中新统更靠北,而且日本的上新世气候要比现在凉。纳特荷斯的功绩在于,不顾著名权威其间又提出反对,重新坚决指出这种地极变迁,他在日本的前上新世植物中也找到了这方面的明显证据。考虑到所有当时已知的观测结果,他相信应假设当时北极距离现今的位置约20°,即北纬70°和格林威治以东120°处。新西伯利亚群岛上带强烈极地特点的植物,就应位于当时的北纬80°处(勒拿河一个植物发掘点中的树叶明显地小,则应在约85°处),堪察加、黑龙江地区和库页岛的植物具有比较温暖气候的特征,在68°—67°处则具有温暖得多的迹象的植物,如像斯匹次卑根群岛、格林内尔兰、格陵兰这些具有常青阔叶树的地方的植物,似乎应位于北极圈之外,即在纬度64°、62°和53°直至51°处。北极是朝白令海峡而不是朝勒拿河口的方向移动的,这种假设似乎也和上述观察结果相一致。向勒拿河口方向移动的设想比较适合森珀的结果。因为他开始时虽然怀疑,后来却发现北极在中始新世朝阿拉斯加方向移动了30°,并且在渐新世转而向大西洋方向漂移。阿加西兹从太平洋北部海底取出的冰碛石周围长满了锰块,它们也许是和这种早第三纪的地极移动有联系的。

无论如何,这种进展使得在第三纪有过一次大的地极移动的真实性愈来愈令人信服。凯萨说:“我们相信这次地极移动,单只这一点就是难于回避的,即因极地之夜长达数月和热辐射极其巨大这个矛盾,如果没有两极移动,对这种树木的生长繁殖就是一个几乎无法逾越的障碍,而我们在格陵兰和斯匹次卑尔根岛却看到了这种第三纪的树木。”[1]

但另一方面人们也相当一致地认为，已多次出现过的在地球历史过程中连续追溯地极漂移的尝试过早了，因而应予否定。事实上，前面叙述过的南半球二叠石炭纪冰期这个例子就已表明，如果坚持大陆位置不变的看法，在这一点上就必然要碰到极其尖锐的矛盾。克赖希高尔[2]在经验的事实材料基础上，做过一次这样的尝试，雅可比蒂在没有排除这些矛盾的情况下又把它推进了一步。赖比许提出一种假说，认为地极周期性地沿某一条子午线来回摆动（这是一种物理学上站不住脚的设想），西姆罗特曾试图通过广泛的生物论证来支持这种错误的摆动规律[3]，但适得其反，多半都是给地极移动提供了证据[4]。

首先，直至目前我们在地质上能够假设的质量转移是比较微小的，而大陆移动论则能为大幅度的地极移动提出比这可信得多的原因。当然不能随便地把大陆移动视为质量转移，因为这里涉及的只是和同等重量的硅镁物质作位置交换。一个大陆地块的重心就经常比它排开的硅镁质的重心高出几公里，单只它的移动即可能引起连续不断的两极迁移。对这些情况固然尚未有数学上的研究；但第三纪大幅度的地极漂移和大西洋张开在时间上的重合，

---

① E.Kayer，Lehrbuch der allgemeinen Geologie，4. Aufl.，S. 78. Stuttgart 1912.

② Kreichgauer，Die Äguatorfrage in der Geologie. Steyl 1902.

③ Simroth，Die Pendulationstheorie. Leipzig 1907.

④ 有些批评者未能真正区别这一点。可参看 Klöcking：Simroths biologische Entwickelungsgesetze im Lichte der A. Wegenerschen Hypothese von der Horizontalverschiebung der Kontinentalschollen. Peterm.Mitteil.，März 1913，以及该文所引用阿尔特的说明。

却是对这样一种因果联系存在,再清楚不过的迹象了。

况且除此之外,大陆移动论也使对以前地极位置的探索简化了。图20是欧洲和北美洲冰期的复原地图[①]。图中用虚线表示的终冰碛围绕着连成一片的内陆冰盖区,在美洲——欧洲边界上毫无不连续之处。当然这只适用于其主要阶段,即"大"冰期。在最后一个冰期,仅由于生物的原因,就必须假设各大陆之间的通道已经切断,与此相一致的事实是,根据冰川擦痕,这时已存在几个单独的冰冻中心。如果我们把北极移到整个冰冻地区的中心,则最远的冰碛边缘距北极33°(相当于纬度57°)。如不存在大陆移动,离北极就会是40°或者纬度50°。不管对冰期的看法如何,大陆移动论显然能提供对此的简明解释。

在间冰期,赛嘎(Saiga)羚羊和很多其他草原动物也曾栖息于德国,其中一部分今天还生活在俄罗斯南部的半荒漠中。它们的残余有时与北方雪地动物的代表性种属混杂而居,有时则成大群聚集在一起。可以由此推断,当时中欧的气候与此相似,为草原型,接近现在俄罗斯南部或西伯利亚西部那种情况。像今天这样在西面很靠近一个宽阔的深海,在气象学上是很难解释的。在这个问题上,大陆移动论也提供了方便,因为正如图20所示,根据这种学说,当时大西洋的北端只达到西班牙一带。

上面一章已经详细讨论过,大陆移动论使南半球二叠石炭纪冰期问题大为简化。更早的恐怕只有下寒武纪的冰期了,其线索,

① 这里也没有考虑水陆分布,画上的海岸轮廓仅供辨认地块,和上文图17中的做法一样。

罗依许在挪威，威里士在中国，和诺厄特令在澳大利亚南部均有发现。中国离挪威70°，澳大利亚南部在相同方向上则距挪威140°。如无大陆移动，同样也不可能把这三个发现归入规模一般的两极

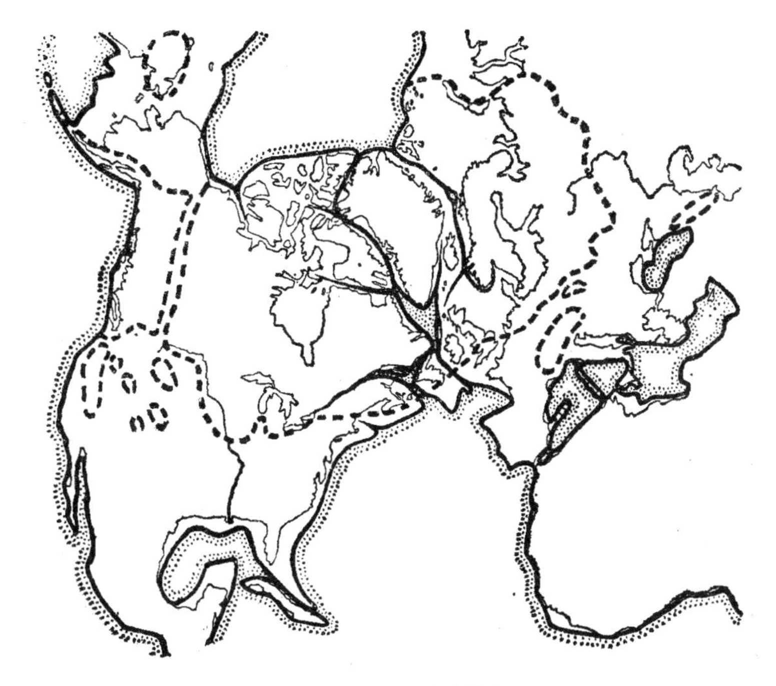

图20　大冰期时大陆地块复原图

冰盖中去。大陆移动学说对此也使解释简化了，办法是把中国大大地南移，从而扩大它和挪威的距离。然而复原如此久远时代的原始大陆实在太不可靠，因此难于进一步深入探讨这个问题。

第十二章　大陆移动的测量

为了深入一步考虑我们所假设的移动如果今天仍在继续，是否大得足以在我们的天文定点测量中反映出来这个问题，我们必须知道地质时期的绝对时间。大家知道，计算出的这类数值是并不可靠的，但也并非如人家还往往相信的那样全不可靠。例如彭克根据他对阿尔卑斯冰川的研究，估计最后一次冰期到现在流逝的时间为5万年；许泰曼估计至少2万年，至多5万年；海姆按照新近在瑞士的计算以及美国冰川地质学家的计算，只有约1万年，这些数字的相符程度，对我们的目的来说已经完全够了。

对于比较老的时代，人们曾经尝试过从沉积岩的厚度来判断它的时间，对第三纪得出100—1 000万年这个数量级[①]。但是当前最引人瞩目的，却是基于放射性物质衰变造成的氦含量所做的岩石物理年龄测定。这些测定是用锆英石晶体作的，其氦含量由氧化铀衰变生成。许图鲁特发展了这种方法，并测得渐新世为840万年，始新世3 100万年，石炭纪15 000万年和太古代71 000万年。后来柯尼斯贝格尔重新计算了许图鲁特的测量，并得出一

① Dacqué, Grundlagen und Methoden der Paläogeographie, S, 273, Jena, 1915, 和 Rudzki, L'âge de la terre, Scientia XIII, No. XXVIII, 2, S. 161—173, 1913。

部分试验岩石样品的不同的地质年龄[①]。从他的和一些较早的数据，大致可以得到下列时间：

古生代开始时起至今	500 百万年
中生代开始时起至今	50 百万年
第三纪（古新世）开始时起至今	15 百万年
始新世开始时起至今	10 百万年
渐新世开始时起至今	8 百万年
中新世开始时起至今	6 百万年
上新世开始时起至今	2—4 百万年
洪积世开始时起至今	0.5—1 百万年
后洪积世开始时起至今	1—5 百万年

也许将来有可能在地球上的几个点精确地测定现在的移动速度，从而可以通过外推法来检查这些数字。但是现在我们还是要走相反的途径，探索一下是否可期待取得可测量的变化。

因为南美洲在第三纪开始时就已从非洲分离，这样，如做等速运动，每年经度差的增加就只有千分之几秒，因而确定这种增加就需要几百年的观测。但是北美洲的情况有利得多。如果我们假设从分离至今经历了约 100 万年，那么由于今天的距离约为 3 500 公里，每年的移动需为 3.5 米。迄今做过的三个借助于电报电缆的横跨大西洋经度测量，得出的剑桥—格林威治经度差为[②]：

---

① Königsberger, Berechnungen des Erdalters auf physikalischer Grund lage. Geol. Rundschau. I, S. 241, 1910.

② 详细的证明，包括涉及格陵兰的数字，均在我的论文 Die Entstehung der Kontinete. Peterm. Mitteil. 1912, Juniheft 的第三部分。

1866	4 小时 44 分 30.89 秒
1870	4 小时 44 分 31.065 秒
1892	4 小时 44 分 31.12 秒
26 年间的变化	0.23 秒

据此实际每年移动了约 4 米。可惜 0.23 秒这个差,还没有大到足以完全排除由于观测误差而造成的谬误,虽然主要的可能性——尤其由于在两个时间间隔中的变化是同向的——在于支持这些数据的真实性。因而人们就以更大的兴趣期待着这次新的、可惜被欧洲战争中断了的测量的结果。

按照我们的理论,格陵兰移动的速度必然比北美洲还要快,因为它是在洪积世才离开欧洲的。我们假设这次分离是在 5—10 万年前发生的(即在大冰期以后,但在最后一次冰期之前)。由于东北格陵兰萨宾岛和挪威与斯匹次卑尔根岛间陆棚边缘上相对应的地点,当前的距离为 1 000 公里,因而每年移动应为 10—20 米。遗憾的是格陵兰岛上迄今经度测量的精确性比美国的要差得多,因为均仅为月球观测[①]。有用的只有三次测定,即 1823 年(萨宾所作)、1869—1870(伯尔根和柯佩兰所作)和 1906—1908(科赫所作)。在第一段时间中对格林威治的经度差为 2.1 秒或者约 260 米,在第二段再增加了 5.6 秒或约 690 米,亦即在 84 年中总共增加了 950 米,或每年 11 米。但是各测量系列可能的误差却为几百米,因而这些数字仍未提供完全严格的证明。在这里也可以说,最大的可能是这种变化确实存在。

① 现在用一个小的无线电报接收站,可以毫无困难地获得精确得多的结果。

自1906年起，冰岛拥有和欧洲的电缆联系，因而现在也可以在这里获得精确的经度差测量。根据大陆移动论，冰岛和格陵兰在同样时间里，从欧洲移开了经度20度，因此这里的经度应每年增加0.1″—1.4″或约0.05—0.1秒。这个数值理应通过两次间隔时间为5—10年的经度测定，就可得到可靠的确定。——我难于判断，是否通过对冰岛新旧地图测绘对比，就可以作出决定[①]。

因为按照大陆移动论，塔斯马尼亚在洪积世开始时才从南极洲大陆分裂出来，所以整个澳大利亚现在还必然有一个十分可观的北和西北向速度，虽然通过和巽他群岛的碰撞，可能已产生了微弱的减缓。由于上述移动约达纬度20°，因此如果假设裂开的时间为50—100万年以前，则我们得到的澳大利亚——威尔克斯地间的纬度差，每年就要增加0.07″—0.14″，这样一个幅度，看来是可以通过南极考察时的通讯纬度测量加以确定的。如果单纯用澳大利亚的纬度测定的话，则只有当我们已知这个变动有多大部分属于南极洲相对于南极的移动时，才能用以说明我们的学说。因为两个地块几乎同样大，也许可以设想，现在南极洲以澳大利亚向北运动等同的速度向南美洲方面移动；这样，澳大利亚的绝对纬度变化就正好是上述幅度的一半。看来几乎难以置信的是，如此巨大的变化，人们却没有从澳大利亚天文台的纬度测定中感觉到。

---

① 科赫告诉我，1890—1900年在法罗群岛的大地测绘中出现了一个奇怪的现象，就是群岛的北部产生了相对于南部的扭转，因为它对观测误差来说是太大了，所以人们以为这必然是由于旧地图拼贴错了造成的。但是因为群岛的经度和纬度——后者相差不下两弧分！——也和第一次测量的不相同，所以说，这是异常强烈的现实的移动，就不是不可能的了。总之这件事急需复查。

可惜我直到目前尚未能获得这些观测结果。

在前印度和马达加斯加,或许也有可能通过纬度测定来测量这种移动。为了作比较,必须在东非或者至少在开普敦,同时也进行纬度测定。

大陆和海洋的形成

经重新改写的第四版

阿·魏根纳　著
格拉茨大学气象学和地球物理学教授

插图 63 幅

不伦瑞克
费韦格出版社
1929 年

阿尔弗雷德·魏根纳

阿·魏根纳 1880 年 11 月 1 日生于柏林，是基督教牧师里查德·魏根纳博士和他的妻子安娜(原姓许瓦茨)的小儿子。他在柏林就读于科隆文科中学，后来在海得尔堡、因斯布鲁克和柏林大学学习。大学毕业后，他作为天文学家进入柏林的“乌兰尼亚”学会。在此期间，他到他哥哥库尔特所在的特格尔(Tegee)普鲁士航空观测站担任二等技术助理。兄弟二人共同作了一次当时时间最长的气球航行，历时 52 小时半，这次航行从柏林开始，经过日德兰半岛和卡特加特海峡，到达斯佩沙尔特。航行的目的是检验飞行器中水准四分仪的精度。

1906 年，魏根纳跟一个丹麦国家探险队到格陵兰东北海岸作了一次为期两年的考察；在这次考察中，他熟悉了极地旅行的技术。魏根纳发表的观察结果主要涉及气象问题。从格陵兰回来后，魏根纳在马尔堡取得了天文学和气象学教授资格。他从在马尔堡的教课中，形成了曾发行三版现已脱销的教科书《大气热动力学》。按魏根纳原定的计划，这本书后来为 1935 年出版的阿尔弗雷德·魏根纳和库尔特·魏根纳合著的《大气物理学讲义》一书所代替。

1912 年，他与科赫一起作第二次格陵兰探险，计划在内陆冰盖东端过冬,接着在其最宽处横穿格陵兰。在攀登内陆冰川时,这次探险几乎因一次巨大的冰川崩裂而完全失败,因为这次崩裂使冰层的开裂一直达到营地所在的范围内。过冬以后,紧接着在1913年进行的穿越活动延续了两个月,探险队抵达西岸时已是精疲力竭。

1914年,魏根纳作为伊丽莎白女王近卫步兵第三团后备役中尉被征召入野战团。在比利时进军中,他手臂中弹;伤愈后约两周颈部又中弹。此后他不再适于在前线服役,被调到野战气象站。1915年他的《大陆和海洋的形成》一书第一版问世。这部书努力恢复地球物理学与地理学及地质学之间的联系,这种联系因各学科的专门化发展而被完全割断了。第二版出版于1920年,第三版于1922年,第四版于1929年。其中每一版,都基于因开始时反对后来却又表示赞同的批评而汇集起来的材料全部重新改写。该书的第三版于1924年由赖歇尔译为法文,书名为 *La Genèse des Continents et des Océans*,由巴黎阿尔贝·布朗夏科学图书出版社出版。同年又由斯克尔以 *The Origin of Continents and Oceans* 的书名翻译成英文,英国地质学会主席埃文斯为此写了序,由伦敦梅修有限公司出版。同年还出版了第三版的西班牙文译本,书名为 *La Génesis de los Continentes y Océanos*,译者为俄尔斯,由马德里西方期刊图书馆出版社出版,1925年由米欣克翻译成俄文,莫斯科和列宁格勒的米欣克出版社编辑出版。1924年,这本著作为柯本和A.魏根纳的《地质前期的气候》一书所补充(由伯恩兄弟出版社出版)。

战后,阿·魏根纳和他的哥哥库尔特都成为汉堡德意志天文台的实验室领导人;同时也是新建立的汉堡大学的气象学副教授。1924年,阿·魏根纳接受聘请到格拉茨大学任气象学和地球物理学正教授。

他和科赫一起,计划于1928年到格陵兰作一次新的考察。由于科赫在1928年去世,他不得不把它安排成一次完全是德国的考察。在这项工作中,他得到德意志研究联合会(德国科学紧急协会,主席为斯密特—俄特阁下)的热情支持,并于1929年在一次夏季旅行中解决了从西海岸登上内陆冰盖的最有利地点这个问题。1930年,主要考察开始。这次考察的最重要成果,也许可以说是查明了格陵兰的内陆冰盖厚度可达1 800米以上。

1930年11月,阿尔弗雷德·魏根纳在内陆冰盖上遇难去世。

阿·魏根纳在1928年就已看出,与这个问题有关的文献过于浩瀚和专门化,一个人已无法掌握,要把他的书重新改写都将因此而失败。所以他的愿望是如果需要再版发行,应不作改动。

库尔特·魏根纳

目　　录

序

为了揭开我们地球早期状况的真实面目，需要所有地球科学提供证据，而真相只有通过综合所有这些迹象才能获得，这种认识仍未像所期望那样，成为所有研究家的共同愿望。

因此著名的南部非洲地质学家迪托埃不久前写道[78]："同时像上面已经说过的，对于这种假说（大陆移动）的可能性的决定，几乎完全应落到地质学证据上，因为基于动物分布的那些论据对此是无能为力的，原因是虽然不那么顺当，一般仍可同样根据正统的观点，即假设存在过于宽阔的、后来沉没于大洋的陆地通道加以解释。"

而古生物学家冯·依赫令[122]则简明扼要地认为："关心地球物理事件不是我的任务。"他"深信，只有地球上生命的历史能使人理解过去的地理变迁。"

我自己有一次在意志软弱的时刻，对大陆移动论也曾写过[121]："我仍然相信，对这一学说的最终决断只能由地球物理学作出，因为只有它拥有足够精确的方法。如果地球物理学得出大陆移动论是错误的这种结论，则即或在系统的地球科学中得到完全的证实也不得不舍弃它，而必须为这些事实寻找另外的解释。"

每个学者只把自己的专业领域看作是最具有或者甚至唯一具

有权威的这种成见,还可以举出大量例子。

但是事实显然并非如此。在某一个时刻,地球只能有一种外貌。对它我们并无直接的信息。在它面前,我们就好像一个法官面对着拒绝透露任何情况的被告,从而承担着依靠间接证据揭示真相的任务。我们能够提出的任何证据,都具有间接证明的假象。如果那位法官只依靠一部分存在的间接证明就作出判决,我们会怎样去评论他呢?

我们只有通过综合所有地球科学的研究成果,才能指望获得"真相",也就是说要找到那个以最好的体系阐述已知事实的整体,因而有权要求被看作最大可能的概念;但即使那样,我们仍需随时记住,每一项新的发现,不管它产生于那一门科学,都可能改变上述结果。

这一信念,每当我在改写本书中偶尔丧失勇气时都激励着我。因为毫不遗漏地博览全部各个不同学科领域中关于大陆移动论的、像滚雪球似地在增长的文献,实在超越了一个人的工作精力,所以尽管尽了最大努力,本书的引述仍会出现大量的甚至是严重的缺陷。我仍然能够以现在的规模引述文献,完全由于收到来自一切有关专业领域的寄赠,在此谨对捐赠者致衷心谢意。

本书在同等程度上以大地测量学家、地球物理学家、地质学家、古生物学家、动物地理学家、植物地理学家和古气象学家为对象。它不仅希望对这些领域的学者们,简略的阐明大陆移动论对他们本身领域的意义和作用;而且更重要的是,介绍他们了解这种理论在其他领域得到的应用和证实。

这本书的历史同时也就是大陆移动论的历史,读者可以在第一章中读到在这方面所有值得了解的东西。

在校对清样时,1927 年进行的新的经度测量,关于北美洲移动的证实才公之于世,故在附录中加以介绍,以供读者了解。

阿尔弗雷德·魏根纳

1928 年 11 月于格拉茨

第一章　历史的回顾

了解本书写作之前的历史，不是完全没有兴趣的。我在1910年观察世界地图时，产生了对大西洋两岸吻合的直觉印象，那时在我头脑中就出现了大陆移动的初步想法，但是对此却未予重视，因为我认为这是不可能的。1911年秋天，我偶然获得了一份综合报告，从中得知关于巴西和非洲之间以前存在过陆地通道这个古生物学结论，这是我以前所不了解的。它促使我去先概略地浏览那些地质学和古生物学领域中与此问题有关的研究成果，后来得到了如此重要的证据，令我对大陆移动的原则正确性深信不疑。1912年1月6日，我第一次带着这个思想在美因河畔法兰克福地质协会上作报告，题为：《在地球物理学基础上论述地壳大单元（大陆和海洋）的生成》。紧接着，又于1月10日在马尔堡促进自然科学学会作了关于《大陆的水平移动》的第二个报告。也在同一年，这两篇最初的文章发表了[1,2]。后来因参加1912—1913年科赫领导的横穿格陵兰的探险及此后的战争服役，妨碍了我进一步整理这个理论。然而到1915年，我得以利用一次较长时间的病假，在费韦格丛书中以本书的标题作较为详细的阐述[3]。战后有必要出版本书的第二版（1920）时，出版社欣然同意将它从费韦格丛书改到科学丛书中去，从而使大大扩大改写成为可能。1922年已经出了第三版,并也作了重大改动。这一版本印数异常高,以便使我有可能用几年时间从事其他工作。一段时间以来,该版又已全部售完。它有多种译本,俄文两种,英文、法文、西班牙文、瑞典文各一种。在1926年出版的瑞典文译本中,我已对德文原文作了一些修改。

目前的德文原稿第四版又是经过重大改动的,甚至可以说它与其前面的相比已具有不同的性格。在写前一版的时候,虽然已经出现了大量关于大陆移动问题的文献并需加以考虑;但是这些文献主要局限于表示赞成或反对的态度,以及局限于引用表明赞成或反对其正确性的个别观察结果。而从1922年以来,这些问题的讨论不仅在各个地学部门均猛烈增加,而且其性质也有所改变,表现为这种理论已愈来愈广泛地被用作进一步深入研究问题的基础。此外又加之最近取得了关于格陵兰现在仍在移动的精确证明,使得很多人在完全新的立足点上来对整个问题进行讨论。因此前面的几个版本,主要都只包括对这个理论本身的阐述以及汇集说明其正确性的单个事实,而目前的这一版,则已是走向综合论述这一新研究领域的过渡形式。

在我最初接触此问题以及后来进一步加以发展时,都多次遇到在前人的著作中有与我自己的想法相似之处。格林在1857年就已谈到"地壳的片段漂浮于液态内核之上"[63]。另几位学者如冯·柯尔贝格[4]、克赖希高尔[5]、埃文斯等人已设想过整个地壳的转动(但其各部分的相对位置却没有变化)。维特斯坦因写过一本书[6],其中除了大量胡诌以外,却也包含着关于大陆大幅度水平相对移动的预言。他认为大陆(固然未曾同时考虑到陆棚)不仅经历了移动,而且也经受过变形;它们全都向西漂流,在粘滞的地球体中为太阳的潮汐力所带动(许瓦茨[7]也是这样设想的)。但他却把大洋也视为沉没的大陆,而对所谓地球外貌的地理均匀性和其他问题,则提出了异想天开的观念,我们在此就不引述了。皮克令也和我一样是从南大西洋两岸的吻合出发的,他在一篇著作中[8]推测美洲从欧非大陆分裂出去,并被拉开整个大西洋的宽度。但是他没有注意到人们不得不假设这两个大陆在地质史上确实曾是相连的,一直到白垩纪,他却把这种联系移到远古时代,并认为这是和达尔文假设的物质月球从地球甩离出去相关的,而且把太平洋盆看作是甩离的遗迹。

曼托万尼[86]1909 年在一篇短文中表达了大陆移动的思想,并且用简图加以阐述,这些简图中有一些虽然和我的思想相背离,但在一些地方却极其相符,例如关于当时围绕南部非洲的南半球各大陆的排列。曾有人写信提醒我注意柯克斯沃尔西在一部 1890 年以后出版的书中,表达过一个假想,就是现存的各大陆,是一个以前连成一片的块体分裂开的各部分[9]。我未获机会亲自阅读这本书。

我认为泰勒 1910 年发表的一篇文章[10]也和我本人的思想甚为相似,他在文中同样设想各大陆在第三纪时有过并非微不足道的水平移动,并把它们和巨大的第三纪褶皱系联系起来。例如,他对格陵兰从北美洲分裂开来的看法,实际上和我是一致的。对大西洋,他则假设只有其宽度的一部分是由美洲地块的移开造成的,其余部分则是沉没的陆地,并表现为中大西洋海岭。这一点和我的想法也只有数量上而不是关键性的、截然的区别。因此美国人有时把大陆移动论称之为泰勒—魏根纳理论。可是我自己阅读泰勒的著作时，得到的印象是他首先试图为大型山系的排列探求形成的原理，并相信原因在于陆地逸离两极，而且在其思路中，某些大陆在我们意义上的移动只起次要作用，而且也只作了很简略的论证。

所有这些著作，包括泰勒的，我都是在已经完成了我的大陆移动论的主要轮廓后，才了解到的，有些甚至还要晚得多。不能排除随着时间的推移，还会发现其他包括与大陆移动论相类似的论点，或更早地提到这一点或那一点的著作。还没有做过这方面的完整的历史调查，本书也无意这样做。

第二章　大陆移动论的性质及它与以前关于地质时期中地表变化的流行观念的关系

一个奇特并表明我们当前知识的不成熟状况的事实是，从生物学或者从地球物理学角度去接触我们地球的史前状态，会得出完全相反的结果。

古生物学家以及动物和植物地理学家都反复得出，大多数当今为宽阔的深海所隔的大陆，在古代必然有过陆地通道这个结论，陆上动物和陆上植物曾通过这些通道毫无限制地相互交流。古生物学家得出这样的结论是：由于大量相同种属的出现，可以证实它们在古代曾生活在不同的大陆上，而它们在不同的地点同时分别生成看来是不可想象的。如果说总是只找到了同时代相同动物和植物化石的一少部分，那自然是易于解释的，因为所有当时生存过的有机体，只有一部分成为化石保存下来，且至今已被发现。即使两个这样的大陆上的整个有机界是完全相同的，也必然会由于我们知识的不完全，表现为两地发现的标本只是部分地相同，大部分则会被误认是不同的。此外当然还要加进这样一个因素，就是有机界即使有充分的交流可能性，也不会是完全相同的，例如现在的欧洲和亚洲的动物和植物区系，也绝不完全相同。

对现代动物和植物界的比较研究，也得出同样的结果。在两个这样的大陆上,今天的种虽然不同,但属和科还是一样的;而今天的属和科,在古代就曾是种。这样,从现代陆生动物和植物的亲缘关系也可以得出结论,认为它们在古代曾经相同,并必然处于相互交流的条件下,而这又只能想象为存在着宽阔的陆地通道。在这种陆地通道割断以后,才导致分裂为今天的不同的种。如果我们不去假设存在过这些当时的陆地通道,那么地球上生命的整个发展,以及甚至相隔万里的大陆上现存有机体的亲缘关系,必然仍是一个无法解开的谜,这样说恐怕并不过分。

对此只引一个证据,德彪福写道[123]:"也许还可以举出很多其他例子,它们表明如果不假设在当今分离开的大陆之间存在过通道,况且不仅是像马修所说的只是拆掉了几块桥板的陆桥,而且还有今天为深海洋所隔离开的那种通道,那么在动物地理学中,就不可能对动物分布得出一个人们可以接受的解释。"①

当然很多个别问题在此尚未得到充足的解释。在某些情况下,昔日的陆桥是根据十分贫乏的迹象构思出来的,并且随着研究的进展并未得到证实。在另一些情况下,至少对通道消失和现存分隔状态开始的时间,尚未取得完全一致。但可喜的是,对这些古

---

① "固然今天仍有一些反对陆桥的人。其中特别要提出的是佩弗。他的基本看法是,各种现今只局限于南半球的物种已在北半球的化石中得到证实。他认为这些物种,往昔是程度不同地广布于全球的。如果这个推论已非绝对肯定,那么进一步的推论,即在北半球尚未取得化石证据,而在南半球虽则只是非连续性分布的所有情况,都可以假设为广布于全球的,就更不可靠了。如果说,他想仅只通过北半球各大陆和它们的地中陆桥间的迁移,来解释一切分布特点,那么这种假设的根基是极不牢固的。"(见阿尔特,[135])以直接的陆地联系来解释南半球各大陆有机体的亲缘关系,要比通过从共同的北方地区分别地迁移过来作解释,更为简单和完全,这一点是不言自明的,虽然在个别情况下,这个过程可能像佩弗所假设的那样进行的。

老陆地通道的最重要的，在专家中意见却已相符，尽管他们作出结论的根据各不相同。有些基于脊椎动物或者蚯蚓，有些基于植物或有机界其他组分的地理分布。阿尔特[11]从二十位学者①表达的内容及图表中，对各个地质时代拟出了一个关于各条陆地通道是否存在过的表决结果表。我在图1就其中最重要的四条古陆地通道，将数字结果表示出来。图中对每条陆地通道均画出三条曲线，即赞同其存在的数字、否定其存在的数字及它们的差，亦即多数的程度，并用斜线将其面积突出表示出来。这样，最上面一格就表明澳大利亚与前印度、马达加斯加及非洲的通道(即冈瓦纳古陆)，大多数学者认为自寒武纪至侏罗纪初一直存在，但在侏罗纪初时消失；第二条曲线表明南美洲和非洲间的古陆地通道(赫伦古陆)，大多数学者都认为消失于下至中白垩纪。从第三格图形中可以看出，此后亦即白垩纪和第三纪之间，马达加斯加和德干高原间的古陆地通道(勒穆利亚古陆)中断。如第四个图形所示，北美洲和欧洲之间的陆地通道则不规则得多。但是虽然情况反复多变，看法上仍存在着相当广泛的一致：通道在较古的时代多次中断，即在寒武纪、二叠纪以及侏罗白垩纪，但显然只是由于浅“海侵”，它并不妨碍此后通道的恢复。这种关系的最终中断，像今天这样为广阔的深海所隔，却只能是在第四纪才完成的，至少在北部的格陵兰一带是如此。

某些细节将在以后详述。此处只强调提出一点，它是为这一

① 这二十位学者是：阿尔特、伯克哈特、迪纳尔、费勒希、弗里茨、汉德里希、豪格、冯·依赫令、卡宾斯基、科肯、柯斯马特、卡策尔、拉帕兰特、马修、诺麦尔、俄特曼、俄斯伯恩、舒赫特、乌利希、威里士。

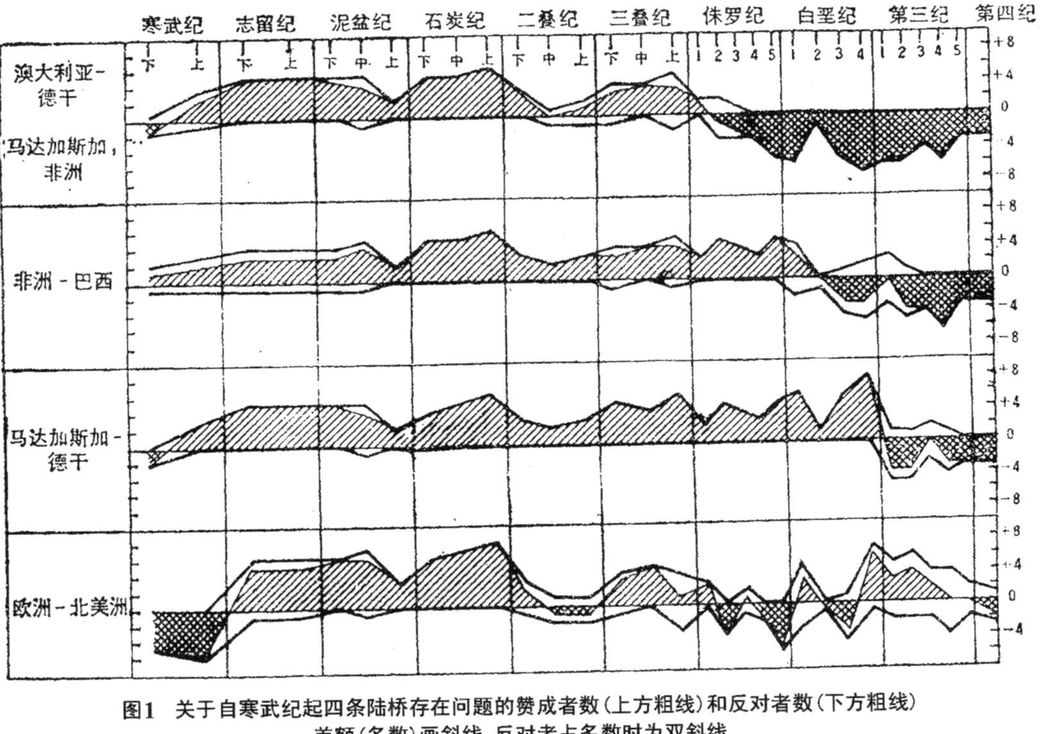

图1 关于自寒武纪起四条陆桥存在问题的赞成者数（上方粗线）和反对者数（下方粗线）差额（多数）画斜线，反对者占多数时为双斜线

陆桥论的代表人物至今忽略而又极其重要的:这些昔日的陆地通道,不仅对例如白令海峡这类现在作为浅陆棚或海侵水面把大陆分隔开的地方,而且对现在的深海地区都是需要的。图 1 中所有四个例子都是后一种情况。我有意选了这些例子,正是因为大陆移动论的新思路是从这里开始的,下面还将谈到这一点。

由于人们认为,理所当然的是大陆地块——不论它们露出水面或为水面所覆盖——间的相对位置,在整个地球历史过程中保持不变,当然就只能假设所需要的陆地通道,以前是以中间陆地的形态存在的,后来当陆生动物区系和陆生植物区系的交换停止时,它们就沉降到海平面下去,并构成今天陆间深海的海底。已知的古地理复原图就是这样产生的,图 2 即其中对石炭纪的一例。

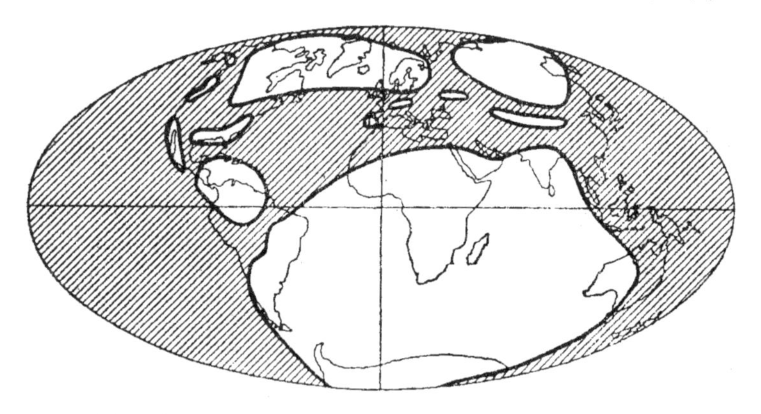

图 2 根据现在流行的观念所提出石炭纪海(斜线)陆分布图

只要立足于地球收缩说,沉没的中间大陆实际上就是最为直截了当的假设。我们还必须稍为深入论述一下此学说。它产生于欧洲;为丹纳、海姆和修斯所创立和充实,至今仍主宰着绝大多数欧洲地质教科书中的基本观念。修斯最简明扼要地表达了这种理论的内容:“我们经历的正是地球的崩塌。”[12,Bd. 1,S. 778]。就像一个由于内部失去水分而正在变干的苹果在表面形成皱纹那样,由于地心的冷却及因而造成的萎缩,也在地表上产生山系褶皱。地壳的这种崩坍,使得在皮层存在普遍的“穹隆压力”,并导致有些部分作为台阶或地堑挺立不动,一定程度上就像穹隆压力把它们承受起来那样。在以后的进程中,这些停留在原位置上的部分,又会做超过其他部分的沉降运动,于是陆地会变成洋底或反之洋底变为陆地,并可无限反复交替,这是赖尔创立的观念。它基于在各个大陆上,几乎到处都可以发现以前海洋的沉积物这一事实。谁也不能抹杀这一理论的历史功绩,它很长时期里一直是我们地质知识令人满意的总结。由于时间如此之长,收缩论被如此完整、连贯地应用于大量单项研究成果,以及由于它基本思想的概括简明及其应用的适应性,今天仍有相当的吸引力。

自从修斯从收缩论观点出发,在其四卷巨著《地球的面貌》中对地球的地质知识作出了精彩总结以来,对它的基本观念正确性的怀疑愈来愈增加。认为所有隆起都只是假象,亦即只是地壳普遍趋向地心时的一种滞留现象,这个观念由于绝对的隆起得到证明而被驳倒[71]。关于经常且到处起作用的穹隆压力的观念,已为赫尔格谢尔[124]就其在最上部壳层的存在,从理论上加以驳斥,实际上也表明是站不住脚的,因为亚洲东部的结构和东非裂谷,都相反证实了在地壳的大单元中有拉力。山系褶皱作为地球内部收缩时的表皮皱纹,这种理解必然导致在地壳中压力传导距离达 180 弧度这样一个无法接受的结论。为数众多的学者如阿姆弗洛[13]、赖日尔[14]、鲁茨基[15]、安德烈[16]等都正确地表示反对,并指出如果真是这样,整个地表应均匀地产生皱纹,干枯的苹果也正是这样的。但尤其重要的是,阿尔卑斯山脉鳞状"倒转褶皱构造"或者逆掩断层的发现,使得本来就难于解释的干缩造成山脉这一说法更显得证据不足。这个由于贝特兰、沙尔特、鲁吉昂等人的研究,提出的关于阿尔卑斯及很多其他山脉构造的新看法,导致比以往观念大得多的挤压幅度。海姆按旧的观念计算出阿尔卑斯山脉收缩为二分之一,而他基于今天得到普遍承认的倒转褶皱结构,得出的却是收缩为四分之一至八分之一[17]。现在的宽度约为 150 公里,也就是说应该是由 600—1 200 公里宽(5—10 个纬度)的壳层挤压而成的。在对阿尔卑斯山脉倒转褶皱构造最近的大规模综合中,斯托布[18]和阿尔干一样,甚至认为挤压的幅度还要大。他在第 257 页写的结论是:

"阿尔卑斯造山运动是非洲地块向北漂移的效应。如果我们在横截面上把黑森林和非洲之间的阿尔卑斯褶皱和逆掩重新展平,则今天约 1 800 公里的间隔,就会成为原有的约 3 000—3 500 公里距离,也就是说阿尔卑斯地带——阿尔卑斯是从广义上说的——挤压了约 1 500 公里。这样我们就看到非洲地块真正作了大幅度的大陆移动"①。

其他地质学家如赫尔曼[106]、亨宁[19]和柯斯马特[21]等也

① 看来对阿尔卑斯山脉挤压幅度的估计还会愈来愈增大。斯托布最近就写道[214,类似的还有 215]:"如果我们设想把这个看来已经十多次累叠起来的阿尔卑斯盖层体重新展平……,则阿尔卑斯刚硬的山后地带就必然要大大南移,而这个山脉山前地带和山后地带之间原有的间隔,要比两者间现有的距离大 10—12 倍。"他还补充说:"也就是这里山脉的造成十分明显而无疑地归因于较大的、就其结构和组成而言肯定是大陆地块的自行漂移,这样,我们从阿尔卑斯山脉的地质及沙尔特的逆掩论出发,很自然的结论就是承认关于大陆地块移动的魏根纳伟大理论的基本原则。"

发表了类似意见，柯斯马特强调指出，“对造山活动的解释，必须考虑到大规模的切线方向壳层运动，这种运动是和单纯的冷缩论观念范畴不相调协的”。对亚洲，则特别是阿尔干[20]作了广泛的探讨，并提出了与他本人和斯托布对阿尔卑斯山所提的完全相似的观念。对此我们在后面还将回过头来叙述。任何把这些壳层的巨大挤压，溯源于地球内部温度降低的尝试，都是必然要失败的。

而且甚至冷缩论那种似乎理所当然的基本假设(即地球在持续冷却)，也因镭的发现而完全站不住脚。这种由于衰变而不断放出热量的元素，在地壳内我们接触到的岩石中，普遍以可测出的量存在着。大量测量结果表明，虽然地心的镭含量可能是相同的，所产生的热量也要比向外散发的热量大得多。向外散热，我们可以在考虑到岩石导热性的情况下，通过矿井中温度随深度的增加来检查。但这恰恰说明地球的温度必然是在持续上升。可是铁陨石放射性很低这一点，却使人联想到地球的铁心所含的镭，可能也比地壳低得多，从而避免做出上述荒谬的结论。但是无论如何，现在再也不能把地球的热状态，看成原来热得多的球体在冷却过程中的瞬时阶段，而更接近于处在地心放射性生热和向宇宙空间散热之间的平衡状态。以后我们对此还要进一步讨论。关于这个问题的最新研究得出的结果是，至少在大陆地块之下实际产生的热量大于散热，即在这里温度必然会上升，而在深海盆地区则相反，散热大于生热，这样就整个地球而言，生热和散热处于平衡状态。总而言之，从这里可以看到由于这些新观点，冷缩论完全失去了基础。

此外，冷缩论和它的思想方法还遇到了一些其他困难。大陆和洋底无限地先后交替这个观念不得不大受限制，这种观念是由于现在的大陆上存在着海相沉积岩促成的。对这些沉积岩的深入研究,愈来愈清楚地表明它们几乎毫无例外地都是浅海沉积。有些以前称之为深海沉积的岩石,已表明产自浅海,例如卡佑就为白垩岩找到了这方面的证据。达奎[22]对这个问题作了一个很好的概述。人们现在只对极少数沉积岩仍假设为深海生成的(4—5 公里),如阿尔卑斯山的贫石灰质放射虫岩及某些红色粘土,由于它们很像红色的深海粘土。所以这样假设,主要是因为海水在甚大深度时才对石灰质起溶解作用。但是这些真正的深海沉积,在现在大陆上的空间分布与大陆的面积及在其上的浅海沉积相比,是微不足道的,因此并不影响我们断言,今天大陆上的石化海相沉积基本上具有浅海的性质。但这却给冷缩论造成了极大困难。因为从地球物理的角度上说,我们必须把浅海列入大陆地块范畴,所以上述论断,就意味着大陆地块本身在地球历史过程中是“永恒的”,从来不曾成为深海底。那么我们又是否可以假设今天的深海底曾经是陆地呢?由于我们肯定了现今陆地上的海相沉积的浅海性质,这种结论的根据也就随之消失。而且它甚至会导致明显的矛盾。因为如果我们按图 2 那样来复原那些中间大陆,也就是说填充了现在深海盆的一大部分,而又不存在使今天的大陆地区沉入深海底平面以进行补偿的可能性,那么大大缩小了的深海盆就无法容纳世界海洋的水。这些中间大陆的排水量应该是异常巨大的,它会使得世界海平面高于地球上所有陆地,从而淹没一切,包括今天的所有大陆和中间大陆,因此复原构想就完全不能达到我们期待的目的,即在露出水面的大陆之间存在着露出水面的陆地通道。也就是说图 2 的复原构想是不可能的,除非我们引入补充假说,而它们作为“专用”假说又是难以置信的，比如设想当时世界海洋的水量正好比今天的少那么多，使得当时尚存的深海盆正好比今天的深海盆低出所需的幅度。威里士、阿·彭克等人曾经指出过这种内在的困难。

在反对冷缩论的大量异议中，我们只想再指出一点，因为它具有特别重要的分量。地球物理学主要通过重力测量得到了如下概念，即地壳漂浮于稍重的粘滞态基底上，并处于浮沉平衡。人们把这种状态称为均衡状态。均衡状态不外乎基于阿基米德原理的一种浮沉平衡，即浸入流体的物体重量等于它所排开的流体的重量。但是为地壳的这种状态引入一个专用的名词是合适的，因为地壳沉入其中的流体，可能具有非常大而难于想象的粘滞性，从而排除了在平衡位置周围摆动的可能性，在平衡受到破坏后，再趋归平衡位置是一个异常缓慢的过程，需要数千年才能完成。在实验室中，这种“流体”也许难于与“固体”相区别。要提醒注意的是，我们肯定视为固体的钢，在接近拉裂之前出现典型的流动现象。

地壳均衡状态受到破坏的例子之一，是在它承受内陆冰盖的负荷时。这种负荷产生的后果是地壳缓慢下沉，并趋于与该负荷相适应的新平衡位置，在内陆冰盖溶解后则重新逐渐恢复原有的平衡位置，同时下沉时形成的海岸线也随之上升。德·耶尔[23]从海岸线导出的“等升线图”，对斯堪的纳维亚最后一次冰期得出中央部分至少下降了 250 米，下降幅度向外逐渐缩小，对第四纪最大一次冰期来说，估计数字还要更大。在图 3 中我们引用了霍格伯姆(转引自博恩，[43])的一幅芬兰斯堪的亚冰期后上升图。德·耶尔在北美洲冰川地区也证实了同样现象。鲁茨基[15]曾指出，在均衡说的前提下，可以据此计算出可信的内陆冰层厚度值，斯堪的纳维亚为 930

米，北美洲沉降为500米，厚度则为1670米。由于基底的粘滞性，当然会使这种平衡运动大大滞后：海岸线大多在冰川溶化之后，但却在陆地隆起之前形成，水准测量表明斯堪的纳维亚现在还在上升，大约每100年1米。

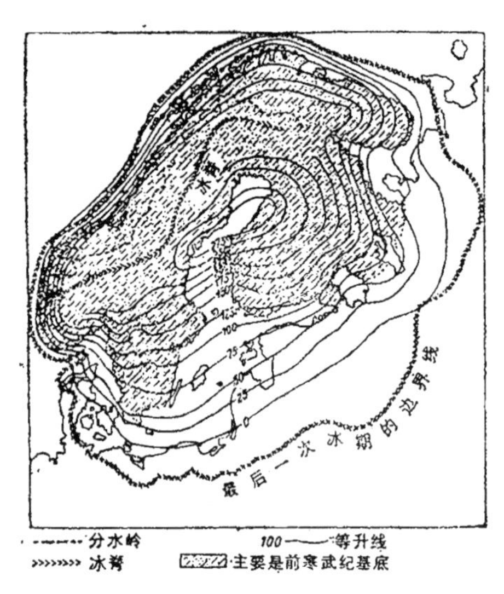

图3　芬兰斯堪的亚冰期后隆起幅度(据霍格伯姆，单位：米)

费舍尔最先认识到沉积物也会引起地块的下沉：从上方往低处移动而形成的堆积，导致稍有迟滞的地块下降，从而使新地表总是大致处于原有的高度。这样可以造成几公里厚的沉积物，而全部是在浅海水中生成的。

后面我们还将进一步论述均衡说。在这里只想说明，通过地球物理观察，已确定它现在成为地球物理学固定的组成部分，并且它的基本正确这一点是毋庸置疑的了①。

① 美国方面，例如泰勒[101]有时把均衡说这个概念理解为鲍伊关于地向斜和山系形成的假说。按照鲍伊的假设[224]，为沉积物填充的地槽(即地向斜)最初的隆起是由于其中等温线的上升及与此相联系的体积增大而开始。一旦形成陆地隆起，剥蚀就开始，从而生成纵横切割的山系，其基底因负荷减轻而不断上升。由于这种上升，等温线后来被移到超越正常的高度上，然后开始下降，于是块体变凉，地表收缩并下降，山系再次成为沉降地区，在这个地区又开始新的沉积。因此沉降继续进行，直至等温线降至异常低的位置，再次上升，如此多次反复。这种观念对具有逆掩断层的巨大褶皱山系不适用，泰勒等人曾多次强调过，虽然运用了均衡说的原则，但不应截然地称为均衡说。

很容易可以看出，这一结论完全违背冷缩论的观念，而且很难和它相一致。据此看来，尤其不可能的是，像所要求的中间大陆那种尺度的大陆地块未受负荷就自行沉入深海底或相反升出水面。也就是说，均衡说不仅与冷缩说相矛盾，尤其也和从有机体分布导出的沉没陆桥说相抵触①。

我们有意在上文中较为详细地讨论了对冷缩论的指责。因为在引用的一些思路中，孕育着另一种现在尤其在美国地质学家中广为传播的理论，它被称为永恒论。威里士[27]把它归结为："巨大深海盆是地表的永恒现象，它们的轮廓变化甚微，自水最初聚集时起，就位于它们现在所处的那个位置。"事实上，我们在上文中通过现今大陆上海相沉积的浅海性质，已经导出了大陆地块本身在地球历史中是永恒的这个结论。从均衡说导出的，认为今天的深海底不可能是沉没的陆桥这一观点补充了上述结果，导致了深海盆和大陆地块普遍永恒存在的结论。但由于人们在这里，也从大陆地块未曾经历过相互的相对位置变动这个看来当然的假设出发，因而威里士对永恒说的提法，似乎就是我们地球物理经验的逻辑结论，可是却忽视了有机界的分布要求存在着古代陆地通道。

① 在此列举的对冷缩说的责难，主要是针对其旧的典型说法而言的。最近，各方面人士如柯伯尔[24]、斯蒂尔[25]、纳尔克[26]、杰弗里斯[102]等都做过使冷缩说现代化的尝试，部分地通过各种限制，部分地通过补充假说，以回避对该学说提出的指责。类似的还有张伯林宣扬的冷缩说，他提出冷缩是因地内物质"重新安排"造成的，是他所假设的行星系硅镁起源的结果[160]。虽然不能否认这些尝试在追求其目标方面是巧妙的；然而确实不能说，这些指责真正被驳倒了，并且这种理论已经满意地和经验相符合了，特别是在地球物理学领域。深入地讨论这种新冷缩论，超出了本书论述的范围。

这样我们就面对着奇特的现状,就是同时存在着关于我们地球史前面貌的两种完全对立的学说,在欧洲几乎到处都是古代陆桥说,在美洲则几乎到处都是洋盆和大陆地块永恒的学说。

永恒说的代表人物恰恰在美洲最多这一点,并不是偶然的;地质学在那里形成甚晚,因而是和地球物理学同时发展起来的,必然的后果就是它比在欧洲更快且更完全地吸收了这一门姐妹学科的成果。它完全没有试图把违背地球物理学的冷缩说用作其基本假设。在欧洲则情况不同,这里早在地球物理学取得第一批成果之前,地质学就经历了一段漫长的发展历史;甚至还没有地球物理学时,就以冷缩论的形式达到了壮丽的发展阶段。因此很多欧洲学者感到完全摆脱这种传统是困难的,并且对地球物理学成果的不信任总是不能完全排除,这些是完全可以理解的。

但真正的情况到底是怎样的呢?地球在同一个时间只能有一个面貌。当时存在陆桥呢还是大陆像今天那样为宽阔的深海盆所分隔呢?如果我们不想完全放弃对地球上生命发展的理解,就不可能忽视存在古老陆地通道的呼声。那么显然只还有一种可能性:在那些被看成不言而喻的前提中,必然隐藏着错误。

大陆移动论正是从这里开始的。既是沉没的陆桥也是永恒说基础的不言而喻的假设,即大陆地块相互的相对位置(略去经常变化的浅海淹没)永不变动,这一点必然有误。大陆地块一定移动过。南美洲肯定曾与非洲相连并构成一个统一的地块,此地块在白垩纪时分裂成两个部分,然后就像冰山破裂后的浮冰块那样,在千百万年的过程中相距愈来愈远。这两个地块的边缘现在仍然明显地吻合。不仅巴西海岸圣罗克角处那个大直角弯曲,可以在非洲喀麦隆海岸拐弯处找到其相似的对应面，而且在这两个对应部位以南，巴西方面的每一个凸出处都可以在非洲方面找到一个相同形状的海湾；相反，巴西方面的每一个海湾，在非洲方面都有一个凸出部。用圆规在地球仪上量一下，可发现它们的大小完全相符合。

同样，北美洲以前紧靠着欧洲，至少纽芬兰和爱尔兰以北是和欧洲及格陵兰构成一个连续的地块的，该地块于第三纪晚期在北部，甚至到第四纪才通过一条在格陵兰附近分叉的断裂分离开，此后地块各部分逐渐相互远离。南极洲、澳大利亚和前印度直至侏罗纪开始时还与南部非洲挨着，并和后者及南美洲构成一个连成一片的巨大大陆地区——虽然其中部分地为浅海淹没，这一地区在侏罗纪、白垩纪和第三纪时期破裂成几个单独的地块，它们向各个方向漂离开。图

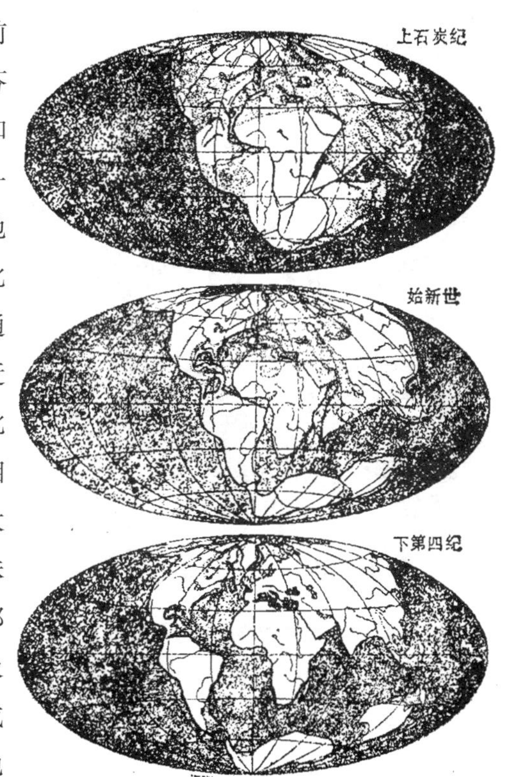

图 4　根据大陆移动论三个地质时期的世界地图复原图

斜线：深海；点：浅海；现在的轮廓和河流仅供辨认位置用。网格是任意的

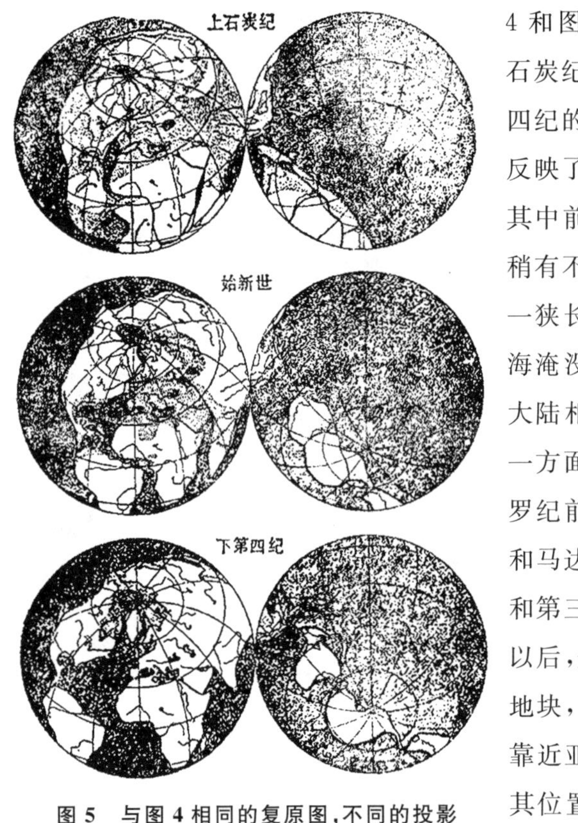

图 5 与图 4 相同的复原图,不同的投影

4 和图 5 中所示的晚石炭纪、始新世和老第四纪的三幅世界地图,反映了这一发展过程。其中前印度的过程则稍有不同:它最初是由一狭长并大部分为浅海淹没的地块和亚洲大陆相连的。前印度一方面和澳大利亚(侏罗纪前期)、另一方面和马达加斯加(白垩纪和第三纪界限上)分离以后,这一狭长的连接地块,由于前印度逐步靠近亚洲而形成褶皱,其位置就在我们地球现今最巨大的山系褶皱处,即喜马拉雅山脉和亚洲高原的大量其他褶皱山系。

在其他地区,地块的移动也表现出与山系的形成有因果关系:当南北美洲向西漂移时,其前缘遇到古老而深度冷却的太平洋深海底的顶对阻力,从而褶皱成为巨大的安第斯山脉,它从阿拉斯加伸延到南极洲。澳大利亚地块,包括只为陆棚海分开的新几内亚,也是如此。在它运动方向的前端,也有一座年轻高耸的新几内亚山脉；如我们的地图所示，在它和南极洲裂离之前，其运动指向另外的方向：现在的东海岸当时是前沿。当时新西兰的山脉形成褶皱，新西兰直接位于这条海岸之前，后来移动方向改变，它就分离出来成为岛弧而滞留下来。今天澳大利亚东部的科迪勒拉山脉形成于更早的时代；它是和南北美洲较老的褶皱系同时生成的，那时处于分裂前作为整体在移动的大陆块体的前沿，而那些南北美洲的较老褶皱系，则是安第斯山脉的基础（前科迪勒拉山脉）。

上面提到的原来为边缘山脉、后来为岛弧的新西兰从澳大利亚地块分离出来，这把我们引向注意另一种现象，就是特别当大地块向西漂移的时候，较小的地块部分会滞留。比如在东亚大陆边缘，其边缘山脉就作为岛弧分离开来。同样，大小安的列斯群岛均落后于中美洲地块的运动，火地岛和西部南极洲之间的所谓南安的列斯岛弧情况也类似，甚至所有在子午线方向上兴灭的地块，都显示出由于滞留而其端部向东弯曲，如像格陵兰的南端、佛罗里达陆棚、火地岛、格雷厄姆地和断离的锡兰。

不难看出，大陆移动论的全部观念范围的出发点是，假设深海底和大陆地块由不同的物质组成，或者说某种程度表现为地球的不同层次。最外的、由大陆地块体现的壳层，并不（或者说不再）盖满整个地球表面；深海底则是地球再下一层出露的表面，估计这一层也存在于大陆地块之下。这是大陆移动论的地球物理方面。

如果我们立足于大陆移动论，就可以满足所有的合理要求，既包括古代陆地通道说也包括永恒说的要求。就是说：存在陆桥，但却不是后来沉没的中间大陆，而是现在分离的地块互相接触；不是各个海洋和大陆自身的永恒，而是整个看深海地带和陆地地带的永恒存在。

对这些新观念作详尽的论证是本书的主要内容。

第三章　大地测量论据

我们的证明所以开始从反复的天文定点测定证实现在的大陆在移动，其原因是不久前通过这一途径真正证实了大陆移动论预言，即格陵兰现在仍在移动；同时因为这些测定从数量上也很好地肯定了大陆移动论，而且大多数学者都认为这可能是最准确和最完满的证明。大陆移动论与所有其他针对同样广泛任务的理论相比，具有一个很大的优点，即在于它能够得到精确的天文定点测定的验证。如果大陆的移动在如此长的时期中一直在进行，则很可能现在仍在继续，问题只是在于这种运动是否足够快，使得我们的天文测量能在不太长的时间范围内把它反映出来。

为了便于作出判断，我们必须对地质阶段的绝对时限稍作探讨。大家知道，这种时限的数值是不准确的，但是还不至于使得回答我们的问题成为不可能的程度。

关于最后一次冰期至今的时间，彭克根据他的阿尔卑斯冰川研究，估计为 5 万年；许泰曼估计至少 2 万年，至多 5 万年；海姆根据他在瑞士的计算以及美国的冰川地质学家估计，只有 1 万年。米兰柯维奇通过天文考察，得出最后一次冰期的气象高潮在约 25 000 年前（固然该冰期的主阶段 75 000 年前已开始），紧接着的气候最佳期（这一点在北欧已从地质上得到证实）则在 10 000 年前。德·耶尔从数粘土层推论,后退的冰缘在14 000年以前通过了瑞典南部的索恩纳(Schonen),而在16 000年以前却仍位于德国的麦克伦堡。按米兰柯维奇的计算,第四纪总共经历了60—100万年。对我们的要求来说,这些数字的相符程度已经完全够了。

对于以前的时期,人们曾经尝试从沉积岩的厚度来判断其沉积所用的时间,例如达奎[171]和鲁茨基[170]得到的结果是,第三纪延续的时间为100—1 000万年这个数量级。对中生代得到的约为这个时间的3倍,古生代则约为12倍。

基于放射性过程的年龄测定,尤其是对较老的时代得出了长得多的时间,这种方法现在受到极大重视[207]。它基于铀和钍原子的逐渐衰变,衰变时放出α射线(是氦原子),该物质经过几个中间阶段最终变为铅。

基于这种过程的年龄测定,可分为三种方法。第一种是氦法,它测定所产生并在矿物中逐渐聚集的氦的相对含量。这个方法给出的数值比下列方法小,人们认为原因在于氦会部分地逸出,因此一般认为此法并不好。第二种方法是确定最终产物铅的相对量,从而推算时间。第三种方法是"彩晕"法,这些晕是因辐射出来的氦,在岩石中放射性物质的周围造成一个很小的彩色点,它会随时间增大,因此可以从它们的大小算出时间长短。

根据博恩(转引自古滕贝格[45]书中)的说法,这样算出的一块中新世岩石年龄为600万年,一块中新—始新世岩石年龄为2 500万年,一块晚石炭纪岩石13 700万年。这三个数值都是用氦法算出的。用铅法得出的年龄值要大得多,晚石炭纪已为32 000万年,而对阿尔冈纪的年龄值甚至是12亿年,而氦法提供的仅为

35 000万年。这些值都大大超过按沉积岩厚度所作的估计[①]。

由于我们在本书中主要涉及的是第三纪以后的时期，对此，各种方法的结果还是十分接近的，因此这些数据对我们的要求已经足够了。我们列出下面的数字作为讨论的出发点：

第三纪开始时距今	20 百万年
始新世开始时距今	15 百万年
渐新世开始时距今	10 百万年
中新世开始时距今	6 百万年
上新世开始时距今	3 百万年
第四纪开始时距今	1 百万年
后第四纪开始时距今	1—5 万年

借助这些数据和各大陆经过的路程，我们可以对每年移动的幅度有一个大致的概念，如果我们假设这种移动是等速的，并且在继续进行。当然这两个假设都是相当难于验证的；此外还有年龄测定的不可靠性，其误差很容易达到 50%，甚至 100%，加上确定分离时间的不可靠性，就很容易了解下列数字只能视为大致的参考，而且如果以后的进一步测定给出相差甚远的数值，不应感到惊奇。但这种估算仍然十分有用，因为它们会使我们把注意力集中于有希望在较短时间中能测出移动的那些地方。

下面的表给出一系列特别有兴趣的地方，可以预期每年的距离增长。

---

① 虽然愈老的地质时代一般延续愈长，这一点是无疑的，我仍认为达奎[171]的观点是有道理的。他觉得较老的时代延续如此之长，是和沉积的厚度有矛盾的，因此对放射性年龄测定有疑问。本书只考察较年轻的地质时代，故这个问题无足轻重。

	已走过的距离(公　里)	分离时间(百万年前，大约数)	每年运动(米)
萨宾岛—大熊岛	1 070	0.05—0.1	21—11
法韦尔角—苏格兰	1 780	0.05—0.1	36—18
冰岛—挪威	920	0.05—0.1	18—9
纽芬兰—爱尔兰	2 410	2—4	1.2—0.6
布宜诺斯艾利斯—开普敦	6 220	30	0.2
马达加斯加—非洲	890	0.1	9
前印度—南部非洲	5 550	20	0.3
塔斯曼尼亚—威尔克斯地	2 890	10	0.3

也就是说最大的变化预计在格陵兰和欧洲的距离，然后还有冰岛和欧洲，以及马达加斯加和非洲之间。格陵兰和冰岛之间的运动是东西向的，天文定点测量只能提出经度差的增大，而不能给出纬度差的变化。

实际上人们自一段时间以来，已经注意到格陵兰和欧洲间这种经度差的增加。这一发现的历史情况是很有意思的。当我最初粗略地形成了大陆移动论时，前往东北格陵兰的丹麦考察队(1906—1908年在米留斯—艾里逊领导下进行)尚未算出其经度测定结果，我自己作为助手参加了这些测定。但我已经知道，在我们考察工作地区已经存在旧的经度测定，而且通过三角测量网，把位于萨宾岛的这些旧经度测量站与我们在丹麦港附近的测量站连接起来。因此我写信给考察队的制图专家科赫，并简短地告诉他我的大陆移动论假说，问他我们的经度测量是否如预期那样偏离原有的测定。科赫接着粗略地结束了计算，并通知我确实存在预期的数量级的差异，但他不能相信这个差异是由于格陵兰的移动造成的。后来科赫在正式的计算中探讨误差来源时，特别考虑到这个问题，得到的结论是，大陆移动论确实是最可信的解释[172]："从以上阐述中可以看到，这些误差来源不论单独或者叠加起来，都不足以解释丹麦考察队测定的和德国考察队（1869—1870 年）测定的哈乌许塔克（Haystack）位置所出现的 1 190 米差异。在这方面，真正要考虑的唯一误差来源是天文经度测定。但是要把这项偏离解释为天文台位置不确实，我们就必须假设天文经度测定的实际误差要比其平均误差大 4—5 倍……"

因为萨宾也已在 1823 年测定过东北格陵兰的经度，所以那里总共甚至做过三次测定。固然这些最老的测量并不完全是在同一地点进行的；萨宾的观察是在以他命名的岛屿南岸作的，很遗憾，关于准确的观察地点也存在某些固然不是十分重要的不可靠性，这个地点当时并未标明。参加 1870 年德国考察队的伯尔根和柯佩兰，也正好是在那里观测的，只是往东几百米；而科赫的观察点则朝北去甚远，在日尔曼兰（Germanialand）上的丹麦港附近，但通过三角网和萨宾岛相连接。科赫仔细地探讨了由于这种换算产生的误差，结果认为与经度测定本身大得多的误差相比可以略去不计。观察结果提供的东北格陵兰和欧洲之间距离的增大情况如下：

1823—1870 年	420 米，或每年 9 米
1870—1907 年	1 190 米，或每年 32 米

而三个观察系列的平均误差为：

1823 年……………………………约 124 米

1870 年……………………………约 124 米

1907 年……………………………约 256 米

当然布迈斯特[173]的指责是有道理的,他认为上述情况由于是月球观测,其平均误差并不像其他情况那样能反映实际,首先因为月球观测中会出现系统误差,它并不在平均误差中表现出来,而在最不利的情况下,系统误差就其大小而言,可能相当甚至大于测得的结果数值。因此从这些观测只能得出这样的结论,就是它们极好地符合大陆移动论的假设,而且它能对此作出最好的解释,但却还不具备准确证明的性质。

值得感激的是丹麦的经纬度测量(现在的哥本哈根大地测量所)自此时起接过了这个问题。詹森[174]为此于 1922 年夏季在西部格陵兰进行了新的经度测定,而且现在用的是准确得多的电报时间测量法。魏根纳[175]和许得克[176]用德文发表了关于他的结果的报告。詹森在那里做了两件工作。第一件是在殖民地戈德霍普重复了以前的经度测定,以便在此也能和以前的观测作比较。以前的测量部分来自 1863 年(为法尔伯和布鲁默所作),部分来自 1882—1883 国际极地年(为吕德尔所作),当然也是月球观测,因此含有相应的误差。因此詹森把它们并在一起成为相应于 1873 年的平均测值,然后把这个值与他自己所做的准确得多(首先是避免了出现较大系统误差可能性)的测量相对照。得出的结果也是格陵兰在此期间向西移动了 980 米,或者说每年 20 米。

为了便于直观,我[175]把这些测量的结果和东格陵兰的观察结果一起表示在图 6 中,其中各个圆圈的半径,是按横坐标上的标度等于各测量系列的平均误差(单位为米)选定的,这样很明显可以看出詹森的观察的准确性高得多。其中系列 I 的观察指东北格陵兰的萨宾岛，系列Ⅱ指西格陵兰的戈德霍普。除了上面提到的旧观察结果的平均值外，也把1863和1882—1883年的测值分别标出；它们的差别固然是指向相反的方向，仅因这个期间太短，就足以使人判断造成这种情况的原因只会是误差的影响。但是两者和詹森晚得多的观察相比，同样都显示出地理距离随时间在增加。这样，总共就已存在下列四种互不相干的比较：

科赫—伯尔根和柯佩兰

科赫—萨宾

詹森—法尔伯和布鲁默

詹森—吕德尔

这些比较的结果都符合大陆移动论。虽然所有这些比较程度不同地具有共同的弊端，就是它们都基于月球观察，而月球观察可能含有无法验证的系统误差，但是由于这种同向结果集中，却没有与之反向的结果，这就使得正好是极端的观察误差叠加这样一种假设十分不现实。

但有幸的是，丹麦经纬度测量所已把定期重复这种经度测量列入它的工作计划。与此相应，詹森的第二件工作，就是在戈德霍普峡湾气候适宜的内地科尔诺克(Kornok)附近，设立一个适合这种目标的站，同时也在于借助准确的电报时

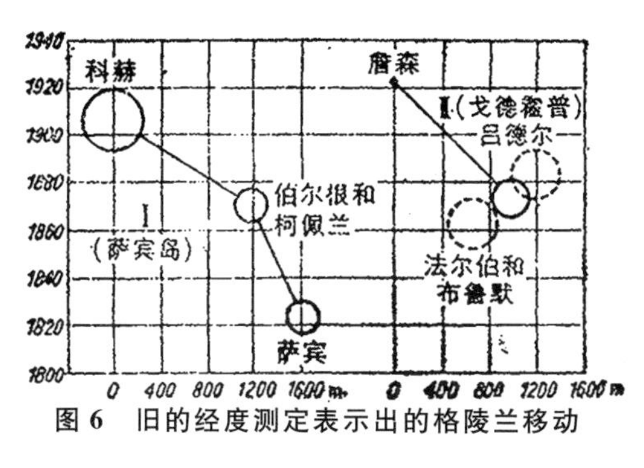

图6　旧的经度测定表示出的格陵兰移动

间传输法,第一次对其地理距离作基本的测定。他于 1922 年得到的科尔诺克经度值为:

用星象观察:$3^h24^m22.5^s \pm 0.1^s$ 格林威治以西

用太阳观察:$3^h24^m22.5^s \pm 0.1^s$ 格林威治以西

1927 年夏,萨贝尔—乔根逊上尉重复作了这种柯尔诺克的经度测定[209],使用了现代的不受人为影响的测微计,也就是排除了人为误差,这样就得以使精度比詹森的测量大大提高了。

紧张期待的结果为①:科尔诺克 1927 年的经度:$3^h24^m23.405^s \pm 0.008^s$。

和詹森的测量比较后表明,与格林威治的经度差增大了,也就是格陵兰和欧洲的距离,五年后增加了 0.9 时间秒,或者说每年约 36 米。

由于该数值比观察的平均误差大 9 倍,而且电报时间传输法不会出现较大的系统误差,因此可以说,这样就证明了格陵兰还在移动。除非假设詹森的个人误差为 9/10 秒,但这是极不可能的。

在科尔诺克的测量,仍然每隔五年一次,以排除个人主观因素的方法继续进行。从数量上更准确地测定每年的移动,和判定这种移动是等速进行的抑或是波动式的,将会很有意义。

由于第一次精确地用天文方法证明了一个大陆的移动,并且也在数量上完全证实了大陆移动论的预言,我认为关于这个理论的整个讨论,已建立在新的基础上,即现在的兴趣已经从其原则正

① 衷心感谢哥本哈根大地测量所所长诺尔伦德教授先生允许,在此公布这项尚未发表的结果。

确这个问题，转为关于其各项论述是否正确及进一步发展这个问题了。

我们的图表指明，测量北美洲与欧洲的距离变化没有格陵兰那么顺利。固然这里的条件较为有利，因为不用依赖月球观察，原因是在北美洲即使较旧的经度测定也已经是用电缆电报方法进行的。但是这里预期的变化却很小。我们的图表给出的数据是约每年 1 米，但这个数字是纽芬兰从爱尔兰分离开时起的平均值。可是自那时起，北美洲可能由于格陵兰的分离（现在还在进行）而其运动发生变化，估计其方向是北美洲自这时起，相对其基底主要向南滑动。这一点，看来可以从拉布拉多和西南格陵兰两地相应的海岸点现在的相对位置推断出，并且也通过旧金山地震裂缝的错动方向，以及加利福尼亚半岛正在开始的压缩得到证实。因此很难预期现在的经度增长有多大；但总之可能会稍小于计算出的每年 1 米。

我当时曾根据 1866、1870 和 1892 年用电缆取得的旧的跨大西洋经度测定，推论实际的距离增大甚至是每年 4 米。但是伽勒[177]指出，这一结果基于各种测量的不佳组合。这种组合是困难的，原因是这些旧的测量并非取材于欧洲和北美洲的相同地点，因而还要考虑大陆内的经度差，对此用不同方法会得到稍微不同的结果，这就影响了最终值。世界大战前不久，因照顾到我们提出的问题，进行了一次新的经度测定，这次测定并由无线电报测量做过检验。这次测量虽然由于战争开始时切断电缆而提前中断，因而使其结果不具有预期的精确性，但看来仍可以从这里推论出变化太小，难以现在就能可靠地加以证实。具体地说，测得的剑桥—格

林威治经度差为[178]:

1872 年………………$4^h44^m31.016^s$

1892 年………………$4^h44^m31.032^s$

1914 年………………$4^h44^m31.039^s$

我用最老的测定结果,算出为 $4^h44^m30.89^s$,看来太不精确,故略去。

自 1921 年起,用无线电报时间信号连续地进行了欧洲和北美洲间的经度差测定,瓦纳赫[179]对直至 1925 年的结果作了讨论。但因只涉及四年,所以在这些观察中尚不能清楚辨认出距离增长,这是不足为奇的。然而这些观察也完全没有表现出违背这样一种增长;相反,如果把这些观察汇总起来,可得出美洲每年向西运动 0.6 米,但±2.4 米。瓦纳赫的结论是:"除了美洲每年向欧洲移动大大超过 1 米是极不可能的这一点以外,暂时还不能再说什么。"布伦纳克[229]的判断也是如此:"这样取得的资料,虽然并不支持大陆以上面提到的幅度移动,但也绝不反对它。最后的判断还要等待。"要注意的是,在这些新的无线电报测定中,完全略去了那些以前用电缆测定的结果。虽然由于电缆观察与无线电报观测相比要不准确得多,因而这样做是有道理的;但是这个缺陷会由于其提供的时间间隔长得多而得以补偿,因而把老的观测和新的加以对比还是值得的。这应该是大地测量家的事情。但我并不怀疑在不久的将来,也能成功地准确测量北美洲相对于欧洲的移动。

在马达加斯加,人们最近也注意到地理坐标有变化。塔那那利佛天文台的地理经度是 1890 年借助月球中天测定的,1922 年毁坏和 1925 年在同一地点重建后,均用无线电报法做过测定

[180]。感谢巴黎的摩黎教授的书信通告，得知三次的位置如下：

年　份	观测者	方　法	东　经
1889—1891	科　林	月球中天	$3^h10^m7^s$
1922	科　林	无线电报	$3^h10^m13^s$
1925	泊　桑	无线电报	$3^h10^m12.4^s$

这些数值表明马达加斯加相对于格林威治子午线的移动幅度甚大，为每年 60—70 米。在第 140 页的表中指出的相对于非洲移动的幅度要小得多。看来南部非洲相对于格林威治，似乎也在向东运动，由于这些地区彼此相距甚远，大陆移动论对此不能作出有价值的预言。希望将来对南部非洲的经度也进行监测，以便检查马达加斯加对非洲的经度差，这对大陆移动论是至关紧要的。在这两个地点重复进行纬度测定看来也是必要的，这样才能同时通过测量，密切注视马达加斯加相对于非洲运动的另一个分量。但是无论如何，观察到的马达加斯加经度变化是符合大陆移动论的。当然在这里也要注意，最早的测量是用月球观察，因而也会出现如上文谈及的类似对东北格陵兰的异议。但是这里总移动量达 2½ 公里，说它完全出自观察误差这样一种假设，成立的可能性恐怕是微乎其微的。在马达加斯加岛上也准备进一步重复这些测量，因此可以预期不久后，那里也会出现完满的结果。

1924 年在马德里举行的大地测量会议，以及 1925 年举行的国际天文协会会议上，都制定了广泛的计划，准备用无线电报经度测定法密切注视大陆的移动，计划规定这些测量不仅在欧洲和北美洲间进行，而且也在檀香山、东亚、澳大利亚和后印度进行。这个计划的第一个测量系列于 1926 年秋开始实施；费里不久前报道了法国方面获得的结果[213]。当然,可能的变化有待于以后的重复测量才能反映出来。此外,这个计划看来很少考虑到根据大陆移动论预计会在地球的哪些地点获得可测量的变化这个问题。但是格陵兰和马达加斯加的先例,使人希望观察计划在这个方面加以扩大。

无论如何已经看到,通过重复的天文定点测定,精确地检验大陆移动论这项工作已在大规模进行,而且已经得到对其正确性的第一批证明。

最后还要提醒注意的是,长期以来在欧洲和北美的天文台观察到的纬度变化。

冈特[181]报道过,霍尔认为下列纬度降低是肯定的:

巴黎 28 年中降低 1.3″;米兰 60 年中降低 1.51″;罗马 56 年中降低 0.17″;那不勒斯 51 年中降低 1.21″;普鲁士的柯尼斯堡 23 年中降低 0.15″;格林威治 18 年中降低 0.51″。柯斯廷斯基和索科罗认为普尔科沃 100 年来纬度也在降低。此外北美的华盛顿 18 年中降低了 0.47″。

因为发现了圆顶上的所谓“室内折射”会导致类似量级的系统误差,人们长期以来倾向于把所有这些偏差都归因于上述误差来源。

然而最近认为这种变化仍应看成是真实的这种呼声日益上升,尤其自从兰伯特[182]指出加利福尼亚州尤凯亚和其他北美台站的纬度目前显然在变化以后。他在新近的一篇文章[221]中说:“国际(纬度测量)台站不是唯一出现意料之外的纬度变化的地方。看来罗马的纬度自 1855 年以来变化了 1.45″。对这种异常的系统研究是非常值得欢迎的。”

引人瞩目的是，这种现代变化是以与上述较老的变化相反的方向进行的，因为尤凯亚的纬度在升高。

这种纬度变化是难于解释的，原因在于它既可能基于大陆移动，也可能基于两极漂移，后者并不一定需要与大陆的相对位置变化相联系。正如我们下面还要进一步阐述的，人们最近得以从国际纬度测量台站的测量证实，目前存在着两极漂移，北极移向北美洲，这就导致北美洲台站的纬度升高。但是根据现有的测量结果，这种两极漂移的幅度，小于在北美洲观察到的纬度增加。如果将来仍不能证明两极移动的幅度确实更大，那么结论就应是北美洲相对于地表其他部分向北移动，这将会是十分引人瞩目的，因为某些迹象表明，它相对于其基底在向南运动。这些事实的完满解释，恐怕只有在较长时间系列观察的基础上才可能。而在这些情况下，是否真能明确地解释那些较老的变化，看来是值得怀疑的。

第四章　地球物理论据

地壳的高程统计得出一个奇特的结果，就是有两个最频繁出现的最大值，而两者之间的高程则甚少出现。较高的那一高程相当于大陆台块，而较低的则相当于深海底。如果设想把整个地球表面以平方公里为单位划分，并按海拔高度排列，就会得到所谓的高程曲线那个熟悉的图形（图7），它明显地表示出两级阶梯。根

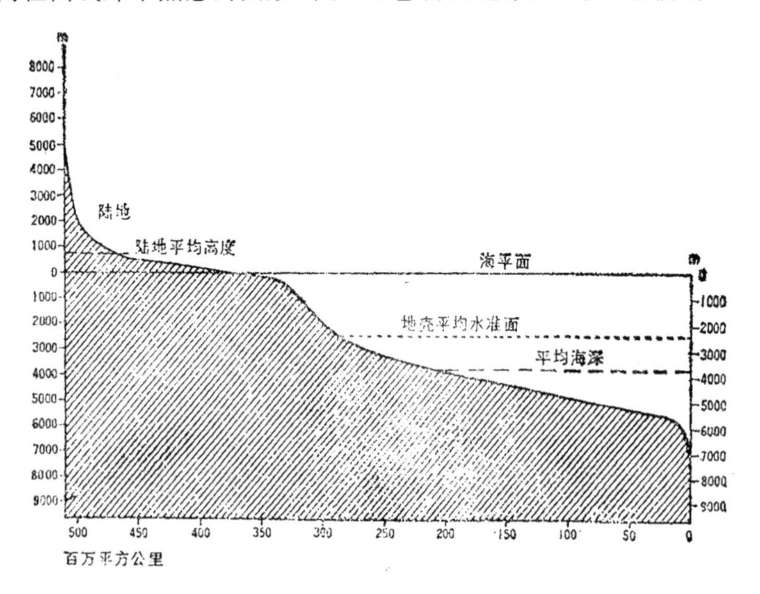

图7　地球表面高程曲线（据克吕梅尔）

据瓦格纳[28]的计算，各高程段的频度用数字表示如下①：

	深							高			
公里	6	5—6	4—5	3—4	2—3	1—2	0—1	0—1	1—2	2—3	3 以上
百分比	1.0	16.5	23.3	13.9	4.7	2.9	8.5	21.3	4.7	2.0	1.2

这个序列用另一种表达办法最为一目了然，它是特拉伯特[31]以较旧而无重大偏离的数字为基础设计的，表示在图8中。它使用100米区段，因而百分比值自然只有以上序列的约十分之一。图中显示出两个最大值位于约4 700米深处和约100米高处。

对这些数字还要注意到，随着从大陆或陆棚边缘到深海处测深点的增加，其间的陆坡也显得愈加陡峭，拿任何一张旧的深海图和格罗尔[32]设计的新图比较，都会显出这一点。例如特拉伯特1911年给出1—2公里区段为4%，2—3公里区段6.5%，而瓦格纳所给出的、归根到底基于格罗尔深海图的数字，则只为2.9及4.7%。而且可以预期，将来这两个频度最大值还会比迄今的观察更为分明地突出。

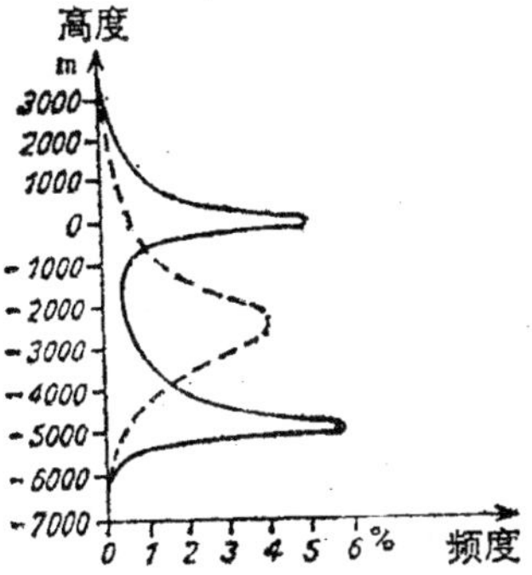

图8　高程的两个频度最大值

在地球上有两个集中的高程，它们同时出现并分别位于大陆

① 这些数字取材于柯西那所做的各大洋测量。我们的插图则是根据克吕梅尔[30]和特拉伯特[31]较旧并稍有不同的数值设计的。

上和深海底,在整个地球物理学中,似乎再没有第二条规律像这一条一样明确和可靠了。然而十分奇怪的是,对这样一条早就为人熟知的规律,还几乎没有人去设法寻求解释。因为根据通常的地质论断,高地和低地都是从唯一的一个均匀起始平面通过隆起和沉降形成的,并且看来顺理成章地应是隆起和沉降的程度愈高,就愈罕见,得到的频度分布必然符合高斯误差法则(大致如图 8 中虚线曲线所示)。这样,按说只应有一个唯一的频度峰位于地壳平均平面处(-2 450 米)。可是我们遇到的却是两个最大值,其中每一个的曲线都大致与误差法则相符。由此我们断定,原来就存在两个独立的起始平面,看来不可避免的办法是认为我们在大陆和深海底涉及地球两个不同的层,它们彼此的关系——夸大地表示——就如广阔的水面和巨大的冰块。图 9 就是根据这种新概念画出的一个大陆边缘垂直剖面示意图。

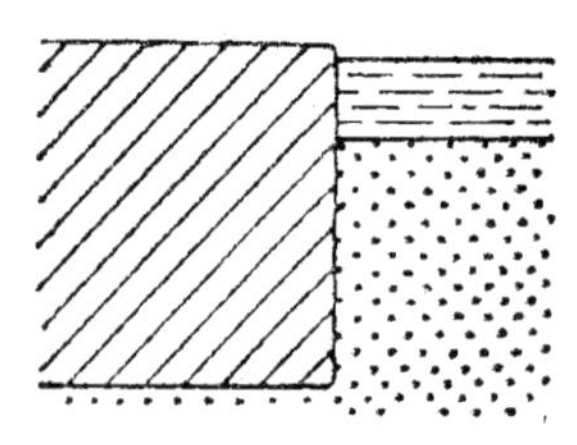

图 9 大陆边缘横剖面示意图,水平虚线=水面

这样,我们就第一次对大深海盆和大陆地块的关系这个问题获得了易于接受的解答。早在 1838 年,海姆[33]附带接触到这个问题,并指出:“在对史前的大陆波动作出较为确实的观察以前……在我们对绝大部分山脉的平衡推挤幅度掌握较为完整的测值以前,难于期待在认识山脉和大陆的因果关系,以及后者的形状之间的因果关系方面,会有重大的可靠进展。”

但是随着世界大洋中测深愈来愈多,以及因此广阔平坦的深海平面与同样平坦却高出 5 公里的大陆表面之间的矛盾愈来愈显得尖锐,这个问题就愈形迫切。凯萨 1918 年写道[34]:“与这些岩石巨人(大陆块体)的体积相比,所有陆地隆起都显得渺小和微不足道。甚至高耸的山脉如喜马拉雅,也只是其基底表面上微小的皱纹而已。仅只这个事实就足以使那种旧的看法,即认为山脉构成大陆的决定性基架,现在显得站不住脚了……而我们不得不相反假设大陆是较老的和决定性的形体,山脉则只是次要的和较年轻的。”

大陆移动论对这个问题的解答是如此简单和易于理解,按说没有什么理由加以反对。但仍有一些大陆移动论的反对者,试图为这种高程的双重频度最大值提出另外一个解释。可是这些尝试均遭失败。塞格尔[35]就认为,如果从一个起始平面出发,一部分升起而另一部分下降,并且两者间的连接段因倾斜而变得甚小,则理应出现两个对应于升起和下降部分的频度最大值。D.V.道格拉斯和A.V.道格拉斯[36]也有相似的看法,他们认为如果起始平面由于褶皱而转变为正弦波面,应自然聚集成两个频度最大值,它们相应于波峰和波谷。两种考虑均基于相同的基本谬误,就是它们混淆了个别过程和统计结果。对后者而言,个别过程的几何形状是完全无关紧要的。这里涉及的只是,无数多的隆起和凹陷(用塞格尔的说法)或褶皱(用道格拉斯的说法)是否会出现两个频度最大值,而个别情况的高度幅度是可以任意变化的。显然,这一点只有当某种优先选择特定高度幅度的趋势起作用时才会实现。但情况却并非如此。对隆起和凹陷,同样对褶皱高度,我们只知道一条规则:它们的幅度愈大就愈罕见。因此对它们来说,最大的频度必然总是落在起始平面上,然后从这个平面起,频度不论向上或者向下,均必定大约按高斯误差法则递减。

还要指出的是，有一些学者，特别是特拉伯特[31]曾经提倡过这样一种看法，即深海盆是由于深海水温度低，使基底冷却得较厉害而形成的。但正是特拉伯特的计算表明，为此必须假设深海区域的冷却一直达到地球的中心，但因为这一点看来是不能接受的，所以不如说他的计算更适合于否定这个观念，而不是证明它的正确。但是此外很容易认识到，以这种方式，我们只能得到一个地球表面凹陷继续变深的普遍趋势，却无法解释在所有大洋中深度几乎相同的洋底面(即地壳)第二个频度最大值的存在，不久前，南森[222]也曾强调过这一点。事实上，这种费耶就已提到过的解释已经很少有人再提及，况且由于地壳中镭的发现，评价地球热量平衡的基础已经完全改变了。

当然，现在就需要提醒人们不要夸大这种关于深海底性质的新观念。在我们与块状冰山作比较时，就已经要考虑到冰山之间的海面也会为新的冰所覆盖，同时从上部裂离或从水下的底部上升的较小冰山断块也会覆盖水面。在深海底的某些部分，自然也会产生类似现象。岛屿往往就已经可以看作是较大的大陆断块，它们的基底——重力测量证实了这一点——可以达到深海底以下约 50 公里的深处。而且还要考虑到，大陆地块虽然在地表上是脆性的，在深处则变得具有塑性，并可像面团似地拉伸，从而使得在地块分离时，较薄的大陆物质层可以分布于深海底的较小范围或较大面积上。大西洋底应该说是在这方面特别多样化的，它在其纵向上为中大西洋海岭所贯穿。其他深海盆就其列岛和海底隆起而言也是相似的。我在下面关于深海底的章节中，再要对细节作进一步的详述。

如果这里讨论的模式，在以后的研究进程中表明只是主要的现象，而为了深入阐述实际情况还必须引入更为复杂的想法的话，这将不是意料之外的事。我本人[37]在对第一批美国人取得的横贯北大西洋的回声测深数据作统计研究时就已发现，这里频度主要最大值的位置深得多，约在 5 000 米深处；另外还可辨认出在4 400米深处的一个第二频度最大值。可能表明多层次存在的后一个最大值是否真实存在，显然只有基于德国的“流星”考察所取得的多得多的测深数据，才能作出判断，目前还没有用这些测深结果针对此问题进行研究。

自然会产生一个问题，就是关于大陆地块和深海盆基本不同，与前者水平移动的看法是否和地球物理学的其它结果相符，以及是否能从这个角度出发证实它们的正确性。

至于说上文已经提到过的均衡说，那它自然是和大陆移动论的一整套观念极其一致的，但通过这条途径来取得关于它的正确性的直接证明则几乎是不可能的。下面我们想稍为深入论述一下这方面的研究。

起始于普雷特的均衡说(这个词到 1892 年才为德通所使用)是通过重力测量才找到物理学根据的。普雷特于 1855 年就已确定，喜马拉雅山对测深器并未造成预期的引力；例如柯斯马特在恒河平原的卡里安纳(Kaliana)离山脚 56 英里，测得测深器偏转的北向分量仅为 1 弧秒，而山脉引力本应造成 58 弧秒的偏离；同样在贾尔派古里也只有 1 弧秒而不是 77。与此相应的还有在各处都得到证实的一个事实，即大山脉的重力并不像预期那样偏离其正常值。因此，看来山体是由地下的某种质量亏缺得到补偿的，艾黎、费耶、赫尔梅特等人的文章都指出了这一点,柯斯马特则在一篇很说明问题的报告中[38]作了详尽阐述。在大洋中的情况也相同,重力大致也具有正常值,虽然洋盆明显表现出巨大的质量亏缺。过去在岛屿上所作的测量,固然还可以作各种各样的解释。但是当赫克尔遵照摩恩的建议,在航行着的船上通过对水银气压计和沸点温度计同时读数进行重力测定后,这种疑虑就被排除了;不久前荷兰的大地测量学家温宁·迈聂许[39]甚至成功地使用了准确得多的摆法在潜艇中进行测量,第一批这种航行的结果完全证实了赫克尔的成果,即在大洋上大致也存在着均衡,或者说在深海盆中表现出来的质量亏缺,通过某些地下的质量过剩而得到补偿。

关于应该如何来设想这种地下的质量过剩和亏缺,这个时期以来提出了各种各样的猜想。

普雷特把地壳想象为大概像一块面团那样,它起始时到处都是同样厚的,在大陆由于某种松弛而膨胀起来,在海洋地区则受到挤压。地表的海拔愈高,则地壳的密度或比重就愈小。但在所谓的平衡深度(约在 120 公里深处)以下,所有水平向密度差均消失(见图 10)。赫尔梅特和海福特进一步发展了这种观念,并普遍运用于评论重力观察结果。它当前的主要代表人物为鲍伊,他使用下述实验来进行解释:让很多具有不同比重的不同物质,如铜、铁、锌、黄铁矿等组成的棱柱体浮在水银上。这些棱柱体的高度,要正好使得与沉入水银中的深度相等。由于它们的比重不同,伸出于水银表面之上的高度也不同,最重的物质伸出最少,最轻的最多。实地观察的一个事实是:一般说来,从地壳海拔愈高的地点取样的物质愈轻，这就在某种程度上支持了上述重力测量解释。但是认为各处的密度差异只能达到某一特定的深度即平衡面这种观念，包含着一种物理学上的不现实性，这一点借助于鲍伊的试验最容易看清楚。因为要使这些不同的棱柱体的底端沉入相同的深度，那么它们的高度之间必然具有由比重决定的比例。如果我们把地壳分割成由不同物质构成的棱柱体，则在地球上经常出现的同样一种物质，就应该总是具有相同的厚度，它和其他物质的厚度的比例永远是固定的，并且正好相应于其比重。但对物质（或比重）和厚度之间导致所有棱柱体底面恒定的随意状态的这种必然关系，在自然界中却看不到有任何理由。

最近某些大地测量学者如许韦达[40]，特别是海斯坎能[41，42]用了艾黎1859年就已阐述过的另外一种观念来解释重力测定结果，也在图10中示出。海姆大概是设想较轻的壳层在山系之下变厚，而浮于其上的较重岩浆被挤至较大深度的第一人。相反，在地表的那些较深部分如大洋盆之下，则轻壳层必然会特别薄。也就是说，在此只假设两种物质，一种是较轻的壳层，另一种是较重的岩浆。鲍伊用一个与上述试验相应的试验，简明地表示出这种观念，他把很多高度不同但均由同一物质（铜）制成的棱柱体放到水银上，它们下沉的深度自然是不等的；最长的柱体下沉最深，但同时表面也最高。已多次有人强调指出，艾黎的这种

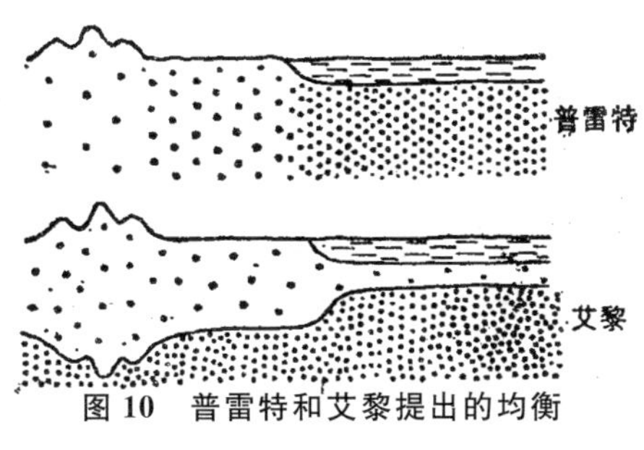

图10　普雷特和艾黎提出的均衡

观念比普雷特的更好地适合于地壳的地质景象,尤其是对褶皱山系的大规模推挤。另一方面,它却没有解释地表高程统计中频度最大值的两重性,因为无法理解为什么地球上较轻的壳层基本上以两种不同的厚度出现,也就是厚的大陆地块和薄的海洋块体这两种形式。

正确的解释似乎在于把两种观念结合起来:在山系方面,我们面对的主要是轻质大陆壳层的变厚,即艾黎指出的;但对从大陆地块向深海底过渡时,则面对物质的差异,即普雷特的说法。

这种均衡说的最新发展,首先涉及其适用范围这个问题。对较大的地块,例如整个大陆或整个深海盆,无疑必须假设均衡状态的存在。但是在小范围,如对单个的山,则这条规律就失去了它的适用性。这种较小的单元可以由整个块体的弹性来承托,就如把一块石头放在漂浮的大冰块上那样。这时均衡就表现在冰块加石头作为整体和水之间。因而大陆上的重力测量,对直径为数百公里的形体甚少偏离均衡状态;如直径只有几十公里,则大多只存在部分的补偿;如果只有几公里,那就往往完全没有补偿了。

不论是从较旧的普雷特观念或者从艾黎和海斯坎能的观念出发,总之,大洋上所作的重力测量结果,都没有表现出深海盆有明显的大质量亏损。这些数据的讨论结果是,深海底由比大陆地块较为密致和较重的物质组成。这种较大的密度不仅由于物理状态的差异,也由于物质本身的差别,固然这一方法不能精确地加以证明,但在合理的假设下,通过概略计算,却可以表明它是很可能的。

但均衡说也为大陆的水平向可移动性这个问题提供了一个

直接的特征。上文已经指出过均衡的补偿运动，它最完美的例证，就是斯堪的纳维亚现在还在持续地以每百年约1米的速度上升，这一上升可以视为内陆冰盖在10 000多年以前消融造成负荷减轻的后果，而且冰川最后消失的地方，正是今天可以看到最大上升之处。这一点从韦廷所绘的地图（图11）中很好地反映了出来（取自博恩[43]）。博恩[43]曾经指出，这个上升地区有一个重力异常，表现为重力太小，如果根据迄今仍稀少的观察允许作出判断的话，而且假若壳层还在其平衡位置之下的话，那么事实只能如此。南森[222]就所有涉及斯堪的纳维亚这一上升的各种现象作了特别深入的描述；根据昂格曼兰（Ångermanland）海岸的海滩标志最大的下降为284米，内陆也许为300米。这种上升陆续开始于约15 000年前，7 000年前达到其最大速度，约10年1米，今天正在逐渐平息。中心冰层厚度估计约2 300米。大片海岸地带的垂直运动，当然要以基底的流动运动为前提。由于这种运动，得以把被排挤的物质推向外侧。这一点也由大致同时为博恩、南森、彭克和柯本（文献在[43]）所作的发现证实，他们发现，内陆冰盖沉降地区周围为一个微弱上升的地区所环绕，上升的原因恰恰在于基底中被压向四周的物质。总之，整个均衡说观念的基础是地壳的基底具有某种程度的流动性。但如果是这种情况，亦即如果大陆地块真正浮游在虽然是粘性很强的液体之上，那就显然没有理由相信其活动性只表现在垂直方向上，而不同时出现在水平方向上，只要存在促成大陆地块移动的力，并且它在漫长的历史时期持续着。可是山脉推挤证明了这种力确实存在。

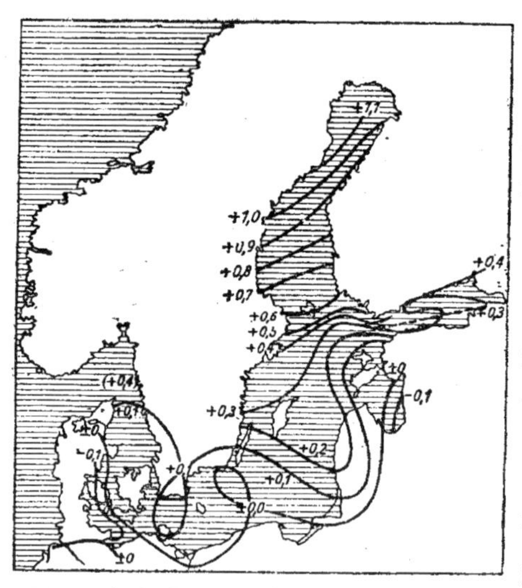

图 11　根据水位测量得出的现在波罗的海地区的上升(厘米/年)(引自韦廷)

对我们这些问题极为重要的是地震研究的最新成果,古滕贝格[44,45]在很多文章中对此作了清楚明白的归纳。

在地震波中,大家知道纵的"第一前兆"和横的"第二前兆"都是穿过地球内部的,而"主波"则沿地表传播。记录台站离震源越远,前兆波穿过的深度就越大。从地震和到达台站之间的时间差,即"走时",可以算出地震波在不同深度的速度。但这个速度是一个物质常数,因而可以给我们提供关于地球内部物质分层的情况。

计算表明在欧亚大陆(还有北美大陆)地块之下 50—60 公里深处,可以证实有一个很突出的层界,在这个层界处纵波的速度从每秒 5¾ 公里(界面上)跳到每秒 8.0 公里(界面下),而横渡的速度则从每秒 3⅓ 公里(界面上)跳到每秒 4.4 公里(界面下)。以前人们大多把这个界面认定为大陆地块的底面,深度和海斯坎能从重力测量导出的地块厚度值相一致就已经表明了这一点①。可

① 以普雷特理论为基础所得到的地块厚度值较大(100—120 公里),而艾黎理论则实际上得到与地震研究相同的结果。这就支持了在其他方面也得到承认的艾黎理论的首先地位。

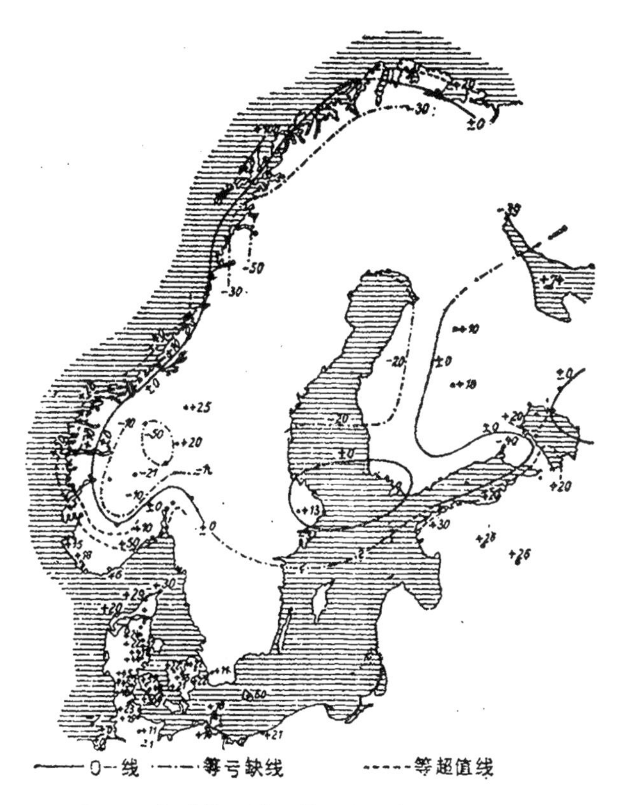

图 12　斯堪的纳维亚的重力异常(引自博恩)

是看来这种理解现在似乎不再能成立了，地块厚度大约只能是这个值的一半；另一方面，上述界面已经是对应于下面层次的进一步划分。但是这个界面，在太平洋范围内却完全不存在。在这里，表面地层的地震波速度，大致与上面提到的深层相等，即纵波每秒 7 公里和横波每秒 3.8 公里(而对大陆的地表层，这些数字分别为每秒 5¾ 和 3.2 公里)。对这些数字只有一种可能的解释，就是在大陆台块之下直至 60 公里深处的最上部地层，在太平洋并不存在。

正如预期的那样,也作为物质常数的表面波的速度,在深海底和大陆地块也显示出相应的差异。这一点在五位学者分别证实后,现在可以看作是肯定的事实。塔姆斯[46]于1921年从一组特别清楚的纪录中得到下列表面波速度:

1. 深海

		次数
加利福尼亚地震,1906年4月18日	v=3.847±0.045公里/秒	9
哥伦比亚,1906年1月31日	3.806±0.046公里/秒	18
洪都拉斯,1907年7月1日	3.941±0.022公里/秒	20
尼加拉瓜,1907年12月30日	3.916±0.029公里/秒	22

2. 大陆

加利福尼亚,1906年4月18日	v=3.770±0.104公里/秒	5
菲律宾Ⅰ,1907年4月18日	3.765±0.045公里/秒	30
菲律宾Ⅱ,1907年4月18日	3.768±0.054公里/秒	27
布哈拉,1907年10月21日	3.837±0.065公里/秒	19
布哈拉,1907年10月27日	3.760±0.069公里/秒	11

也就是说,虽然单个数值有时互相交叉,从平均值仍然可看到明显的差别,表明表面波的传播速度,在深海底比大陆上大约每秒高0.1公里,这与根据深成火山岩的物理性质所预期的理论值相符。

另外,塔姆斯也曾尝试过把尽可能多的地震观察归并成平均值,这样从太平洋38次地震的速度值,求得的平均数为v=3.897±0.028公里/秒,欧亚大陆或美洲上45次地震则为v=3.801±0.029公里/秒,也就是说和上面的值相同。

恩根亥斯特[47]在1921年也研究了一系列太平洋地震中深

海盆和大陆地块的地震差异，同时也涉及表面波。在这方面，他把塔姆斯没有分开的两种波“横渡”和“瑞利波”区别开来，并因而基于比较少的资料发现了甚至大得多的差别：“主波的速度在太平洋之下比在亚洲大陆之下高 21%—26%。”同时要补充说明，对其他波他也发现了特征性的差别：“p(第一前兆，即纵波，通过地球内部传播)的走时和 s(第二前兆，即横波，路线相似)的走时在太平洋以下，对震源距离为 6°(对这样短的距离这些波只穿过表面地层)时比在欧洲大陆以下少 13 秒和 25 秒。这相当于 s 的速度比在大洋之下大 18%……后续波的周期，在太平洋之下比在亚洲之下为大。”所有这些差别，都一致倾向于我们关于深海底由另一种，即较密致的物质组成的假设。

在表面波方面维塞也得到了相同的结果[48]。他得到的是：

在大陆地区上　　　v=3.70 公里/秒

在海洋地区上　　　v=3.78 公里/秒

拜尔利对 1925 年 6 月 28 日蒙塔那地震，也得到类似的表面波速度差别[223]。

最后，古滕贝格从另外的途径证实了这个结果[44,45]。他为此用的是横波，也就是表面波，这种波直接走在也在地表传播的瑞利波之前(而且往往不能互相区别)。这种波的速度，一方面取决于其波长或者周期，另一方面也取决于它们在其中传播的最底部壳层的厚度。由于从纪录数据中不仅能推出走时(速度)，而且也能推出周期，因而能够确定壳层的厚度。这种测量当然总是很不准确的，因此对同一个地区就需要比较多的实例，才能对壳层厚度做出结论。图 13 表示出古滕贝格对三个地区得到的结果：(a)欧

亚大陆,(b)主要行程在大西洋底,(c)太平洋。向右标出的是震波的周期,向上是其速度。如果测量没有误差,按说所有的点应位于一条曲线上,其在图表上的位置由壳层厚度决定。在(a)和(b)中画上了对壳层厚度为30、60和120公里三条这种理论曲线,在(c)中是壳层厚度为零的几条。古滕贝格的结论是,欧亚大陆的点最好归入壳层厚度60公里的曲线,主要途经大西洋的点更接近于厚度30公里的曲线,而太平洋的点则为厚度零的一条。数值异常分散,说明这个方法不是很准确的。但是这个结果后来又得到古滕贝格的进一步支持。最重要的是在太平洋,即使根据后来的研究,最顶部地层看来也不存在,而主要经过大西洋的区段,即一部分在深海一部分在大陆地区上,则得到居于零和60公里中间的壳层厚度值①。

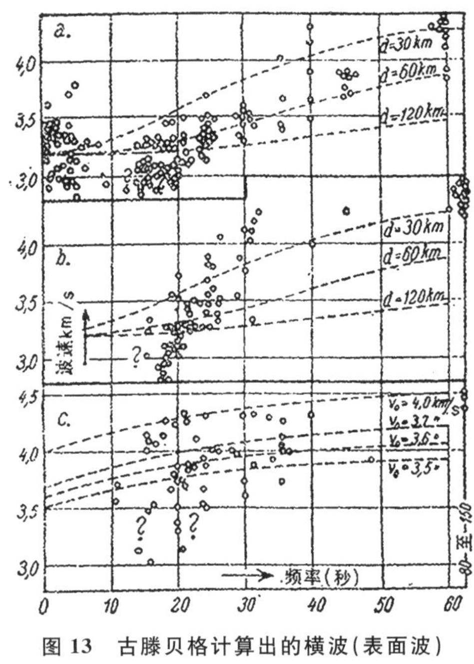

图13 古滕贝格计算出的横波(表面波)速度,参阅正文

① 古滕贝格想提出大西洋的结果是与大陆移动论相矛盾的,我认为这不对,在第十一章还要回过头来讨论这一点。

正如上文提到的，恩根亥斯特已经发现后续波的周期，在太平洋范围中也比在亚洲大陆上的长。威尔曼[49]对此作了进一步探讨并加以证实。他把他的结果简明地归纳在图14中，其中用+号或·点标示出他研究过的地震的震源，两种符号分别示出它们在汉堡的纪录上是长周期或短周期的后续波。如果考虑到震波从震源到汉堡的路程，肯定垂直于图中与汉堡距离相等的虚线，那么图14就很了然地显示出由+号来的波，主要越过深海地区传播（太平洋、北海、北大西洋），而由·号来的波则必然主要穿过大陆地区（亚洲）传播的。

可以看到，地震研究在其最近的发展中，从各种不同而且互相独立的途径证实了一种观念，即深海底基本上是由和大陆地块不同的物质组成的，它相当于地球较深层的物质。

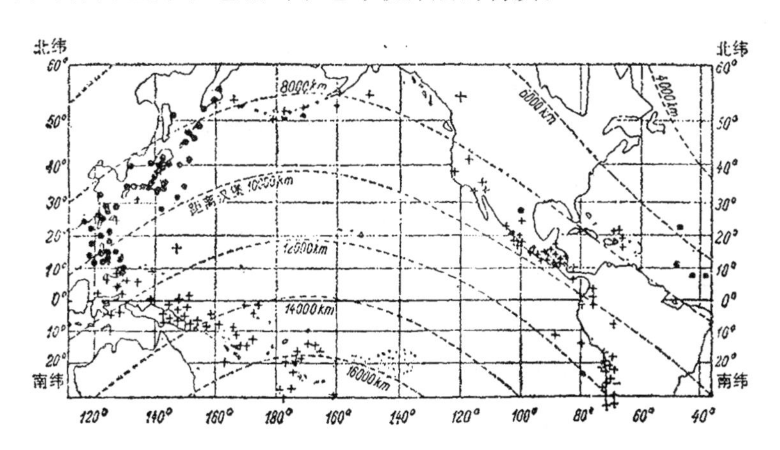

图14　造成汉堡接收到的长(+)或短(·)周期后续波的震源(引自威尔曼)

尼波尔特曾提醒我注意，在地磁研究中，一般的看法是组成深海底的物质比组成大陆地块的物质能更强地磁化，即估计含铁更高。这一点特别突出地表现在关于维尔德[50]地球磁模型的讨论中,在模型里必须用铁板覆盖海洋表面才能获得与地磁场相应的磁力分布。吕克尔[51]用下面的话描述了这次试验:“维尔德先生展示了一个很好的磁模型,并带有一套试验装置,它是由均匀磁化球体的原生场和一个铁体次生场的作用构成的,铁体位于表面附近并通过感应被磁化。铁的主体放在海洋之下……维尔德先生把重点放在用铁覆盖海洋这一点上。”雷克洛[52]最近也证实,维尔德的这个试验大致上很好地表现出地磁场的分布。当然直到目前还未能成功地通过计算,从地磁观察结果中推导出这种大陆和深海间的差异,看来原因在于它受到另外一个来源尚不清楚而又大得多的干扰场的叠加。这个干扰场并不表现出,也许也不会表现出与大陆分布有关系,这一点似乎可以从其大幅度长周期变化中推论出来。但是即使按照那些并非无保留地承认维尔德试验说服力的专家(如斯密特)的看法,地磁场的结果,无论如何也绝不违背深海底由含铁较高的岩石组成这种假设。因为大家知道,普遍都认为在地球的硅酸盐壳中铁含量随深度增加,并且地心主要由铁组成,那么这就说明我们在这里遇到的是比较深部的地层。而磁性一般在炽热的温度下即行消失,根据普通的地热增温率,在约15—20公里深处就可达到这个温度。就是说,深海底的强磁性本应在最上部地层中出现,这一点看来和我们认为在这些地层中存在较弱磁性物质的假设相符。

很容易就会提出这样一个问题:是否能够直接从深海底取到这种深部岩石的任何样品。用拖网或者其他方法,从这样的深处将露头岩石样品提上来恐怕在相当长时间内还是不可能的。可是值得注意的是,从吸泥船取上来的散样,根据克吕梅尔[30]的描述主要是火山岩成分;“亦即主要是浮石……然后遇到的有透长石、斜长石、角闪石、磁铁矿、火山岩玻璃体及其分解产物橙玄玻璃的碎片,还有玄武熔岩块、辉石安山岩等。”火山岩石的特点是比重和含铁量较高,并且一般都认为出自较大的深度。修斯因其主要成分是硅和镁而把这整个基性岩石序列称为“硅镁层”,其主要代表是玄武岩,与此相对的是另一组富含硅酸盐的“硅铝层”(硅和铝),其主要代表片麻岩和花岗岩构成我们各大陆的基底[①]。从上文中,读者也许自己已经作出结论,就是硅镁序列的岩石本来处于大陆地块基底之下,也许也构成了深海底,而在硅铝大陆地块上我们只能作为火成岩接触到,在这里它们表现为异体。看来玄武岩恰恰具有我们期待于深海底物质的那些特性。

关于不同的地球壳层由什么物质组成这个问题,近年来展开了大量的研究,有些基于矿物学和地球化学,有些根植在地震波的基础上。这个问题现在仍在积极继续进行,以致学者之间尚未能取得较为一致的看法。因此在这里我们想停留在客观地概略介绍一下某些地方还存在着严重的分歧。

开始时,人们一般都认为假设在肯定主要由片麻岩或花岗岩状物质组成的大陆硅铝层之下,还有一个达到约 1 200 公里深处的硅镁层就够了。这就是地幔。在地幔之下直至 2 900 公里深处为中间层,然后就是主要由镍铁组成的地核。中间层或者模拟陨石的物质次序由中陨铁(橄榄陨铁)组成,或则根据冶炼的经验由

---

① 邦森已经提出过这种划分,他把非沉积岩石划分为“普通粗面岩”(硅酸岩含量高)和“普通辉石岩”(基性)。而修斯则发明了上面两个方便的名称。

硫铁或其他矿石(矿渣)组成。但是对硅镁层是均匀的或者还要进一步划分这个问题则有不同的回答。戈尔德施米特指出辉榴岩为硅镁层的典型代表,威廉孙和亚当斯则认为是橄榄岩或辉岩,还有人认为是纯橄榄岩。无论如何,硅镁层的主体必然是很基性或者说“超基性”的岩石,比玄武岩的基性还强,因此玄武岩物质至多也只能是硅镁层的最顶部分。杰弗里斯[53]、德利[54]、莫霍洛维奇[55]、乔利[56]、霍姆斯[57]、普尔[58]、古滕贝格[59]、南森[222]等人的大量文章及有些专著探讨了这里提出的问题,其中特别值得指出的是德利的著作(*Our mobile Earth*, London 1926),它完全站在大陆移动论的观点方面;乔利的书(*The surface history of the Earth*, Oxford 1925)虽然表示反对大陆移动论,但是因为考虑了放射性热能,实际上反而为它提出了重要的新支柱。

看来所有作者有一点是一致的,就是在大陆地块的花岗岩之下紧接着的是玄武岩。但是对两种物质之间的界限,大多数学者现在已不再定在由地震推导出的60公里深的大层界处,而是假设在约30—40公里深处,在此处地震也同样可以辨认出一个层界,虽然不那么显著。不能设想花岗岩的深度达到60公里的主要原因之一,在于这样大的厚度含有的镭会太多因而产生的热量也太多。这样就是说,在60公里深处开始的是超基性物质(纯橄榄岩等)。此外,特别是莫霍洛维奇强调指出,60公里层界在山脉和平原之下的深度位置并无变化,而在其上的花岗岩和玄武岩之间的界限却是变化的。因而出现一个问题,在这种情况下,是否宁可把30—40公里深处的花岗岩界限视为大陆地块的下限,而不是以往所说的60公里深处的大层界。另一方面,还不清楚的是后一个界限在大洋底下的情况如何。古滕贝格假设这个60公里深处的大界限在太平洋下面就构成表面，因而在这里超基性物质（纯橄榄岩）直接出露。相反莫霍洛维奇则相信大洋底是由玄武岩构成的。

还得等待这方面的研究进一步发展才有可能取得一个完整的概念。但是很可能的是，由于这种层次的增加，使深海底的性质也更为复杂，上面谈到用回音测深确定海底深度时，已经从不同的角度出现了这种迹象。

但是不管这种看法的进一步发展如何，至少已可看出，它是朝着大陆移动论的方向进展的，因为深海底和大陆间是基本对立的这一点不会再动摇了，不管前者是由玄武岩或者某些地段已经由超基性物质组成，对大陆移动论来说，暂时都是无所谓的。总之在这里（除了一些残余）不存在大陆地块的花岗岩盖。

不少人反对大陆移动论，认为地球是像钢那样坚硬的，因此大陆不能移动。事实上对地震、地极摆动和地球固体潮的观察得出了一致结果，即地球的形变弹性或刚性系数平均为2.10^{12} g/cm·sec^{2}，或者说划分开一个深达1 200公里的岩石地幔和一个金属矿石—金属地心时，前者为7.10^{11}，后者为3.10^{12}。因为冷钢的这项系数为8.10^{11}，因此地球确实像钢一样硬。但这能说明什么呢？粗看一下，对于我们的问题什么都说明不了。因为一个大陆在某种力的作用下能够移动的速度完全不取决于硅镁层的刚性，而是取决于另一种与此无关的物质常数，即“内摩擦”或“粘性”，或者其倒数“流动性”。这种粘性的单位为g/cm·sec。可惜不能由刚性确切地推导出粘性，而必须通过专门的研究加以确定。然而对所谓的刚体进行这种粘性测定是极其困难的。即使在实验室中，为此使用了弹性振动的阻尼或者弯曲,或扭转时的变形速度,或者还有所谓的弛豫时间测定,也只对很少几种物质作过粘性测定。而关于地球的粘性系数,可惜我们目前还处于几乎是绝望的无知境地。虽然最近做了各种试验以估算这个粘性系数,有些是全球平均值,有些是对某些层,但它们结果的差别是如此之大,以致只能承认我们是完全无知的。

我们只能肯定地说,地球对短周期力,如地震波,表现为刚性弹性体;这时流动性不表现出来。相反,地球对持续漫长地质时代的力肯定表现得像流体,例如从地球的变扁正好和它的旋转时间相适应,就可以推论出这一点。但是弹性形变为流态形变所替代的时间界限在哪里,却取决于粘性系数。

达尔文在研究月球轮番出现时,假设 12 小时和 24 小时的潮汐力已可引起流态运动,这一假说曾为很多其他作者所引用。但是普雷(Prey)[60]最近一次研究取得的结果是,达尔文的假设并不能导致地壳现在还由于潮摩擦而明显地向西移动这个结论。在 5 000 万—6 000 万年以前,粘性系数也许曾具有约 10^{13} 这样一个相对较小的值(与冰川的粘性大致相等),普雷认为因此当时出现了地壳的大幅度移动。但是此后粘性系数增大到了使得这种移动现在已不可能的程度。当然要指出,达尔文还未能考虑到地壳的镭含量。而普雷则虽已知道镭仍假设不断冷却。而按照我们今天关于现有镭数量的知识,同时也根据地质事实看来,比以前的估计要长得多的地质时期过程中,地球的粘性系数——摆动除外——是否有过明显的系统性变化是很成问题的。

从地质学的角度看,往往假设在固体地壳之下有一个岩浆层,而维赫特类似地认为可以用这样一个相当稀流态的层来解释某些地震纪录中的奇特现象。许韦达[61]则基于可测量到的地球固体潮表示反对。因为如果流态明显地对固体潮起作用，则固体潮必然要落后于太阳和月球。但由于观察结果并没有反映出这样一种滞后现象，那么观察到的潮汐幅度必然完全是由弹性而不是由流态引起的。这样，观察的误差范围至少提供了一个粘性系数的极限值，当然这个极限值是随各壳层的假设厚度而异的。因为一个易流动的薄层会和一个比它厚的粘性层作出相等的移动。许韦达算出，如果只涉及 100 公里厚的层，粘性系数必然要大于 10^{9}，如层厚 600 公里，则大于 10^{13} 或 10^{14}。这里还有一个重要的前提是，涉及的应为一个连成片并覆盖整个地球的壳层。地球上单独的较小片段要易于流动得多。

许韦达 1919 年在研究地极运动时，为测定地球的粘性做了另一个试验。他倒过来计算，就是如果地球粘度系数的一半具有 10^{11}、10^{14}、10^{16}、10^{18} 这些值时，地极摆动应有怎样的结果？这样得出的结果是，对前两个值只能出现大约 80 年的周期的地极运动。只有对应于较大的那些值，才不是长期而是 470—370 天的短周期，也就是相当于实际存在的情况。当然在此也取决于人们假设粘滞层的厚度是多少。如果把整个地球的粘性看成是均匀的，则短周期在 10^{18} 这个值时才开始出现，而如果假设壳层厚度为 120—600 公里才是粘性的，则在 10^{13} 时就出现了。因为计算过程中地球的密度视为恒定的，故其结果只能供初步参考。在后来的一个机会中，许韦达在假设只有 100—1 600 公里深度之间的壳层是流态的这个前提下，曾经使用过 10^{19} 这个值。

许韦达是高粘性值的维护者。但是他自己也取得了下列结果:“可是必须认为下列可能性是存在的,即各大陆在极逸离力作用下,经历着趋向赤道的移动。”[40]关于这种极逸离力和导致该结果的计算,下文还将作必要的论述。

杰弗里斯[53]曾假设过更高的粘性常数值,即 10^{21},而且是在这个常数值最小的那个壳层中。据我所知这是最极端的假设了。

但是另一方面,最近有人假设的粘性常数却惊人地小,这固然只是对一个比较薄的壳层。迈耶曼[64,65]从最近为天文学途径所证实的地球旋转不均匀性这个事实出发说:“例如 1700 年时,地球上的任何一点都位于当地球均匀旋转时它所应在的位置以东约 15 秒,1800 年在以西约 15 秒,1900 年在以东约 10 秒,而 1924 年则在以西超过 20 秒。但地球整个地作这样的摆动是绝不可能的,因此我认为这些情况证明了地壳相对于地核向西漂移……如果摩擦力增大,则向西漂移减弱……如果摩擦力减小,则相反出现地表对于假想的地球向西运动。”地磁场的要素和昼夜长短的波动,都出现一个 270 年的周期;迈耶曼就此推论地壳在惊人地短的 270 年时间内,即整整地周转一圈,并据此推出这一层中的摩擦系数只有约 10^3(比甘油在零度时粘 21 倍),如果流动性只局限于一个 10 公里厚的层带的话。但是他对这些现象的解释是否正确,暂时还不得不搁置起来。在这方面舒勒[66]的一篇文章值得注意,他在文章中指出,在极地内陆冰盖加厚时,由于造成质量向转动轴接近,根据转动惯量守恒原理,必然要使地球旋转明显加速,相反冰体消融时要变慢,这时同样出现向赤道的质量转移,亦即离开轴线。

位于大陆地块之下壳层的粘性这个问题，与这些壳层的温度是否超过熔点密切相关。虽然很可能在很高的压力下融熔岩浆也会具有很高的粘性，从而表现出固体物质的性质这样高压力下的现象我们是不了解的，所有赞成存在一个熔融流动层的作者，仍倾向于假设该层中的粘性小得足以造成移动甚至流动。正是由于考虑到镭的存在，对这个问题产生了完全新的观点。

图 15 表示引自沃尔夫的地壳上部 120 公里中的温度变化，它是根据假设地壳中镭含量不同的情况计算出来的（曲线 a—e）。但此外还画入了两条熔融曲线 S 和 A。按照假设的物质不同，在这里也得到不同的曲线。S 表示对各个深度可以设想的最低熔融温度。从温度曲线的弯曲和熔融曲线的坡度可以看出，在约 60—100 公里深处有一个熔融的最佳区段，也就是说，很可能在这里有一个熔融层夹在两个结晶层之间。

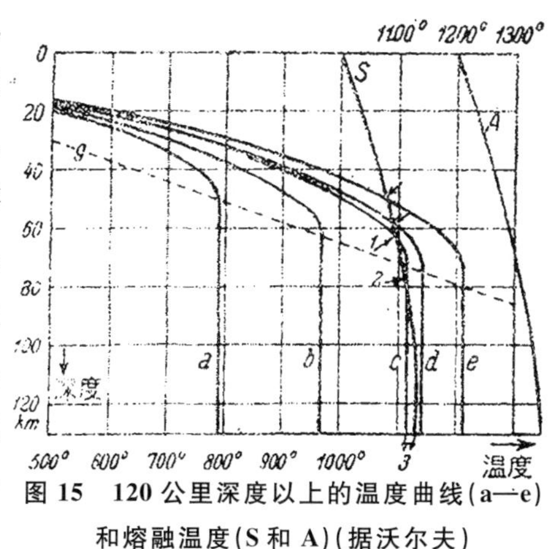

图 15　120 公里深度以上的温度曲线（a—e）和熔融温度（S 和 A）（据沃尔夫）

我们显然可以提问，地震研究是否能对此提供启示？遗憾的是不能；如果熔融就等于易流动，它可能会做到这一点，因为横波不能在易流动的介质中传播，而两个前震均为横波。但是现在人们大多假设超过熔点，也就是熔融的物质处于非晶玻璃态，即固态。不过地震研究还是提供了一点小小的暗示。就是事实表明，在对物质密度作最可能接近实际的假设下,它对形变的弹性阻力虽然一般是随深度增加的,但这种增长在约 70 公里深处却有一处中断,也许甚至是暂时的下降。这一点被一些人,例如古滕贝格[104],解释为结晶态在此深度处为非晶玻璃态取代。虽然后者对短时的地震波力也应该看成为固态的,但它对在地质时期中起作用的力表现出很大程度的流态却不是不可能的。

在这方面,某些地质事实也值得注意。那些奇特的大规模"花岗岩熔融"——克鲁斯[103]在南美洲就描述过一些——表明花岗岩的熔点等温线,于某些地史时代在一些地点曾上升到紧靠地表处。那么当时 60—100 公里的深处,就更必然是熔融的了。亦即在地球中等温面并没有固定的位置,而是既随时间也随空间变化的。乔利[56]认为对这种情况的解释在于,大陆地块之下的温度由于放射性生成大量的热而持续上升,直至这些地块因熔融而浮起并移向地球较凉的部位,即原来的深海地区。实际上,地热增温率在欧洲平均为 31.7 米,而在北美洲则平均为 41.8 米,这个事实支持了上述解释。这个近来热烈讨论的奇特差异,说明地球内部在北美洲之下比在欧洲之下凉。德利近于正确地认为:"可以由于北美洲在较晚的近代时期滑过当时更大的太平洋海盆已沉没的地壳,找到对此满意的解释。"[67]

在此当然还应提一下那些把地壳最上层的这些现象归因于"下部环流"的作者,如阿姆弗洛[68]、许温诺尔[69]等。阿姆弗洛认为下部环流把美洲引向西去,而许温诺尔则假设在流态的壳层中由于放热不均而造成相对环流,它们拖带着地壳,并在运动转而向下的地方挤压地壳。在放射性使大陆地块中产生大量的热方面，基尔希[70]也广泛地引用了这类在流态壳层中因热量引起的相对环流。他假设在当时连成一片的大陆地块之下产生大量热能（南部非洲的花岗岩熔融！），并导致流态基底的循环运动，这时基底到处都向四周的深海盆流去，在此处则由于较大的热量散失而向下运动，并在中间即大陆地区之下再上升。在这个过程中，由于摩擦力而最后使大陆顶盖裂开，并被熔流四散带开。基尔希就此得出的流动速度大得惊人，而熔融层中的粘性值则相应地小。

总之，所有这些研究工作表明一点，就是我们现在不应死板地看待地球内部，尤其是地球各层的粘性系数；对它，我们还完全不了解。许韦达的结果并不是决定性的，原因是它并不排除存在一个并不连成一片，而且比较易于流动的壳层的可能性；当然也丝毫没有说明在某些古老的时期，是否有过一个这种比较易于流动并连成一片的壳层。但是这些结果仍然有重大价值，因为它们虽然不承认存在一个易流动的壳层，却导致容许大陆移动的粘性值。也就是说，后一种可能性，并不取决于那些最近主张至少区域性和暂时性地存在易流动的大陆地块基底的作者们是否对。

根据上述，就无需再申明大陆移动论和地球物理学的结论非常相符。地球物理学在这方面成了大有前途的新研究领域的起点，这些研究现在已经取得了重要成果，固然还有很多细节有待将来才能圆满解释。

当然还可以引用一些地球物理领域的观察事实，来直接间接地支持大陆移动论。可是本书的篇幅不允许完全或者即使比较完全地涉及这里要谈论的各种不同领域。这些事实的一部分，还会在以后的章节中谈到。

第五章 地质论据

我们关于大西洋是一个极大地扩展开的断裂，而且其边缘以前直接或者近乎直接地相连这种观念，可以通过对比两侧的地质构造得到严格的检验。因为人们可以预期，某些在裂离以前形成的褶皱和其他构造，从一侧连向另一侧，而且它们在大洋两边区段的位置，在复原图中应表现为直接的延长。因为复原本身是因地块边缘线的明显特征而完全必然的结果，并不允许为适应这种要求而随意灵活处置，所以我们在这里面对的是一个完全独立的特征，它对判断大陆移动论的正确性有极其重大的意义。

大西洋断裂，在其首先裂开的南部最宽。这里的宽度为6 220公里。圣罗克角和喀麦隆之间还只有 4 880 公里，纽芬兰浅滩和不列颠陆棚之间只有 2 410 公里，在斯科雷斯比湾和哈默费斯特之间为 1 300 公里，在东北格陵兰和斯匹次卑尔根之间恐怕只有约 200—300 公里。这里的裂离，看来是在最近时期才进行的。

我们从南部开始对比。在非洲的最南部有一条自东向西绵延的二叠纪褶皱山系（兹瓦特山，Zwarten Berge）。在复原图中，这一山系向西的伸延接上了从地图上粗看毫不突出的布宜诺斯艾利斯以南地段。但特别有意思的是，凯德尔[72,73]在这里的山系，特别是南部强烈褶皱的山系中辨认出了老的褶皱系，这些褶皱系在其构造、岩序和化石内容方面，不仅和其西北紧接安第斯褶皱系的圣胡安及门多萨省前科迪勒拉山系完全相同，而且尤其和南部非洲的开普山脉完全一致。“在布宜诺斯艾利斯省的山中，特别是在其南支，我们发现了一个与南部非洲开普山脉很相似的层序。至少有三段看来非常一致：下泥盆纪海侵的底部砂岩，表明海侵范围最广时的含化石片岩，和较新的很有特色的建造即上古生代冰川砾岩……泥盆纪海侵的沉积和冰川砾岩都和开普山脉一样是受过强烈褶皱的；而两处的运动都主要是指向北方的。”这样就证实了这里存在一条伸延很长的老褶皱系，它横贯非洲南端，然后在布宜诺斯艾利斯以南穿过南美洲，最后向北转弯，与安第斯山脉连接。现在这一褶皱系的片段为宽 6 000 公里以上的深海所隔开。我们的复原图正好在这里是不允许拼凑的，但这些片段却恰恰接上；它们分别和圣罗克角及喀麦隆的距离相等。对我们所作的拼合是否正确的这一证明是很引人注目的，使人联想起把一张名片撕开作为对证的做法。而南部非洲山系中接近海岸时，锡达山支脉叉向北方这一点对这种一致性并没有什么妨碍。因为这个随即消失的分支具有局部偏离的性质，可能是由于在一个较晚期的断裂部位的某种不连续引起的。这种分叉我们在欧洲的褶皱山系也可以看到，而且规模大得多，既有石炭纪山系，也有第三纪山系，它并不妨碍我们在那里也把这些褶皱综合为一个体系，并归之于统一的起源。即使像最近的研究表明那样，非洲的褶皱在较晚的时期仍在持续，我们也不能因而提出年代的差异，因为凯德尔写道：“在南美的山脉中，冰川砾岩作为最年轻的建造也是经过褶皱的；在开普山脉中，冈瓦纳系底部（卡卢层）的依卡层，还显示出运动的痕迹……也就是说，在这两个地区主要的运动都可能是在二叠纪到下白垩纪这段时间中进行的。”

但是，我们的观点并不是只通过开普山脉及其在布宜诺斯艾利斯山脉的伸延得到证实，相反还可以在大西洋沿岸为此找到大量其他证据。从大致特点看，长期未再褶皱的巨大非洲片麻岩地台，就已表现出与巴西的地台惊人地相似。而这种相似性不仅限于一般特点，并且一方面表现在火成岩和沉积岩的一致，另一方面两处的古老褶皱方向相同。

伯罗沃尔对火成岩作过比较[74]。他找出了五个以上的相似之处，即 1.较老的花岗岩，2.较新的花岗岩，3.富含碱金属的岩石，4.侏罗纪火山岩和侵入的粗玄岩，5.金伯利岩、黄长煌斑岩等。

在巴西，较老的花岗岩是包含在所谓“巴西岩系”中的，在非洲则在西南非洲的“基底岩系”中，此外也在开普殖民地南部的“玛尔默斯伯里岩系”和德兰士瓦及罗得西亚的“斯威士兰岩系”中。“巴西玛尔山处的东海岸以及与其相对的南非和中非西海岸，都是绝大部分由这些岩石组成的，使得两个大陆上的景观具有同类型的地形特点。”

在巴西，晚期的花岗岩侵入米纳斯吉拉斯和戈亚斯州的“米纳斯层”中，并形成含金岩脉，这种侵入也存在于圣保罗州。在非洲与此对应的是赫里罗兰的埃隆哥花岗岩和达马拉兰西北部的勃兰德贝格花岗岩，还有德兰士瓦“巴许费尔德火成岩系”的花岗岩。

此外含碱金属高的岩石，正好也位于相应的海岸地段：巴西方面在玛尔山的不同地点（依达狄阿雅、里约热内卢附近的赫里西诺山、廷格瓦山、弗里亚角），在非洲方面则在吕德里茨兰的海岸，在史瓦可蒙德以北的克罗斯角处，而且在安哥拉还有。离海岸远一些而属于这一类的，还有米纳斯吉拉斯州南部波各斯德卡尔达斯，和德兰士瓦省吕斯滕堡区的两个直径约30公里的火成岩地区。这些富含碱金属的岩石，在它们的深成岩、岩脉和喷出岩建造方面均完全相同，是十分引人注目的。

就第四组岩石（侏罗纪火山岩和侵入的粗玄岩），伯罗沃尔写道："和南部非洲一样，在与南部非洲卡卢岩系大概一致的圣卡塔林纳岩系最底层位，出现一个很厚的火山岩组，它可视为侏罗纪的，并覆盖着南里约格朗德、圣卡塔林纳、巴拉那、圣保罗和马托格罗索等州，甚至还有阿根廷、乌拉圭和巴拉圭的大片地方。"在非洲属于这一组的，主要是考柯层系（在南纬18°和21°之间），这个层系相当于巴西南部圣卡塔林纳和南里约格朗德州的同类岩石。

最著名的是最后一组岩石（金伯利岩、黄长煌斑岩），因为它既在巴西也在南部非洲提供了著名的金刚石矿藏。在上述两地区都出现特有的"岩筒"这种埋藏形式。白金刚石出产于巴西的米纳斯州，在南部非洲则只在奥兰治以北。但是比这种已经是十分罕见的金刚石产状表现得更为明显的，是金伯利母岩分布上的一致性。这也在里约热内卢州的岩脉中得到证实。"和南部非洲西海岸附近的金伯利岩石一样，巴西著名的这类岩石也几乎都属于各种贫云母的玄武岩变种。"①

但是伯罗沃尔着重指出，两方的沉积岩也表现出很大的一致

① H.S.华盛顿[113]虽然也承认火山岩的这种一致性，但仍然认为——可能主要由于要求过高——这种比较不能说明有利于大陆移动论。可惜他的没有根据的否定，对很多美国地质学家的态度起了决定作用。

性:“大西洋两侧一些沉积岩组的一致,同样是很突出的。我们在此只指出南部非洲的卡卢岩系和巴西圣卡塔林纳岩系。圣卡塔林纳和南里约格朗德的奥尔良砾岩与非洲南部的德威卡砾岩相符,而在两个大陆上最上的层位,均由上面已经提到过的很厚的火山岩层组成,如像开普殖民地的德拉肯山岩层和南里约格朗德的赫拉尔山岩层一样。”

迪托埃[75]甚至猜测,南美洲的石炭二叠纪漂石物质部分地来自非洲:“科勒曼认为巴西南部的冰碛石来自同一个冰盖,该冰盖的中心可能位于东南方①现在的海岸线之外。他和伍德沃斯都提到一种漂砾,由带状碧石砾石结成的石英岩或砂岩组成,根据他们的描述,这种碧石和德兰士瓦冰川从西格里夸兰(Westgriqualand)的‘马察普层’(Matsap beds)山地带来并向西至少搬运至东经18°的那种完全相同。如果我们考虑到大陆移动,它是不是可能被向西搬到远得多的地方呢?”但是费拉兹最近在其产地以南圣卡塔林纳的布鲁梅瑙附近依达雅喜河北岸,找到了这种岩石的直接出露(见于[78]),这样,迪托埃提出的解释的说服力就减小了。然而另一方面,巴西和南美出露岩石的相同产状,反过来却又是这两个大陆之间一系列显著一致性中一个很值得重视的环节。

我们在到处穿过这些巨大片麻岩地台的古老褶皱系的走向中,还可以找到其他的一致之处。对非洲,我们引用图16中由雷莫埃[76]设计的地图。这个地图是为其他目的制作的,因此表现我们需要的东西并不十分清楚,但仍然有所反映。在非洲

① 原书为西南,从其下文看来显然是笔误。

大陆的片麻岩台块中，主要出现两种稍有不同的古老走向。在苏丹，较老的东北走向占优势，它在尼日尔河笔直而方向相同的上游中已经表现出来，并且还可以追溯到喀麦隆。它与海岸线以约 45°角相交。相反，在喀麦隆以南——图中还能勉强看到——则以那一个较年轻的走向为主，它大致为南北向，并和海岸的弯曲平行。

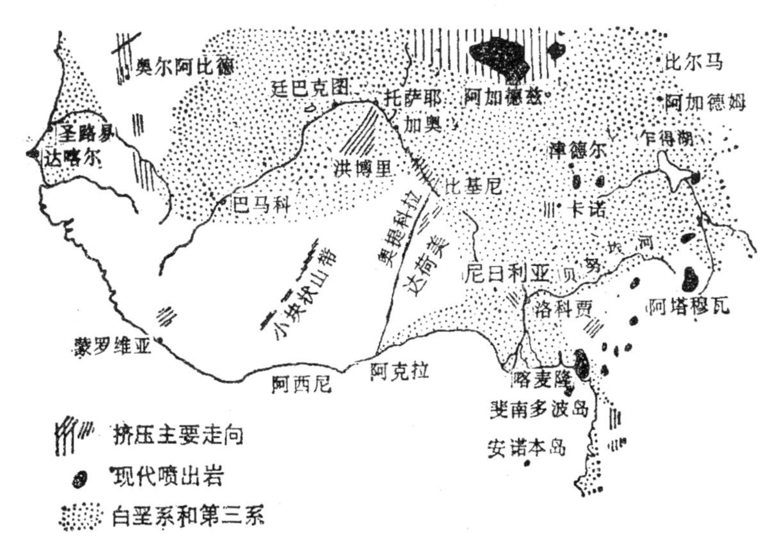

图 16 非洲的走向(据雷莫埃)

在巴西我们可以找到同样的现象。修斯就已写到过："东圭亚那的地图……表示出构成该地区的古老岩类多少都是东西走向的。夹于其中并占据亚马孙河槽北部的古生代地层，也遵循这个方向，因此卡晏至亚马孙河口的海岸，是和这一走向垂直的……从已知的巴西的构造看，必须假设大陆的边缘直至圣罗克角也垂直于山脉的走向，但是从这个山前地带开始向下直至乌拉圭，海岸的位置则是由山脉决定的。”河流(一方面亚马孙河,另一方面有圣弗兰西斯科河和巴拉那河)在这里也沿这一走向。可是近期的研究,如凯德尔,主要根据埃文斯提出并在图 17 中显示出来的南美洲构造图所表明的那样,证实了还存在与东北海岸相平行的第三种走向,这就使得情况较为复杂一些。但其他两种走向,在这份图中虽然有些地方离开海岸远些,却仍很突出和明显。由于在复原图中,南美洲必须作较大的旋转,亚马孙河的方向就正好与尼日尔河上游平行,从而使得这两个走向和非洲的走向重合。我们应该看到这是它们当时直接相连的又一个证据。

近一个时期,人们越加着重地强调巴西和南部非洲结构相同。例如马克[77]证实:“了解南部非洲的人会对这个(巴西)地方的地质构造感到惊奇。走到那里都使我想起纳马兰(Namalandes)和德兰士瓦的景观形态。层序及其所有特点都和南部非洲基底的组成完全对应。”马克在这次旅行中,在帕托斯(Patos)附近找到了五个金伯利岩岩筒(约南纬 18½°、西经 46½°)。他得出结论说:“很明显,按照现今这些对应岩层的距离,不得不否定像大西洋那么宽的陆桥沉没的说法,而想起魏根纳所说的大陆移动。这种观念的根据,在于观察到自最古老的地质时代以来(石炭二叠纪除外),在非洲西南部以干旱气候为主;另一方面,在米纳斯的三叠纪沉积层,则相应于一种干旱的内陆气候。”

著名的南部非洲地质学家迪托埃,在为此目的而作的一次南美洲研究旅行中进行了特别深入的对比考察。这项研究,包括极为完全地参阅了文献资料,其结果于 1927 年发表在一本 157 页厚的书中,作为华盛顿卡内基研究所文集第381期,标题为《南美与

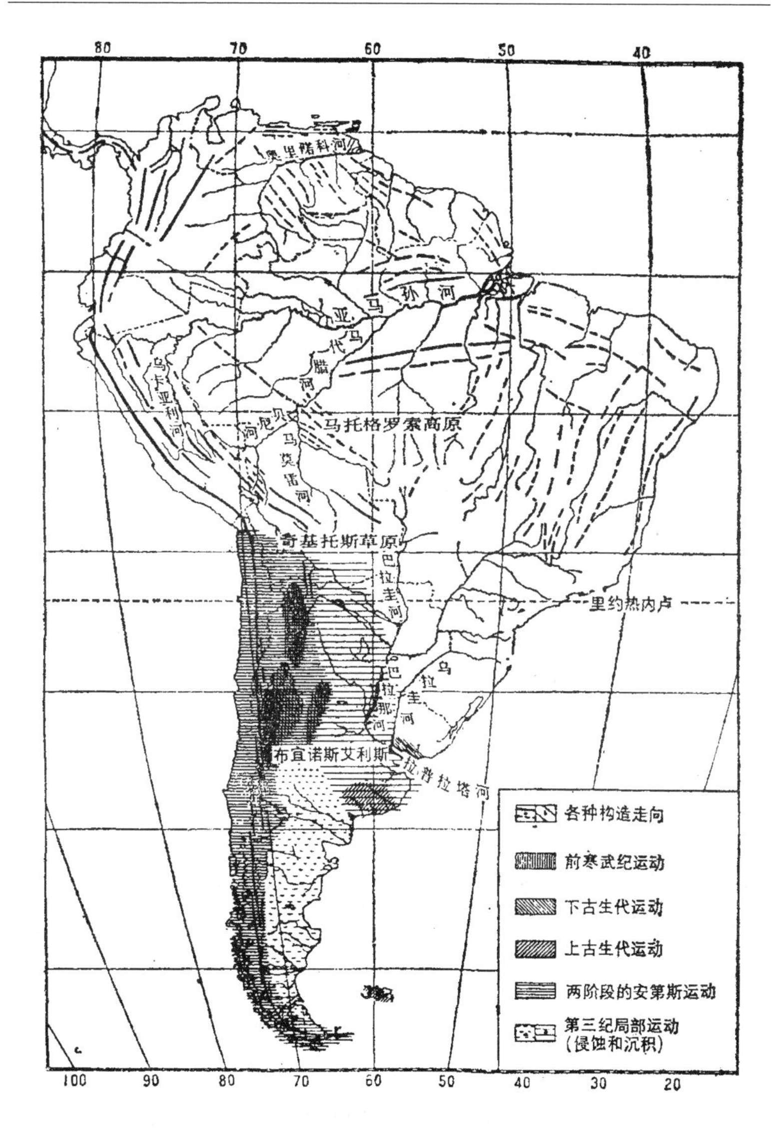

图 17　南美洲构造示意图(据凯德尔和埃文斯)

南非的地质比较》[78]。整本书实际上都是从地质上论证大陆移动论在地球的这一部分的正确性。如果想把这本书中所有有利于这个学说的细节都予以引证,实际上就必须把全书从头至尾翻译出来。书中十分常见的是下面这种论述:“实际上,即使我仔细考察,也十分难以想象我是置身于另外一个大陆而不是在开普兰南部的某个地方。”(26页)作者在97页中说:“在我准备写这个概况时,原意想写历史报告,而不去考虑任何关于这种原来相连的方式或者关于陆地最后分离开的方式的假说;但在收集到数据以后,却清楚地表明它们很肯定地倾向大陆移动论。”他还指出,现在已知的大洋两侧的一致之处数量如此之多,以致不再可能认为是偶然现象,况且它们都跨越巨大的地段和从前泥盆纪直至第三纪的漫长时间。“此外,这些所提到的吻合,既有地层的,也有岩石的、古生物的、构造的、火山的和气象的性质。”

在这里,我们甚至不可能转引关于这些一致之处的简要综合,它在第七章(《关于位移的解释》)中占7页篇幅。可是下文中还是想让读者知道一下该书15—16页中归纳的主要地质特征对比:

在此我们想将两个地段互相对比一下,即一方面是从塞拉利昂至海角(指非洲的最南端——译者),另一方面是从帕拉至布兰卡港,同时我们局限在各为40°长10°宽的地带内。两侧陆地的情况如下:

1. 基底由前寒武纪的结晶岩石及一些不同年龄、多半未知年龄的前泥盆纪沉积条带组成,但后者一般具有相同的岩石特征。

2. 在最北端是海相志留纪和泥盆纪地层,只受过轻微错动,不整合地位于该地块之上,占据着一个向海岸线倾斜的宽阔地向斜，亦即在塞拉利昂和黄金海岸之间以及在亚马孙河喇叭状河口以南。

3. 再向南则与海岸线近乎平行地绵延着一条元古代及早古生代地层带，主要为石英岩、片岩和石灰岩，在北部稍弯曲，南部则错动较强烈，并为花岗岩体所穿插，例如在吕德里茨和开普敦之间以及圣法兰西斯科河和拉普拉塔河之间的地区。

4. 克兰威廉地区接近水平的泥盆系相应于巴拉那和马托格罗索几乎一样的地段。

5. 再向南，则开普兰南部的泥盆石炭系相应于紧接着布兰卡港北面的地区，两者都整合地过渡到冰期石炭纪及二叠纪沉积层；两者均在二叠三叠纪和白垩纪运动中受到强烈褶皱，并且有相似的方向。

6. 两地的冰碛岩向北均为水平状，并侵入于泥盆纪之上。在这里，它们堆积在由它们本身和较老的岩石构成的一个冰期准平原上；再向北，它们就消失了。

7. 在两地，这种冰成岩均为含有舌羊齿类植物的陆相二叠纪和三叠纪岩层所覆盖，岩层分布在巨大的面积上，此后有大面积的玄武岩和粗玄岩喷出，估计在下侏罗纪。

8. 这些冈瓦纳地层从南方的卡卢向北伸延到考柯费尔德，从乌拉圭到米纳斯吉拉斯。

9. 其他这类分离开的大片地域在两边都更靠北，而且在深入内陆一段距离的地方，即在安哥拉—刚果和在皮奥伊—马拉尼翁地区。

10. 有一次层系内间断分布广泛，那是在晚三叠系和二叠系沉积层之间，虽然一般存在角度不一致。但是在一些地区，晚三叠纪地层明显不整合地盖于二叠纪或前二叠纪岩层之上。

11. 倾斜的白垩纪地层，在海岸附近只出现在本格拉—刚果河下游和巴伊亚—塞尔希培地带。

12. 水平的白垩系和第三系，有海相的也有陆相的，覆盖着喀麦隆和多哥之间，以及西阿拉、马拉尼翁及其以南的大片地区，卡拉哈里沙漠的大面积沉积层大致可以和阿根廷的新第三纪及第四纪帕姆帕斯(Pampas)地层相比较。

13. 在这个一般概述中不应忽略福克兰群岛这样一个重要的环节。其泥盆石炭系层序和开普兰的几乎没有区别，而拉弗系(Lafonian)则和卡卢系紧密对应。从地层和构造上看，福克兰群岛的位置在开普兰西南部，而不是在巴塔戈尼亚。

14. 从古生物的观点看必须特别注意：(a)开普兰、福克兰群岛、阿根廷、玻利维亚和南部巴西泥盆系的"澳洲相"，与此对应的是北部巴西和撒哈拉中部的"北方相"；(b)开普兰德威卡片岩和巴西、乌拉圭及巴拉圭伊拉蒂(Iraty)片岩的爬虫类中龙；(c)两块大陆南部冈瓦纳层中的恒河羊齿——舌羊齿植物；(d)开普兰和阿根廷上冈瓦纳层的丁菲羊齿植物；(e)开普兰南部和阿根廷、内肯乌西北部的泥欧克姆(奥伊滕哈赫)统；(f)回归线以北白垩纪和第三纪动物的北方相或地中海相；(g)巴塔戈尼亚始新统的南大西洋—南极相(圣豪尔赫层系)。

"最后，第15点，非洲和南美洲的地理轮廓惊人地相似，不仅是一般地相似，甚至是在细节上；而且除了在北部，第三纪沉积边缘带都不宽，因此它的存在无关紧要。"

在两个大陆的地质关系中，有一个完全新的因素具有特别的兴趣，迪托埃第一个提醒人们注意这一点。他在109页中写道："但是极其重要的是在各个岩系内相差异的研究所提供的证据，这种相差异在各大陆内分别进行研究时就会发现。

"为了便于说明，我们举两个相应的层系为例，如其中之一在南美洲的大西洋岸边或离它不远的A处开始向西至A′处，而另一个在非洲也相似地从海岸附近的B处开始向东至B′处。则可从不只一例中得以证明，A和A′之间以及B和B′之间的相变化大于A和B之间的，而A和B之间相隔着整个大西洋的宽度。换句话说，这些层系的趋向是在相隔遥远的两岸边上，要比在本大陆内现在可见的距离内更为相似。这样的例子甚多，而且可以引自不止一个地质时代，这就使得这样一种特殊的关系不能再视为纯粹偶然的，必须为此寻找一个确定的解释。进一步的研究还表明，这种意外的趋势不管该层系是海相的、河口三角洲的、陆相的、冰成的、风成的或火山的，都同样强烈地表现出来。"

迪托埃在他的书中画了一幅在图18中引用的地图，它显示出两块大陆在分离以前的相对位置。他还强调指出，在复原时，如果考虑了现场观察到的相差异，就需要在现在的海岸线之间留出一个至少为400—800公里的空当。在这一点上，我完全同意他的看法。因为在两个海岸之间，不仅要留有在它们之外的陆棚的位置，而且也许还要加上中大西洋中脊物质的位置。待"流星"考察的大量回声测深数据加工整理以后，也许将可能得到地块相对位置的更准确的证明。我猜测，以这个途径取得的概念，将会和迪托埃基于地质对比所取得的相类似。

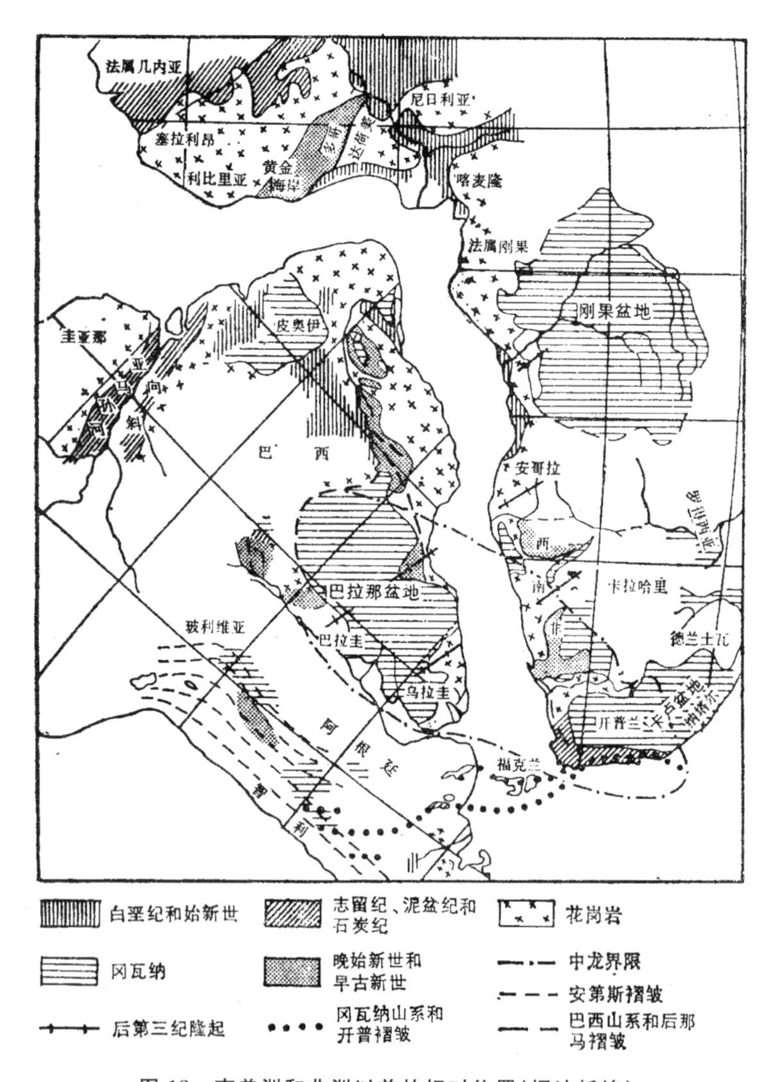

图 18 南美洲和非洲以前的相对位置(据迪托埃)

福克兰群岛虽然耸立于巴塔戈尼亚海岸陆棚之上，却没有表现出与巴塔戈尼亚地质的相似关系，倒反而与南部非洲有这种关系，迪托埃正确地把这一点看作对大陆移动论的有力支持①。

我不得不承认，阅读迪托埃的著作给我以极其深刻的印象，因为我以前未敢预期这两个大陆在地质方面如此完全一致。

正如以前已经指出过的，从古生物和生物的原因看，必然的结论是，南美洲和非洲之间的种属交流在下白垩纪到中白垩纪即已断绝。这和帕萨格[79]的假设并不矛盾，他认为南部非洲的边缘断裂在侏罗纪即已形成，裂缝是从南部开始逐渐张开的，而更重要的是大裂谷可能在此之前很久就形成了。

在巴塔戈尼亚，拉裂引起了很特殊的地块运动，温特豪森[80]对此作了以下描述："新的变动在白垩纪中期前后，以极大规模的区域运动开始"，也就是巴塔戈尼亚陆地地表，"由一个明显的穹隆地区变成一个普遍的沉降带，它处于干燥或半干燥条件影响下，并为砾石荒原和沙漠平原所覆盖。"

如果我们继续向北对比大西洋相对的两岸，则可以发现位于非洲大陆北缘的阿特拉斯山脉，其褶皱主要在渐新世，但在白垩纪已经开始，它在美洲一侧却没有延续②。这和我们在复原图中阐

① 我承认，考虑到其现在的位置和南大西洋的海深图，我对迪托埃在复原图中假设的福克兰群岛的位置（见图 18）有怀疑。我觉得在复原图中，似乎应该把它放在好望角以南而不是以西。

② 根蒂尔（最近还有斯托布在[214]中）虽然想把年代相同的中美洲山脉，特别是安的列斯群岛，看作这样一种延续，但是雅沃尔斯基持相反的意见，他认为这和普遍接受的修斯的观点不一致。修斯让南美洲的东科迪勒拉山弧过渡为小安的列斯群岛，然后再弯向西去，而并没有伸出向东的支脉。

明的假设一致，我们假设大西洋裂缝在这个部分张开的时间较早。这里的裂缝虽然可能某个时候曾经是完全合拢的，但是肯定在石炭纪以前就已经张开了。北大西洋西部海水的深度较大，也许也反映出这里的海底较老。值得注意的还有西班牙半岛和相对的美洲海岸之间的矛盾，这使得很难认为这段海岸两侧以前曾直接相连。但是即使根据大陆移动论，也不能作这种假设。因为在西班牙和美洲之间还有亚速尔群岛一带宽阔的水下块状山。我曾经试图从第一次横贯大西洋的回声测深剖面推论[37]，该块状山可能是断入海下而由大陆物质组成的破碎带，其原来的宽度可以估计为 1 000 公里以上。

这些岛屿以及其他的大西洋岛屿，确实可以理解为大陆块体，这一点完全与它们的地质结构相符。(至于说它们基底的大部，甚至中大西洋的海岭，是否由玄武岩构成则仍成问题)

嘎格尔[81]对卡那利群岛和马德拉群岛得出的结论是:"这些岛屿是欧非大陆分裂出来的残块，它们在比较晚的时期才从那里分离出来。"

关于大安的列斯群岛地区，马特莱不久前在对开曼群岛作地质调查[105]时得出的结论，认为那里的情况在大陆移动论的基础上进行解释最好:"首先所有大安的列斯岛屿虽然有时相距甚远，并为深洋所隔，却具有明显的亲缘相似关系，这表现在它们的特性，它们地质层系的相和彼此的关系，以及它们火山岩石的次序方面。已知的它们的地质历史也是很相似的。这些因素并非不利，而是相反有力地支持了这些岛屿以前比现在更为靠近的观点。此外，加勒比海的那些大型海底凹陷很深，例如塔伯尔就已经作为裂谷提到过的巴特列特海沟(Bartlett,在牙买加和古巴之间),很难理解安的列斯的陆地块体怎么会如此深地降入地壳中去。”固然这只是一个不甚重要的细节。但是整个地球表面的宏伟图景,正是由这些镶嵌石块组成的。

再往北,我们遇到的是三条紧挨着的古老褶皱带,它们从大西洋的一侧伸延到另一侧,并为两侧以前直接相连这个假设提供了又一个甚为引人注目证据。

最醒目的是修斯称之为阿摩力山脉的石炭纪褶皱系,它们使北美煤层显得像是欧洲煤层的直接延续。这个现在已经大大夷平了的山脉发源于欧洲的内陆,先向西北西作弧形伸延,然后向西,最后在西南爱尔兰和布列塔尼形成强烈破碎的海岸(所谓里亚式海岸)。这个山系最南的一支褶皱横贯法国,看来在前缘陆棚处完全折而向南,并在开张成海湾状的深海裂谷比斯开湾的另一侧即西班牙半岛上继续延伸。修斯称这一分支为“阿斯图涡旋”。主脉则显然穿过陆棚的较北面部位向西伸延,由于拍岸浪的冲蚀削平了,但在此仍作为延续伸入大西洋之外①。

贝特兰在1887年首先发现它在美洲方面的伸延,构成阿巴拉契亚山脉在新苏格兰和纽芬兰东南部的支脉。这里同样有一个石炭纪褶皱山系到此终止,和欧洲的一样向北褶皱,终止处也造成一个里亚式海岸,并且也许还向前贯穿纽芬兰浅滩的陆棚。它原来为东北方向,在断离处附近转为正东方向。按照迄今的观念,人们

---

① 柯斯马特[82]那种与修斯相违背的看法,即所有欧洲的褶皱在海洋区域转弯并向西班牙半岛折回,恐怕是难于站住脚的,因为陆棚是容纳不下如此巨大的褶皱弧的。

已假设这是一个统一的大褶皱系,修斯称之为“跨大西洋的阿尔泰山脉”。大陆移动论对此带来极大的简化,只要在复原图中把两个部段移到几乎互相接触的位置,而以前不得不假设有一个沉没了的中段,它要比我们已知的两端还长,这一点彭克就已经认为是困难的。在两个中断点的连接线上有一些零星的海底隆起,以前人们一直把它们视为沉没了的环链的山峰。按照我们的想象,这是分离开的地块边缘上的块体,它们的离析尤其在这类构造错动带是易于理解的。

在欧洲直接连在其北面的是一条更老一些、在志留纪和泥盆纪之间隆起的山脉的褶皱山,这条山脉贯穿挪威和英格兰北部。修斯称之为加里东山系。安德烈[83]和梯尔曼[84]研究了这个山脉褶皱在“加拿大加里东山系”(特米尔)的伸延问题,也就是在加里东运动中就已被褶皱的加拿大阿巴拉契亚山脉。这当然并不妨碍美洲的这个加里东褶皱,同样为上面说到过的阿摩力褶皱所叠加,另一侧则只在中欧(高文恩山和阿登高地)如此,北欧却并非这种情况。这个加里东褶皱带的连接段,可能一方面在苏格兰高地,另一方面在纽芬兰。

再向北紧靠着加里东褶皱系的,在欧洲是更老的(阿尔冈的)赫布里底群岛和北苏格兰片麻岩山脉。在美洲方面与此相应的是拉布拉多同样老的片麻岩山脉,这些山脉向南一直达到贝尔岛海峡,并远远深入加拿大内部。其走向在欧洲为东北—西南,在美洲则从同样走向至东西向。对此达奎[22]指出:“由此可以推论,山脉越过北大西洋达到对岸。”可是按照直至目前的想象,据说是沉没了的连接段原有的长度必须有 3 000 公里,即使按大陆的现有位置,把欧洲部分直线延长到南美洲而不是相应的美洲部分，也有几千公里。根据大陆移动论，这里的美洲部段也要经过一段横向位移并同时转动，使其直接与欧洲的部段接上，并表现为后者的延伸。

此外，北美和欧洲的巨大洪积期大陆冰盖的终碛，也属于刚才考察过的地区。其沉积进行时，纽芬兰已经从欧洲分裂出来，而在北面的格陵兰处两个地块还是连着的。无论如何，北美洲当时距离欧洲肯定要比现在近得多。如果把冰碛填入我们适用于分离以前时期的复原图，那么就如图 19 所示那样，它们能够毫无缺口和曲折而衔接起来，如果在沉积的时候，海岸的距离就已经和现在那样为 2 500 公里，这样的衔接就是极不可能的，况且美洲方面的南端，现在比欧洲方面的要低 4½ 纬度。

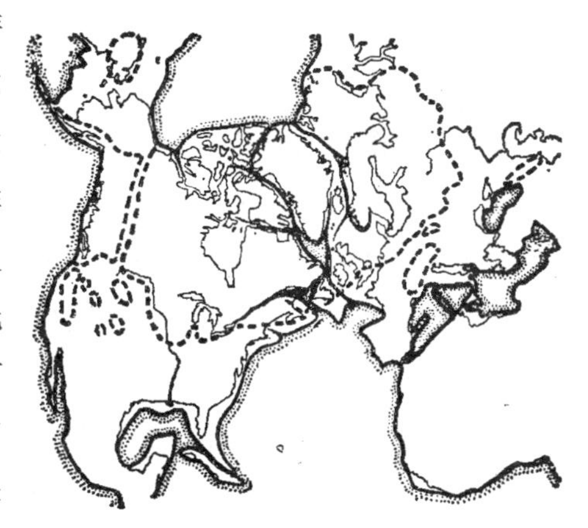

图 19　第四纪内陆冰盖的边界，就北美洲分离出来以前时期的情况填入复原图

上文引述的大西洋两岸的一致性，即开普山脉和布宜诺斯艾利斯山脉的褶皱，还有巴西和非洲巨大片麻岩台块上火成岩、沉积岩、走向和无数其他细节的一致性，阿摩力、加里东和阿尔冈褶皱以及洪积期终碛，虽然某些个别问题上看法可能还不甚可靠，但就其整体来说，仍然不可动摇地证明了我们把大西洋看作扩展了的断裂这种理解的正确性。具有决定意义的是，通过拼合，每一个结构在另一侧的伸延正好和这一侧的末端接上，虽然必须基于其他现象，亦即双方地块的轮廓来把它们拼合起来。这就好比我们把一张撕碎了的报纸，按照它们的轮廓重新拼合起来，然后检查所印的字行是否很好地衔接上了。如果是这样，那就显然只能假设这些碎片本来是以这种方式连在一起的。只要有一行能通过这种检查，那么这种拼合正确的或然性就已是很高的了。如果我们有几行符合这种情况，则或然性应为几次幂。弄清这一点意味着什么肯定不是毫无用处的。我们假设单只根据第一“行”，即开普山脉和布宜诺斯艾利斯山脉褶皱，即以十对一打赌大陆移动论是正确的。那么由于总共至少有 6 个这种互相独立的检验材料，我们就已可以用 10^6 即一百万对一来打赌我们的假设是对的。可以认为这些数字是夸大。但它们只应用以表明互相独立的检验材料增多具有什么意义。

在上文考察的地区以北，大西洋断裂在格陵兰两侧叉开，并越来越窄。这样两岸的一致性就丧失了说服力，因为它们的形成，即使就各地块的现有位置也是易于解释的。然而把对比进行到底也还不是没有意义的。我们可以在爱尔兰和苏格兰的北部边缘、在赫布里底群岛和法罗群岛找到一个宽阔的玄武岩盖的裂块；然后它越过冰岛到达格陵兰一侧，在那里它主要构成从南面围绕斯科雷斯比湾的巨大半岛，并继续沿海岸伸延至北纬 75°处。在格陵兰西海岸也出现大块的玄武岩盖。在所有这些地点，都以同样方式在两个玄武熔岩盖层之间夹着含陆地植物的煤，由此人们推论当时的陆地是相连的。从陆相泥盆纪“老红层”沉积在美洲从纽芬兰直至纽约，在英格兰、挪威和波罗的海地区，在格陵兰和斯匹次卑尔根的分布，得出了同样的结论。这些产地就整体而言，显示出一幅在其形成时期连成一片的统一分布区的图景，而这个地区现在是被割裂开的——按照以往的观念是由于连接环节的沉没，按照大陆移动论则是由于断裂和分离。

与此有关并值得提及的，还有未经褶皱的石炭纪沉积物的相同产状，一方面在格陵兰东北部北纬 81°处，另一方面在与之相对的斯匹次卑尔根岛上。

在格陵兰和北美洲之间还存在着预期的结构一致。根据美国地质调查所的《北美地质图》，在费尔韦尔角附近及其北面，前寒武纪侵入岩反复出现在片麻岩中，这种侵入岩在美洲方面正好在相应的地方即贝尔岛海峡可以找到。在史密斯海峡和罗布森海峡、格陵兰西北部，移动并不见于断裂两侧的分离，而表现为大规模的水平断层位移，即所谓平移。格林内尔兰沿格陵兰滑动，可能正是因此造成了两个地块间引人注目的直线分界。这一移动，可以从图 20 中辨认出来，这里截出了劳治—柯赫格陵兰西北部地质图[85]的一角，图中泥盆纪和志留纪间界限，在格林内尔兰位于 80°10′处，在格陵兰则在 81°30′处。这位作者所发现的从格陵

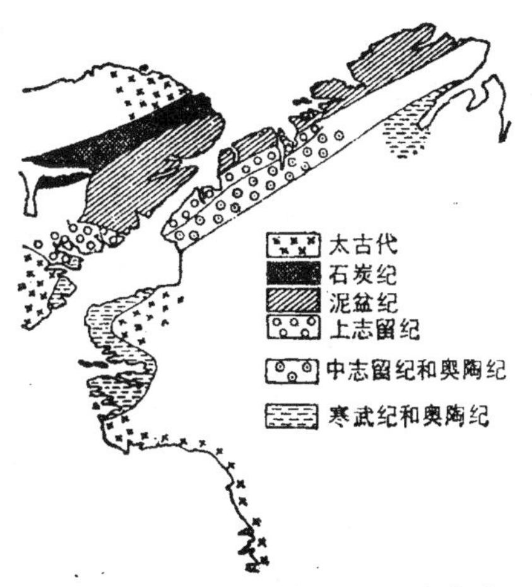

图 20　格陵兰西北部地质图(引自劳治—柯赫)

兰伸向格林内尔兰的加里东褶皱,也表现出同样的移动。

在这里还要最简短地说明一下,大西洋形成以前陆地通道的复原是以什么方式进行的。虽然下文还要比较详尽地论述在这个过程中考虑到的现象,如硅铝地块的塑性,从下向上的熔融等等。可是在对断裂两侧作地质对比时,还是需要先提到其中一些,以避免产生误解。

在北美洲,我们的复原图偏离了现在的地图,即拉布拉多显得大大地被挤向西北。我们假设最后导致纽芬兰断离爱尔兰的强大拉力,在断离前造成了两边地块部分伸长和表面破裂。在美洲方面,不仅使得纽芬兰地块(包括纽芬兰浅滩)破裂并且转了约 30°,而且整个拉布拉多在此过程中陷向东南方面,以致圣劳伦斯河—贝尔岛海峡这条原先为直线的裂谷,获得了现在的 S 状弯曲。哈得孙湾和北海的浅海,可能也是在这次拉曳中生成或扩大的。纽芬兰陆棚的位置因而经历了双重的变动,即一次转动和一次向西北方向的移动,并因而更好地与新苏格兰附近的陆棚线吻合,而它现在则远远伸出这条陆棚线以外。

我们假设冰岛位于一个双断裂之间,现在它周围的海深图看来表明了这一点。也许这里首先在格陵兰和挪威块状山之间出现了一条断裂(裂谷),它后来部分地为地块下部的熔融硅铝体所填充。但由于断裂以外还和今天的红海一样为硅镁质所填充,在地块再次受到挤压时就能起一种作用,即这些硅镁填充体与底部较深区域的连系被切断,并被挤到上面来,从而造成大规模的玄武岩泛滥。至于这恰巧发生在第三纪,显得特别易于解释;因为第三纪时南美洲的西移,必然会有一个转动矩传给北美洲,只要从爱尔兰伸向纽芬兰的山脉仍起固定的作用，这个转动矩就必然要在其北面表现为一种挤压。

与此相关的还应非常简短地考虑一下中大西洋中脊[①]。豪格认为整个大西洋应视为一个巨大的“地向斜”，而大西洋中脊视为这个地向斜褶皱开始的看法，现在恐怕一般都已认识到是不完善的。对此我们只想请读者参阅安德烈的批评[16]。依我看，该洋脊无论如何是地块分离的副产物。可以假设这时形成的不是一个统一的断裂，而是一个断裂构成的网，也就是一个破碎带，它的大部分已降到海平面以下，原因是基底在伸延并变薄。现在的边沿不能很好拼合的地方，可能正是由于这个破碎带在那里曾经是很宽的。

上文就曾经提到，亚速尔群岛地区像是一个破碎带，它原来的宽度估计可能超过 1 000 公里。这当然是一个例外，在绝大多数地方，大西洋中脊要窄得多。根据迪托埃提出的图 18 可以推论——还考虑到现在的边缘陆棚——破碎带只有几百公里宽，有些地方可能更窄些；这就和现在的状况相符合。如果我们略去一些例外，如阿波罗荷斯浅滩和尼日尔河口突出部，地块的边缘在这里现在还是惊人地吻合的。我们在图 4 和图 5 的复原地图中，也许没有足够地考虑这个难于定论的破碎带，因而只是概貌。但是否将来能以详尽而准确地进行复原，大概一时还难于肯定；因为即使完全详细知道大西洋洋底的剖面，仍然并不清楚这一块体的多大部分由玄武岩组成，并且本来就位于现在的两个大陆地块之下，

① 见 Schott，Geographie des Atlantischen Ozeans.2.Aufl.Hamburg 1926 中的大西洋地图。

而且是在分离过程中才由于物质的“拉伸”从地块之下被拉了出来,或者说流了出来。但是这个部分在复原时恐怕没有考虑到。

从地质学的角度,关于其他我们假设的大陆联系,能说的就比关于大西洋断裂要少了。

马达加斯加和与其相邻的非洲一样,由一个东北走向褶皱片麻岩台块组成。在裂离线两侧堆积着相同的海相沉积岩,它们表明这两块陆地从三叠纪起即为一个被淹没的裂谷所分开,马达加斯加的区系动物也说明这一点。但是按照雷莫埃[87]的说法,在第三纪中期印度移开以前,还有两种动物,即 Potamochoerus 和河马从非洲迁入,雷莫埃认为它们至多只能泅渡 30 公里宽的海峡,而现在的莫桑比克海峡足有 400 公里宽。也就是马达加斯加地块只有在这个时期以后,才从海底也和非洲分裂开。这样,前印度在向东北方向移动上,远远超过马达加斯加就得以解释了。

在非洲的结构中,有一个并非不重要的要素是大多为南北走向而在东非特别发育的断裂。埃文斯在一个对地球各地区拉力所作的有趣的研究[107]中特别强调了这一点,这是支持大陆移动论的,他写道:“在非洲大陆的结构中有很多东西尚待确定;但是就已知的事实看,有一种观点看来是受到支持的,即有一个从中心向外的拉力到处都在起主导作用。这和魏根纳的理解一致,就是在中生代开始时有一个巨大的‘原始大陆’,而此后它就分裂了,这由于有一种南美洲向西、南极洲西部向西南方向、印度向东北方向、澳大利亚向东和南极洲东部向东南方向的相对运动。”①

① 在这些运动开始时,由于地极位置的变化,方位有些是大不相同的。

前印度也是一个由褶皱片麻岩组成的平缓台块。在西北角(塔尔沙漠边上)的远古的阿尔瓦里山脉和同样很老的柯兰纳山群,褶皱作用今天仍然决定着地形。根据修斯的资料,该褶皱在前者指向北 36°东,在后者则指向东北。这两个方向都和非洲的以及马达加斯加的走向足够相符,甚至包括在复原时必须的印度的微弱转动。除此以外,这里在高止山脉或维拉孔打山脉也还出现稍年轻一些但仍属古老的褶皱,它从北向南,大概可以和非洲同样也是较年轻的南北走向的山脉相提并论。印度的金刚石产地和南非的相连。我们在复原图中,假设印度的西海岸曾经是和马达加斯加东岸相连的。两个海岸都由片麻岩高原直得出奇的陡崖构成,这就使人想到它们在断裂形成后相互紧挨着滑动过,就像格林内尔兰那样。这段陡崖在两侧的海岸都有约 10°纬度长,两侧的北端都出现玄武岩。在印度是自北纬 16°开始的德干高原玄武岩盖,它生成于第三纪初,因此可能与两个地块分离有因果联系。马达加斯加岛的最北部分也完全是由两片年龄不同的玄武岩组成的,其形成时间似乎尚未确定。

主要在第三纪生成的巨大的喜马拉雅山脉褶皱,意味着地壳很大一段的挤压,如将它复原,则亚洲大陆的轮廓会完全变样。也许整个亚洲东部越过西藏和蒙古直至贝加尔湖,可能甚至到白令海峡,都参加了这一挤压。最近的研究表明,年轻的褶皱过程绝不是仅限于喜马拉雅山脉本身,而且比如还把彼得大帝山脉中的始新统岩层褶皱抬起至海拔 5 600 米高处,并在天山山系中造成巨大的逆掩[88]。但在那些即使没有这种褶皱现象的地方,非褶皱陆地的晚期隆起,也和这一褶皱过程有着密切的联系。在褶皱中沉降到深处的巨量硅铝物质,必然在那里熔融,并从底下扩展到相邻的地块部分,从而把它们顶了起来。如果我们在考察中局限于亚洲地块最高的、平均超出海平面4 000米的区域,它在推移方向上长达1 000公里,同时假设(虽然高度大得多)它的缩短与阿尔卑斯相同,即缩短至初始伸延的四分之一,那么我们得出的前印度移动为3 000公里,这样它在挤合前必须位于紧靠马达加斯加处。在原有意义上的沉没了的勒穆利亚古陆就没有位置了。

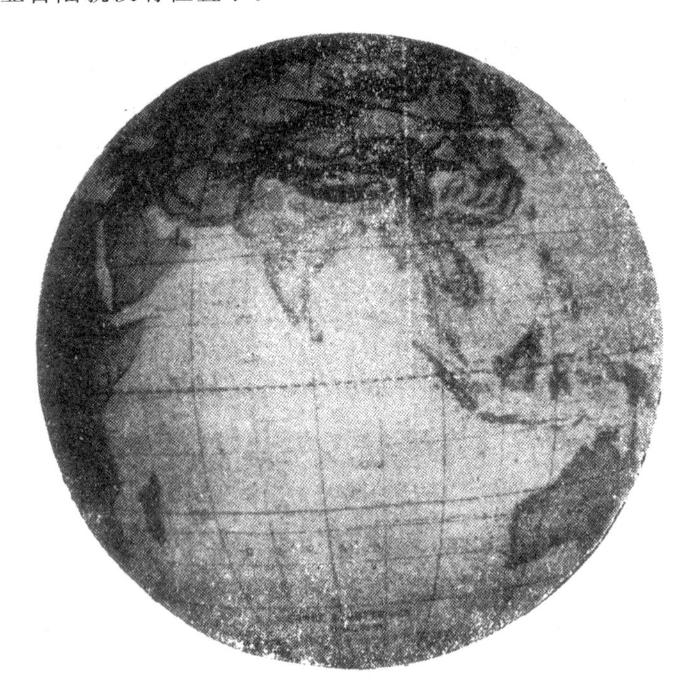

图 21　勒穆利亚的挤压

在这一相当狭窄的推移带的左右两侧,也可以辨认出这次大规模挤压的痕迹。马达加斯加从非洲的分离，东非的整个年轻的大裂谷系，包括红海和约旦河谷，都是这个整体中的分支现象。索马里半岛可能被向北拖了一点，阿比西尼亚山脉的挤起也可能与此相关；从这里向下降到熔融等温线以下的硅铝物质在地块底部流向东北，然后在阿比西尼亚和索马里半岛间的拐弯处涌出来。阿拉伯地区也受到一股向东北方向的拉力，并将阿克达尔山系的支脉像马刺似地挤入各波斯山系。兴都库什山脉和苏来曼山脉条状山体的扇形汇集，表明这里已是挤压的西界；在挤压的东侧边沿也出现了这种汇集的真实对称，那里缅甸的条状山体开始时为安南、马六甲和苏门答腊表现出来的走向，一直被拖转到南北方向。似乎整个亚洲东部都为这次挤压所牵涉，其西界为兴都库什山脉和贝加尔湖，及其延续直至白令海峡之间的阶梯状褶皱系，而东界则由肚突状的海岸线加上亚洲东部的岛弧构成。

初看起来这些看法也许显得近于空想，但它们却为山脉构造学家近期的研究完全证实。尤其是阿尔干于1924年出版的关于亚洲构造的大规模研究[20]。

在图22中，我们摘录了他的一部分阐述，在这里他说明了关于亚洲高原大规模推挤的观念。这是一个从印度到天山的经向切面，设想的时间为第三纪末期；斜线部分表示承托的硅镁层，白色为硅铝地块，打点部分为来自古地中海的产物。被硅铝质带出的基性（硅镁）岩石在图中表示出来。箭头指出相对的运动。我们在这里面对的主要是一个巨大的逆掩构造，其中勒穆利亚古陆的硅铝地块下推到亚洲地块之下。

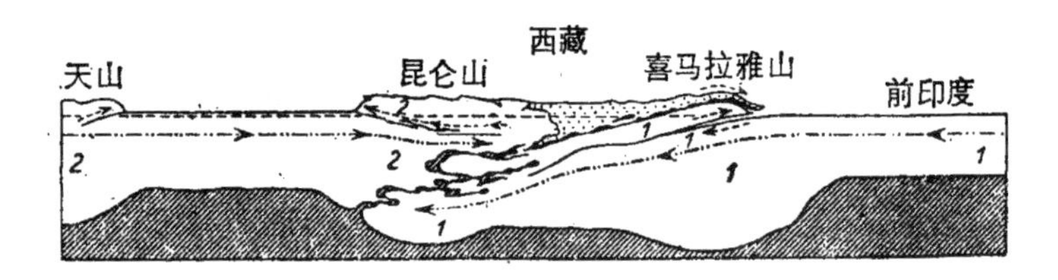

图 22 勒穆利亚推挤的经向剖面(引自阿尔干)

1＝勒穆利亚古陆(印度),2＝亚洲

从这部重要著作的其他阐述中,我们只再转引图 23,它形象地表明这位出色的构造学家得到的结果和大陆移动论是多么完全地一致。阿尔干还提醒注意下列特点。如果考察一下阿尔干理解为一个巨大山结基本褶皱区的三条山脉Ⅰ、Ⅱ、Ⅲ,那么各条山脉都表现出与安第斯山脉相似但向东减弱的弯曲。阿尔干的结论是(319—320页):“来自西方并传导给冈瓦纳古陆整个主要结构的一股塑性冲击横贯大陆块体,而它对此处线条的作用向东逐渐消失。”和所有基本褶皱一样,这里在作出解释时,也要考虑到和下面硅镁层接触的摩擦和硅铝层

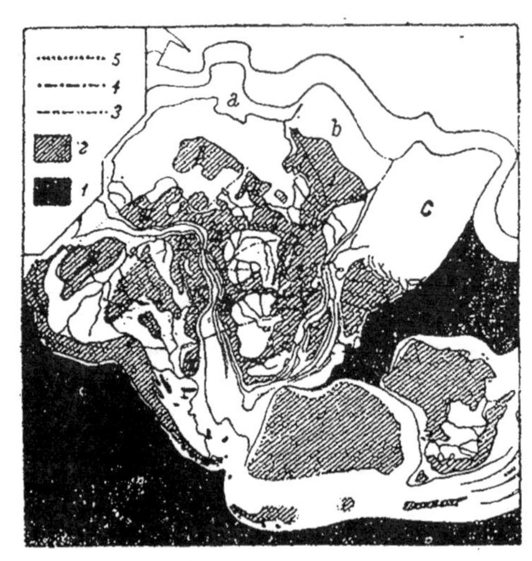

图 23 冈瓦纳古陆构造图(引自阿尔干)

1＝主要为硅镁层;2＝背斜基本褶皱为主的地区,I、II、III＝冈瓦纳地块内部山结的三条分支;3＝基本褶皱的中心轴;4＝基本褶皱的沉降轴;5＝连接线,a、b、c＝冈瓦纳古陆的非洲、阿拉伯、印度山前地带

的内部变形；此外，这里在大西洋断裂发生之前，还有“太平洋硅镁层对向西漂动的冈瓦纳古陆前沿(即现在的南美洲)的阻力……忽略这种安第斯山脉和该山结之间的力的联系，而去解释所有这些同类现象的尝试，看来都将是徒劳的……坦噶尼喀地区以北安第斯运动的存在，由于中白垩系不整合地位于侏罗系地层之上而得到证实，它表明这种力的联系至少波及当时还是连成一片的南美洲至非洲各地块的整个宽度，这完全不是空想。”

这里还必须指出阿尔干的另一个结论。他测定了主要褶皱带基本褶皱的褶起幅度；在此不宜深入阐述其方法。他用每一长度单位的荷重来表达其结论。他还区别开基底褶皱(在硅铝层)的荷重和对能量考察意义不那么大的“新山带”的荷重。这样，他通过统计办法，发现地中海褶皱山(阿尔卑斯—喜马拉雅)的“荷重”变动很大，这和环太平洋褶皱带不同。特别是那股亚洲中部的强烈推挤作用，在太平洋沿岸并无对应的活动。此外，北美洲西海岸附近的“荷重”比亚洲东海岸大得多。第三，亚洲东部的新山系的荷重，绝对地和相对地都比北美洲大，在北美洲几乎完全没有，从而使亚洲东部在褶皱幅度方面的差距更形突出。

对第一组结果，即地中海褶皱带褶皱规模有很大可变性，阿尔干以硅铝地块在这里表现出的不均匀性作解释。“相反，环太平洋地区荷重的变化微弱，表明在太平洋之下存在或主要存在着一种物质，它比极不均匀并经常是抗阻力甚强的大陆块体较为均匀和有伸缩性。”“大陆移动论可以毫无困难地适应这些荷重分布的事实，以及对它们的直接解释。这种学说认为太平洋比较均匀和可伸缩的物质就是硅镁层……大陆移动论很容易解释第二组和第三组事实,亚洲东部相对于美洲的能量劣势正是在这两组事实中表现出来的。它可以使前沿在某些条件下促成硅铝层压向硅镁层并本身形成褶皱的那些过程,也容许背面由于硅铝层后退造成的过程,后退引起了褶皱运动多少是完全的中断,带来拉力作用;拉开的断裂,造成边缘海的扣眼状拉裂,遗留下一些山脉,它们从原地开始沿大陆的移动路线被拖曳,成为多少是分离开的岛弧,而硅镁层则被迫去适应新的条件并在地块背后上升。由于这种上升进行迟缓,形成了深沟,古典的观点称之为陆前海沟。因为大陆移动论要求前沿的过程主要在美洲的西缘,而背面的过程则长时间是在亚洲东部进行的,所以前者在荷重上超过后者就自然清楚了。

“大陆移动论在解释这些它提出的时候尚未为人们所了解的重大事实时的巧妙,显然是对它有利的有力证据。严格说来,这些事实中虽然没有一件可以证明大陆移动论,或者哪怕只证明硅镁层的存在,但是所有这些事实都极好地与这两者相符,达到使它们很可能成立的程度。”

阿尔干的论述,我们就引用这些,正如可以看到的,他在关于亚洲构造这项研究工作中,已考虑到了整个地球面貌的主要特征。

对前印度东海岸和澳大利亚西海岸,也作一下深入的地质对比看来是值得的,因为这些海岸,或者更确切地说陆棚边缘,按照我们的假设,大概直至侏罗纪还曾是连成一片的。但是直至目前看来,还未从地质方面作过这样的对比。前印度的东海岸是片麻岩高原的一个悬崖,只有槽状狭长的贡打瓦里煤区形成一个中断,该煤区是由下冈瓦纳岩层组成的。上冈瓦纳岩层沿海岸不整合地横盖于高原末端之上。澳大利亚西部也是一片类似的片麻岩台地，具有前印度和非洲那样的波浪形表面。它沿海岸以漫长的陡峭边缘（即达令山脉）及其向北的延续降入海洋中。在陡崖之外有一条沉降了的平坦地带，它由古生代和中生代岩层构成，并在少数几处为玄武岩贯穿；在它之外，又是一条狭窄并偶尔消失的片麻岩带沿海岸分布。上述沉积岩在艾尔文河一带也含有一个煤矿区。片麻岩褶皱的走向在澳大利亚倒是都是子午线方向，在和前印度拼接起来时，则应变为东北—西南向从而与那里的主要走向平行。

在澳大利亚东部，主要在石炭纪褶皱的澳大利亚科迪耶拉山脉沿海岸自南向北绵延，然后在此处以台阶状向西后退的褶皱系结束，其各个褶皱总是指着正南北方向。正好与兴都库什山脉和贝加尔湖之间的台阶状褶皱一样，这里也显示出是推挤作用的侧界；巨大的安第斯褶皱始于阿拉斯加，贯穿四大洲，到此终止。澳大利亚科迪耶拉山系最西的山脉是最古老的，最东的是最年轻的。塔斯马尼亚是该褶皱系的延续。有趣的是在山脉的构成方面和南美洲安第斯山脉的对称相似性，那里由于位置在南极的另一侧，因而最东面的山脉是最古老的。可是在澳大利亚缺失最年轻的山脉；修斯发现它在新西兰[12]。可是这里的褶皱也不进入第三纪："大多数新西兰地质学家认为，毛利山脉的主要褶皱时间是在侏罗纪和白垩纪之间。"在此之间几乎全部为海面覆盖，只是由于褶皱才把"新西兰地区变为陆地"。上白垩系和第三系多半位于边沿并不曾褶曲。在南岛上，白垩纪堆积只在东海岸，西海岸没有。"西海岸的断落"是在第三纪进行的，"因为第三纪海底堆积只出现在这里"。在晚第三纪还最后形成了其他较小规模的褶皱、断层和逆掩断层，它们决定了山脉现今的形状（威尔肯斯[89]）。按照大陆移动论,这一切均可作如下解释,即新西兰原为澳大利亚地块的东缘,因而它的主褶皱是和澳大利亚科迪耶拉山脉衔接的。但当新西兰山脉作为岛弧分离开时,褶皱过程也就停止了。晚第三纪的错位可能是和澳大利亚地块在附近经过并离去相关的。

特别是新几内亚附近的海深图,给我们显示了澳大利亚最后这几次运动的某些细节。如图 24 所概括的,澳大利亚大地块从东南方向移来,以其铁砧状展宽的前端,即褶起成为年轻高山脉的新几内亚加上陆棚,插入最南面的巽他群岛和俾斯麦群岛的环带之间。不妨让我们在图 25① 的海深图上观察一下巽他群岛两个最南面的岛列。东西走向的岛列爪哇—韦特(Wetter)岛在其末端作螺旋状弯曲,经过班达群岛到锡波格(Siboga)浅滩,向东北、北、西北、西、西南方向。在它们之前的帝汶岛列由于它错动及方向变化,已经表明了与澳大利亚陆棚的碰撞,对此伯罗沃尔还作出了详细的地质证明[90]。这个岛列继续以同样强烈的螺旋弯回到布鲁岛。伯罗沃尔专门写了一篇文章来阐述一个很有趣的细节[112],这里加以摘引:内岛列一般均为目前仍在活动的火山所布满;只有在潘塔尔和达马尔(Dammer)(不包括在内)两岛之间的一段,以前也曾进行过火山活动现在却熄灭了。但这正好是帝汶岛北缘的外岛列被澳大利亚陆棚挤压的那一段,使得各处仍在继续进行的弯曲过程在这里被抵消。这些情况和与澳大利亚地块碰撞的观念极好地相符合,而且同时对为什么在岛列弯曲时出现的压力,会导

① 摩伦格拉夫在其 Modern Deep-Sea Research in the East Indian Archipelago, The Geograph. Journal, Febr. 1921, S. 95—121 中,所附的出色的巽他群岛地图最为一目了然,它以相同的高差标出陆地高度和海洋深度。

致火山活动这个问题很有教益。

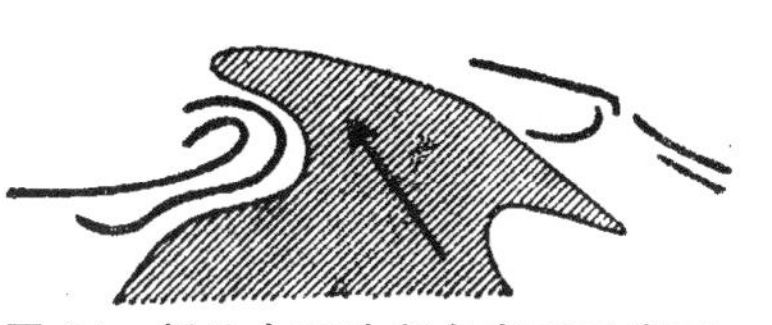

图 24　新几内亚冲断各岛列示意图

在新几内亚的东侧，可以看到对这次碰撞过程的一个十分有趣的补充：新几内亚从东南方向来，擦过俾斯麦群岛的一些岛屿，这时撞上了新不列颠岛原来的东南端，并将其拖着走，同时就把这

图 25　新几内亚周围海深图

个长形岛屿转了 90°以上，并弯成半圆形。在它的后面留下一条深沟，表明了这一过程的猛烈程度，硅镁质还来不及填充它。

单从海深图引出这些结论，可能会有人觉得太大胆了。但是对尤其是较近期的地块运动来说，海深图几乎到处都仍不失为可靠的指南。

在巽他群岛也有很多单项研究结果表明我们的看法是正确的。例如沃纳[96]对布鲁岛和苏拉威西岛之间从构造方面看本不应该是深海作了如下解释,即布鲁岛在水平方向上移动了10公里,这一点可以很好地纳入我们的观念。摩伦格拉夫[97]画了一幅巽他群岛地图,其中这个地区带有抬升了5米以上的珊瑚礁。这个地区与根据大陆移动论关于硅铝质由于推挤作用必然增厚的地区意外地相重合,这就是不包括苏门答腊和爪哇的西南海岸在内的、整个位于澳大利亚地块之前的地区,而且还包括西里伯斯(苏拉威西)岛以及新几内亚的北和西北海岸。根据嘎格尔[98]和萨佩尔[99],在新几内亚的威廉国王角,在新不列颠岛上,也有抬升了1 000、1 250米也许甚至几乎1 700米的非常年轻的阶地。这个很引人注目的现象,表明了这里最近有极其巨大的力在发生作用,这和我们关于这些地方发生碰撞的观念吻合。

因为从大陆移动论作出的推论,在巽他群岛使人第一眼就感到十分美妙,所以显然值得注意的是在巽他群岛工作的荷兰地质学家,属于站到大陆移动论方面来的第一批,首先要提到的是1916年就已为它辩护的摩伦格拉夫[91],后来还有范伍伦[92],温·伊斯顿[93],埃塞尔[95]。最近特别是史密特·西宾加[94],他从大陆移动论的观点出发,对巽他群岛的地质发展作了完整的阐述,同时也解决了西里伯斯岛和哈尔马赫拉岛特殊形状的形成这个老问题。他的结论是:“小巽他群岛、西里伯斯岛和摩鹿加群岛原先是巽他陆地分离出来的边缘带,它最初是一个普通的双层边缘带,此后由于和澳大利亚大陆碰撞而获得今天的形状。”我们在这里把他的研究结果的最后一段译出:

“在最后的一段中,我们想逐点指出摩鹿加群岛的一些地质事实和特点，它们可以通过上面提出并基于泰勒和魏根纳基本思想的工作假说得到解释，或者比通过其他方式得到更好的解释。

“1. 它无须借助于以前的陆地沉没为大洋的深海底，来解释今天的地形、造山过程以及以前陆地通道的消失，换句话说，它符合均衡说。

“2. 它以肯定无疑和力学逻辑的方式，通过原先双层的摩鹿加群岛岛列与澳大利亚大陆碰撞解释了今天的形状。

“3. 它解释了西里伯斯岛北支的S形，这种形状是特殊的，对于一个地背斜来说是很不寻常并且无法解释的。它也是由来自澳大利亚大陆的压力造成的，这股压力把帝汶岛—塞兰岛带一直推到西里伯斯群岛那边去，同时使布鲁岛和苏拉群岛之间的岛带折断（压碎）。

“4. 它对呈圆弧形包围着班达海的岛带的奇特形状视为‘压碎的岛带’，从而给了顺乎自然的答案。上文中我们已经详细探讨过冷缩论对此提出的站不住脚的推论。

“5. 对帝汶—塞兰岛带上横断裂从班达海向外的放射状，它解释为是这个岛带也受到澳大利亚大陆冲击的后果，这个现象从冷缩论观点出发是无法解释的。

“6. 它使外岛带上异常的第三纪走向易于理解，因为它生成时岛带还具有其原有的形状，也就是在被压碎以前的形状。

“7. 它认为造山力来自澳大利亚大陆[①]，并以此解释为什么和该大陆直接接触的外岛带的褶皱和倒转褶皱，比西里伯斯群岛和

① 原文为亚洲，疑是印刷错误。

哈尔马赫拉群岛这条内岛带强烈得多。因为内岛带从来未和澳大利亚接触;这种造山力,只有通过外岛带作为中间环节才能传到西里伯斯群岛去,因而强度必然要减弱;哈尔马赫拉群岛与澳大利亚接触的紧密程度,还几乎达到了后者与外岛带之间存在过的那样。相反,如果假设有一股由班达海造成的切线压力,则最强烈的造山活动应在内岛带和东西里伯斯群岛上。

“8. 在解释造山活动时,它避免了要构思一个带有地质上和动物上异质因素的山前地带。

“9. 在外岛带图康伯西群岛和邦吉群岛之间断开,并由此导致的应力消失中,可以得到造山活动在下上新世中断的解释,但是在上上新世它们和西里伯斯群岛接触后,造山活动重新开始,但不像以前那么强烈。

“10. 它对西里伯斯群岛在博尼—波索(Boni-Posso)沉陷带以东和以西部分明显的地质差异,提供了可以接受的解释。西里伯斯群岛中部活火山活动的熄灭和在其北支的重新开始,可以用潘塔尔及达马尔两岛之间活火山活动的中断的同样方式进行解释(伯罗沃尔),也就是解释为外岛带(东西里伯斯群岛)挤入内岛带(西西里伯斯群岛)。

“11. 东印度群岛东部的地层概念变得更加明确和有条理。间歇性海侵自古生代末期直至全新世步步深入巽他陆地,和同时间的边缘环带形成及裂离紧密相关。位于中生代巽他陆地前沿的地向斜带,发展成为现在的外岛带;位于第三纪巽他陆地前沿的另一地带,则在早中新世形成了内岛带;而主要由全新世地向斜褶皱而成的边缘山带,则还和巽他陆地连接着。

“12. 它使得比较令人满意地解释摩鹿加群岛上动物区系的分布成为可能。在以前的陆地通道方面，它要求在菲律宾、摩鹿加群岛和爪哇岛之间有一条陆桥，在哈尔马赫拉群岛和北西里伯斯之间有一条通道，动物地理学家恰恰也是这样假设的。”

可以看到，大陆移动论在地球上这个十分复杂的地区，已经完全成为地质专家的基本手段。

有两条海底洋脊把新几内亚和澳大利亚东北部与两个新西兰岛屿连接起来，并且看来指明了移动的道路，它们也许是因拉伸变平因而下沉了的原来陆地，也可能是地块底部熔融后遗留的物质。

关于澳大利亚与南极洲的联系，由于我们对后一个大陆了解甚少，能谈论的不多。一条很宽的第三纪沉积带伴随着整个澳大利亚南缘并穿越巴斯海峡，但在新西兰又重新出现，而在澳大利亚东海岸则没有这种沉积。也许在第三纪时已有一条为水淹没的裂谷把澳大利亚与南极洲分离开，也许除了塔斯马尼亚锚形地区之外已是深海。一般认为塔斯马尼亚建造是南极洲的维多利亚地的延续。另一方面威尔肯斯[89]写道：“新西兰褶皱山脉的西南弧（所谓奥塔哥鞍形带）在南岛东海岸截然切断。这样的末端是不自然的，而无疑是由断崖形成的。该山脉的延续只能沿格雷厄姆地科迪耶拉山即‘南极洲山’（Antarktanden）的方向去寻找。”

还应提到的是，类似的情况还有非洲南部开普山脉的东端，那里也是一个断崖。按照我们对南极洲位置不确切的复原，上述山脉的伸延应该在高斯山和科茨地之间，但那里的海岸我们还完全不了解。

上面已经提到过的西部南极洲与火地岛的联系，在地质方面看，提供了易于了解大陆移动论的典型例子(图 26)。根据古生物的关系，在火地岛和格雷厄姆地之间，在上新世时至少还存在有限的种属交换，这只有当两方陆地的尖突部位还在南桑德韦奇群岛岛弧附近时才有可能。此后，它们从那里向西继续漂移，而它们的狭窄通道却在硅镁层中卡住。在海深图①中可以清楚地看到，阶梯状的环链如何一个接一个地从前进的地块中挣脱并留下。南桑德韦奇群岛正好位于拉裂部位中间的岛群，因这个运动过程而受到最强烈的弯曲；在此过程中，硅镁包裹体被压了出来。这些岛是玄武岩的，其中一个(萨瓦多夫斯基岛 Zawadowski)今天还在活动。此外克于恩[100]认为在整个"南安的列斯岛弧"的环带上没有新第三纪的安第斯褶皱，而较老的褶皱在南乔治亚岛、南奥克尼岛等是存在的。大陆移动论却正好能解释这些特点，因为如果南美洲和格雷厄姆地的褶皱真是由于地块向西漂移造成的，那么在南安的列斯岛弧上的褶皱，就必然要在它被卡住的时候停止。

与此相关的，似乎还应该提出二叠石炭纪的冰川现象来论证大陆移动论，这些现象在南半球各大陆上到处都可以找到，因为它们——类似北半球的老红层——是一个统一的陆地地区的碎块，它们相互间今天的距离很大，用大陆移动论来解释就比用沉没的

① 海德设计了一幅很好的德雷克海峡海深图，克于恩作了复制[100]。后来和本插图偏离的测量结果是无关大局的。

中间陆地容易得多。但是这种现象应该在第七章再作进一步讨论，因为它首先是气候方面的内容。

图 26　德雷克海峡深度图(引自格罗尔)

统观本章探讨的结果，无可辩驳的印象是大陆移动论甚至在其地质领域的单项论述上，现在也可视为基础是扎实的。当然这个学说恰恰在地质学家中现在还有一些反对者，并且从各方面提出了疑义，例如塞格尔[35]、迪纳尔[108]、雅沃尔斯基[109]、瓦·彭克[111]、阿·彭克[110]、阿姆弗洛[68]、华盛顿[113]、纳尔克[114]以及一些其他人。但是可以一般地说，如果这些疑义——尤其是迪纳尔属于这一类——不是单纯由误解引起的话，那么涉及的多半只是次要的问题，它们的答案对大陆移动论的基本思想并无重大意义。允许我在此也引用阿尔干[20]的证词。他申明：

“自 1915 年,特别是 1918 年以来,我长时间验证了大陆移动论的可信程度,为此我使用了我所拥有的所有构造形态图集,以及我能看到的所有与运动对立的事物。因而尽管我今天没有时间来论证我的一些结论,仍然可以毫不夸张地认为,它并非操之过急或论据不足。”

关于这些异议,阿尔干写道:

一个理论的完善不外乎是它适于体现出当时已知事实的整体。在这个意义上,大规模大陆移动的理论是有活力而健全的。它在开始时就抓住了未知的事物;后来活力大大增强,手段大大增多,同时却没有牺牲任何一点基本逻辑,相反越加丰富和具有普遍指导意义的思想越来越和谐。这种澄清和深化工作,在魏根纳的文章系列中能很明显地感觉到。它在地球物理学、地质学、生物地理学和古气候学交汇点上的强有力论证使人无法反驳。人们必须在长期寻找反驳它的论据,特别是在找到几点以后,才能对它的无懈可击作出一定程度的评价。它具有无懈可击的优点,而且来源于它有巨大的灵活性及与之相关的大量为自己辩护的可能性。有时人们以为掌握了一个决定性的反驳论据;只要再加一击,就必定能把它彻底毁灭。但它丝毫未被毁灭;只是疏忽了某一点或某几点。这就是一个变幻无穷的天地万物具有的普罗修斯式的活力。

“诚然,反驳的论据在增加,但是几乎所有都属于我刚才提到的那种类型。发表过的或者可以想得到的那些反驳论据中,只有极小一部分是站得住脚的,而这一部分则只涉及一些次要的事情,至少直到现在还从来没有触及那些实质性的部位。”

第六章　古生物和生物论据

古生物学和动植物地理学在揭示地球的史前状态中也有重要的发言权，地球物理学家如果不随时注视这些科学部门的成果以检查自己的研究，就很容易走上歧途。

相反，生物学家如果想探讨大陆移动问题，也应该同时使用地质学和地球物理学的事实以建立自己的判断，否则他也会徒劳和迷途。强调指出这一点并不是无用的。因为就我所知，今天大部分生物学家的观点，是不管假设沉没了的中间大陆还是大陆移动都无关紧要。这是错误的。生物学家也无须盲目相信别人的看法，他自己就能认识到，地壳必定由比地心轻的物质组成，因而如果深海底是沉没的大陆，也就是说具有和大陆一样厚度的轻质壳层物质，则大洋上的重力测量必然要反映出4—5公里厚的岩石层应具有的引力的缺失。生物学家自己肯定能够由于情况并非如此，而大洋上大致上是存在正常的重力值这一事实，作出下面的结论：沉没的中间大陆的假设应局限于陆棚地区，或总的来说是浅海部分，对深海盆则应予排除。只有通过这种与相邻科学的接触，关于地球上有机体过去和现在分布情况的学说，才能充分利用本身的丰富事实材料，有力地阐明真实情况。

我事先作这样一个基本的说明，原因在于我觉得直至目前，这一点在关于大陆移动论的生物学文献中往往没有受到足够的注意,也包括那些对大陆移动论作出有利评价的作者。冯·乌比许[117、227]、埃克哈特[119]、科洛希[118]、德彪福[123]及其他人曾写过关于生物学在大陆移动论中地位的综合报告,他们一般都赞同这一学说,但几乎都没有足够地考虑到上述观点。因而出现像冯·鄂克兰[116]或冯·依赫令[122]这样的情况就不足为怪了,在检验大陆移动论时,前者对北大西洋,后者对南大西洋,得出的结论是这种学说无论如何并不比沉没的中间大陆说好,或者甚至应优先考虑后者。这种问题的提法就是错误的。在深海盆范围中,事情并不在于应优先考虑大陆移动论或沉没了的中间大陆说,因为后者在这里根本不能成立。这里的问题只在于在大陆移动论和深海盆永恒论之间进行选择。

从上面引述的原因,我们有理由把所有那些从生物学方面表明当时存在着通行无阻地越过现在深海盆的陆地通道的事实,列入有利于大陆移动论一边。这方面的事实是大量的。在此引述所有有关的事实,对一个外行人来说是一种毫无希望的做法,而且在本书的范围内单只由于篇幅的原因就是不可能的。况且也没有必要这样做,因为在这方面有丰富的专门文献,阿尔特[11]等人对此作过概括,其结果大致上已经是肯定的,并且可以说已得到普遍公认。

关于当时南美洲和非洲之间存在过陆地通道这一点是十分清楚的。如斯特罗默及其他人所强调指出的,舌羊齿类植物、中龙科爬行动物等等的分布,都要求假设存在一大片把南半球各大陆连接起来的古代陆地[115]。雅沃尔斯基[109]在检验这个领域中自然也缺少不了的各种异议时,同样得出了这个结论:“所有在西部非洲和南美洲已知的地质事实,都是和我们基于现代和史前动物地理及植物地理事实所作出的假设相符合的，那就是在以前的地史时期中，非洲和南美洲之间曾经存在过一个处于今天南大西洋位置的陆地通道。”恩格勒[126]出于植物地理原因，作了如下结论：“考虑到所有这些情况，上面引述的美洲和非洲出现共同植物类型的最完满解释，是在巴西北部（即亚马孙河河口地区东南）和非洲西部比夫拉湾之间曾经存在过较大的岛屿或陆地连接体，此外在纳塔尔和马达加斯加之间也是如此，并且早就有人主张存在过的这个连接体，在东北方向上向前印度的延续，它在那边为支那—澳大利亚大陆所隔断。非洲开普地区植物区系与澳大利亚植物区系之间的大量亲属关系，要求存在一个经过南极洲大陆通往澳大利亚的通道。”最后的通道看来是在巴西北部和几内亚海岸之间：“此外西非和热带的南美和中美洲都有海牛 Manatus，它生活在河流和温暖的浅海水中，但却不可能横渡大西洋这个深海。从而可以推论，不久之前还存在着西非和南美之间的浅水通道，可能是沿着南大西洋的北岸。”（斯特罗默）

但尤其是冯·依赫令在其《大西洋史》一书中，为这个古代陆地通道提供了极其丰富的证明材料[122]。我们不准备深入细节。这整本书确实就是对上述陆地通道的一个证明，但却作了站不住脚的阐述，说它是由一块称为“赫伦古陆”的中间大陆构成的，而今天大陆地块的位置则不变[①]。这种通道的切断看来是在侏罗纪中

① 就我所能看到的，冯·依赫令在他的书中虽然热烈地反对大陆移动论，却没有为此提出唯一的一条像样的理由。我以最良好的愿望多次细读了第 20 章（《两种世界观：冯·依赫令和泰勒—魏根纳》）。但我只能不断地发现他对大陆和大陆地块以及对浅海和深海的混淆。因此看来，冯·依赫令所以反对大陆移动论的原因并不在于观察的事实，而在于没有足够地了解这个理论的实质，正如柯本[127]也强调指出过的，他的观察事实极好地与这个理论相符合（参看[128]中我对冯·依赫令批评的反驳）。

期前不久完成的,如我们的图1所示[①]。

如图1所示,欧洲和北美洲之间的古代陆地通道的情况要复杂一些;它显然反复地为海侵所抵消,或者起码受到阻碍。阿尔特[11]给出的下列图表很有启发性,其中列出了两侧一样的爬行类和哺乳动物所占的百分比:

	爬行动物%	哺乳动物%
石炭纪	64	—
二叠纪	12	—
三叠纪	32	—
侏罗纪	48	—
下白垩纪	17	—
上白垩纪	24	—
始新世	32	35
渐新世	29	31
中新世	27	24
上新世	?	19
第四纪	?	30

① 这方面的数据以及其他通道结束时间的数据,当然不是所有学者都完全一致的。例如在本书第二版时,我还认为从我当时可以得到的文献来看,应该说南美洲和非洲之间的通道一直延续到第三纪最老的时期,而我后来了解到大多数学者认为它在白垩纪即已消失。大陆移动论的个别反对者,没有注意到本书第三版已作了这个无关紧要的修正,今天仍旧抓住这一不确之处不放,并奇怪地相信可以因此驳倒大陆移动论。实际上,确定时间的问题,丝毫不涉及大陆移动论是否正确;它完全应由有关的专门学科来解决,并只会使大陆移动论能更精确地提出它的论述。即使以后——这是完全可能的——还需要在确定时间方面作一些小的修正(恐怕无需再作大的修正了),那也没有理由谈论修正大陆移动论本身。

这些数字的起伏，和我们在图1中示出的表决结果十分相符，它反映出大多数专家假设这条陆地通道存在于石炭纪、三叠纪，然后则只在下侏罗纪、上侏罗纪时不存在，但从上白垩纪起再次出现，并延续整个老第三纪。这种一致性在石炭纪特别突出，也许是因为人们特别了解这个时期的动物群。道森、贝特兰、沃尔科特、阿米、索尔特、冯·克雷伯斯贝格等人对欧洲和北美洲石炭纪的动物和植物群都作了大量非常深入的研究。后者[129]特别指出了从顿涅茨经过上西里西亚—鲁尔区—比利时—英格兰一直到北美洲西部含煤层系中海相夹层的动物群的共同性，这一点因其延续时间短暂是很引人注意的。这种同一性绝非仅局限在那些广布于全球的成分。我们不能再深入其他细节了。上新世和第四纪时期爬行动物同一性的消失，自然是寒冷的影响，寒冷消灭了古老的爬行动物群。哺乳动物自其在地球历史中出现的时候起，就表现出和爬行动物相同的情况。在始新世时这种一致尤其显著。这些联系在上新世的减弱，可能归因于当时在美洲看来正在形成的内陆冰川。我们在这里引用阿尔特的一幅图(图27)，图中示出一些生物的分布，他认为这些生物对北大西洋陆桥问题最具决定性意义。正蚓科年轻的蚯蚓属，如图所示分布于从日本至西班牙的地区，但在大洋彼岸则只在美国的东部。贝母产于大陆分裂处附近，即在爱尔兰和纽芬兰及与此相邻的两侧地区。鲈鱼科(鲳科)和其他淡水鱼出现在欧洲和亚洲，但在北美洲则只在东部。也许还应提到的是普通欧石楠(Calluna vulgaris)，它除了欧洲以外，只出现在纽芬兰及其相邻地区。相反，也有很多美洲植物在欧洲只局限于爱尔兰西部。如果说，对后者也许可以引用墨西哥湾暖流来作解释的话,则欧石楠肯定不是这种情况。特别引人注意的是花园蜗牛 Cepaea hortensis 的分布,它从德国南部经过英伦三岛、冰岛和格陵兰达到美洲方面,但在美洲它只产于拉布拉多、纽芬兰和美国东部。鄂克兰[116]不久前就此画了一幅分布图,我们转引于图 28 中。在这里我想提醒特别要注意下述考虑:即使我们不提沉没的中间大陆说在地球物理学上站不住脚这一点,这种解释仍然不及

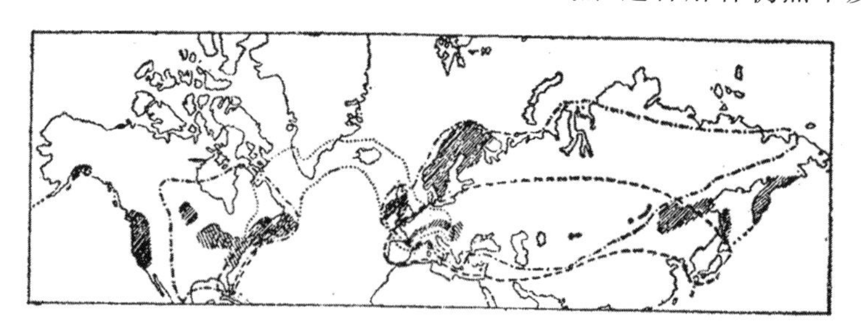

图 27　北大西洋生物分布(据阿尔特)

打点＝花园蜗牛 Cepaea hortensis,虚线＝正蚓科(蚯蚓),短线加点＝鲈鱼,东北－西南斜线＝贝母,西北－东南斜线＝狗鱼(伞螺)

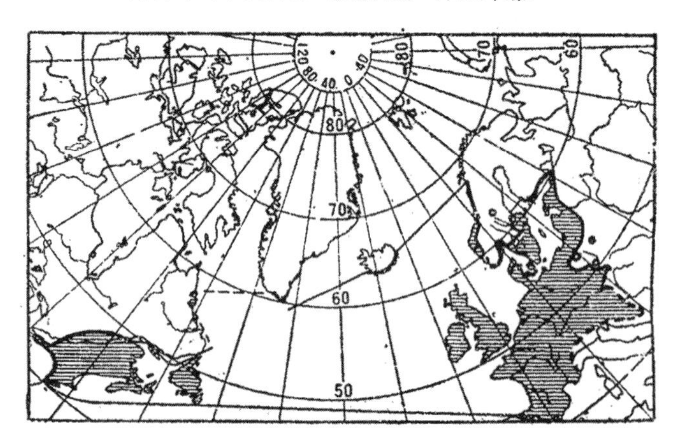

图 28　花园蜗牛 Cepaea hortensis 的详细分布(据鄂克兰)

大陆移动论优越，因为它为了把两块很小的分布区连接起来，必须加入一条很长的假想地块。随着这类情况的增多，越显得不现实的是分布的东界和西界总是正巧位于现在的大陆上，而不在广阔的中间大陆，也就是说今天的大洋中。

冯·乌比许[117]正确地说："旧理论的假想陆桥，大多伸延甚为广大的地区……有些陆桥甚至穿过不同的气候带。因此肯定不是所有在被它们连接起来的大陆上的动物都能利用这些陆桥，正如我们也极少能在现在连成片的大陆上遇到完全统一的动物区系，即使这些大陆伸延穿过统一的气候带。欧亚大陆最好地说明了这一点，在它的动物区中，往往把东亚分列为一个专门的分布区。

"按照魏根纳的理论则是另外的情况。它认为由于地块的裂离而把一个完全统一的动物区系地区分开，如果这种裂离不是正巧与原已存在的动物区系界线重合的话。

"应该说，在北美洲和欧洲，特别清楚地表现了一个统一的动物区系地区被分开造成的结果。因为它的裂离完成得较晚，所以古生物证据相应地比较丰富。此外，正是这些地区经过特别完善的全面研究。由于隔离时间短，现在活着的种属尚未能发展得很分歧。

"事实上，我们也的确找得到不能要求再好的一致性。例如我们在始新世发现的几乎所有北美洲哺乳动物亚目在欧洲也都有。其他纲的情况类似。

"当然，双方动物区系的近亲关系，也可以用北大西洋陆桥解释……但根据以上所说，魏根纳的解释在此也处于优越地位。

“让我现在把我们的结果加以归纳，看来可以说动物地理的事实——除某些细节外——和魏根纳的看法甚为符合。在很多情况中，大陆移动论甚至比任何其他旧理论更适合于用来简单地解决这些关系①。”

胡斯在一篇关于海鞘类的文章[130]中，也把大陆移动论除解决了陆地通道外，还使产地接近这一点视为它的一个特殊优点：“由于魏根纳的大陆移动论就使跨大西洋联系的解释变得特别简单。根据这个理论，不仅能假设存在所谓的海滩地带，而且也可以假设两个大陆之间的距离在第三纪时比现在小得多。因而当时横越大洋的传播就是可以想象的，并且在大洋中部和南部的跨大西洋联系也是易于理解的了。通过这个理论，也可能会为西印度和印度洋的海鞘类动物间的紧密关系找到一个天然的解释。”

冯·乌比许[134]、霍夫曼[133]和最近还有奥斯特瓦尔得[120]，都提到了北大西洋地区的一个有趣细节，就是美洲和欧洲的河鳗共同的产卵场在马尾藻海，这得到J.斯密特的证实，并且欧洲河鳗由于这个产卵场远得多，从而经过的生长期也相应地比美洲河鳗长得多。正像奥斯特瓦尔得正确地阐明的(如果我没有记错，1922年J.斯密特就对我作过口头解释)，这些特殊的情况不

① 鄂克兰从相同的资料得出结论，认为应优先考虑沉没的中间大陆说(他没有注意其地球物理的不可靠性)，原因是根据大陆移动论，应期待比现在实际存在的更多的同一性。他在这一点上显然要求过高；因为首先即使根据大陆移动论，也绝不能期待当时的动物和植物区系完全相同，并且同一性数量绝对地和相对地都因化石标本的不完全而大为减少。

难通过这个深海盆随同美洲逐渐远离欧洲而得到解释①。

正像本书图 1 表明的，关于北美洲和欧洲在纽芬兰—爱尔兰段联系中断的准确时间存在着甚大的分歧。这个过程看来在晚第三纪无论如何已经完成。这一结论之所以不能作为定论，原因恐怕部分地在于由此往北通过冰岛和格陵兰的陆桥，在进入第四纪时仍然存在，沙尔夫证实这是很可能的[131]。

在这方面魏尔明和纳特荷斯关于格陵兰植物区系的研究是富有教益的。这些研究表明，在格陵兰东南海岸，也就是正好在根据大陆移动论第四纪时还伸延在斯堪的纳维亚和北爱尔兰之前的区段上，欧洲的因素居主要位置，而在其余整个格陵兰海岸(包括东北格陵兰)，则美洲的影响起主导作用。

---

① 冯·乌比许和霍夫曼两人都相反地认为这些事实，是反对大陆移动论而支持沉没的中间大陆说的，但原因在于他们的误解："人们可能开始时会想，产卵场的迁移是这样被动地进行的，即鳗鱼在白垩纪—始新世时，产卵的深海底地域像一个洗衣盆那样被美洲大陆一起拖向西方。

"但是按照魏根纳的理论，这样的观念是不能成立的。因为魏根纳假设大陆移走时，总是暴露出新鲜的硅镁表面……"马尾藻海的海底，可能并不由新鲜出露的硅镁质组成，而与我的始新世地图(图 4)中可以辨认出的佛罗里达和西班牙之间的深海盆海底相同。它以前实际上还要更小一些，因为在复原图中，本应并入西班牙和北非的亚速尔群岛硅铝体没有受到足够的重视。但是这个海盆，无论如何当时已存在于佛罗里达以东。它的结晶盖层后来附着在美洲边上和它一起向西移动了。冯·乌比许在一份包括比这里所引用的要多得多的动物地理文献的新综合报告中[227]，也承认这里提出的解决办法是可能的，但是对此他采取了另一种方式，即欧洲向东而不是美洲向西漂移。由于运动的相对性，这种说法的结果是同样的；因为如果美洲相对于欧洲向西漂移，那么欧洲相对于美洲就向东漂移。——我借机在此再次强调，南美洲在中白垩纪就已开始从非洲分离出来；因为上面提到的综合报告在 162、163 和 172 页里，仍然还把较晚时期(始新世、中新世!)的动物区系差异作为反对大陆移动论的根据！为此请参阅 220 页注①。

森珀[125]认为有意思的是,格林内尔兰的第三纪植物区系与斯匹次卑尔根的亲缘关系,(占63%)比与格陵兰的(占30%)更为密切,而现在则当然相反(64%与96%)。我们的始新世复原图解开了这个谜,因为在图中,格林内尔兰—斯匹次卑尔根的距离比前者和格陵兰标本产地之间的小。

雅什诺夫在一篇关于新地岛甲壳类的文章[225]中指出,现在淡水蝌类的分布也最好用大陆移动论来解释:"可以很有把握地说,在水生生物学中,低等水生生物分布的许多问题,至少在北半球能够在大陆移动论原理的基础上得到解决。我们举一个例子,湖镖水蚤现在离散的分布是由于缺少中途歇息站,单靠被动的运送(意指通过风力和鸟类)是绝不可能的。如果按照魏根纳的理论,存在着两块大陆的通道,则这种分布的区域并不大(见图29)。"

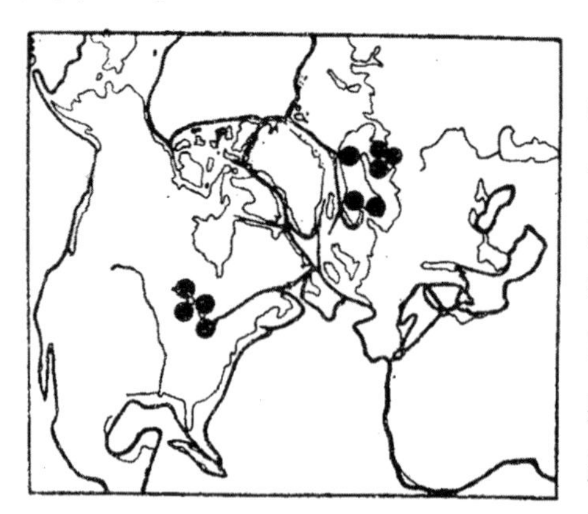

图29　湖镖水蚤的分布(引自雅什诺夫)

其他作者中只想再提一下汉德里希[136],他通过深入的研究得出如下结论:"无论如何,在第三纪(也许包括第四纪)延续比较长的时期,或者多次反复地肯定存在过北美洲北部和欧洲或者东亚北部之间的陆地通道……相反,我找不到充分的理由来支持存在南美洲、非洲和澳大利亚之间直接或经过南极洲的第三纪陆地通道的假设;

当然不应因此断言，在此以前也不存在这条通道。”

库巴特[137]对从地质上被理解为大陆块体的大西洋中脊各岛屿上的植物区系，作过一次很有意思的研究。他通过对当地种属的研究，取得了为动物区系所证实并可以用数字证明的结果，即这些岛屿的分离是自南向北进行的。“但是这些事实不仅可以用来支持大陆移动论，而且也可以支持一个大规模桥大陆的存在。亦即在两种情况下，这些岛屿都被理解为当时这些过程的残余，陆桥说也认为非洲—南美洲中间大陆的沉没，比北大西洋的沉没完成于较早的地质时期。但是由于永恒说必然要认为一个巨大的大西洋大陆升起是绝不可能的，所以这个为动物状况所完全证实，并且看来地质学也不会反对的植物区系百分比系列，事实上直接证明了非洲—欧洲—美洲地块自南而北的逐步分离。”这正好是大陆移动论的观点①。

我们其实还可以再引用很多其他作者的著作，他们都证实了以前存在过横越大西洋的上述陆地通道。但是因为现在似乎对这种通道已没有什么怀疑，所以恐怕就无须这样做了。反正我们在下文中还要回过头来讨论从蚯蚓分布得出的证明。

德干和马达加斯加之间，据说是越过一个沉没了的“勒穆古陆”的生物关系是众所周知的。请参看本书里1和阿尔特的综述。赞成大海洋盆永恒存在的迪纳尔[226]对此写道：

“前印度半岛经过马达加斯加所形成与南部非洲的固定陆地

① 当然，库巴特认为不要完全排除旧的陆桥沉没观念是对的。相反，读者会看到，本书在很多地方也用了它，只是不在大的洋盆范围内。

联系,在二叠纪和三叠纪由于动物地理的原因是不可否认的,因为在东印度的冈瓦纳动物区系中,欧洲的陆生脊椎动物……与那些……在南部非洲出产的相混杂。雷龙和斑龙在上白垩纪时移居马达加斯加,也肯定是途经前印度的,因为莫桑比克海峡在下侏罗纪就已裂开了。这个窄长的岛屿两端应在德干高原和马达加斯加,它的中段恐怕到白垩纪后期才完全沉入海底深处,从而使诺麦尔所称的埃塞俄比亚地中海,现在与印度洋之间有一条开阔的通道,而它在此之前仅是古地中海的一个分支。”——迪纳尔假设下降到 4 000 米深处以下,规模如此之大,从均衡观点看是不可能的,我们则假设这一陆桥经推挤形成亚洲高地。动物地理的差别,在于德干高原在分离以前还直接挨着马达加斯加。大陆移动论的优点正表现在这里,因为这两个部分就其现在的位置而言,纬度差异是很大的,只是由于赤道在它们中间穿过,才使得它们具有相似的气候和孕育着相似的种属。在舌羊齿植物的时代,这样长的距离对我们就会成为一个气候之谜,大陆移动论则可以把这个谜解开。我们将要在下一章进一步深入讨论古气候方面的论据。

萨尼[138](没有必要地)试验过借助寒带舌羊齿植物区系在冈瓦纳古陆范围的分布,来研究大陆移动论对沉没的中间大陆说的优越性。但未能作出决断,不得不把这个问题搁置起来,因为观察资料仍十分不完全。至于南部非洲、马达加斯加、前印度和澳大利亚之间的陆地通道确实存在过,这一点在本书中——像所有我知道已发表的文章那样——是作为早已肯定的研究结果对待的。但是我认为从今天这些大洲相隔的巨大距离看,这一点无疑也是令人信服的，而且很多研究家也着重指出了，大陆移动论提供的解决方案，能比在地球物理学上站不住脚的沉没了的中间大陆说更好地解释观察结果。

澳大利亚的动物界对我们来说具有特别突出的兴趣。华莱士[139]就已经认识到要清楚地划分开三个不同的古老要素，而例如赫德利的最新研究，也并没有对这个结果作重大的改变；最古老的要素主要出现在澳大利亚西南部，特别表现出和前印度及锡兰，此外还有马达加斯加和南部非洲的亲缘关系。这里既出现喜暖的动物，也有惧怕结冻土壤的蚯蚓。这种亲缘关系产生于澳大利亚还和前印度连在一起的时代。按照我们的图 1，这种联系在侏罗纪的较前期即已消失。

澳大利亚的第二个动物要素是为人所熟知的，因为属于这里的有那些独特的哺乳动物——有袋类的单孔目动物，它们和巽他群岛的动物区系截然不同（哺乳动物的华莱士线）。这个动物区系要素表现出与南美洲的亲缘关系。例如有袋目动物，现在除生活在澳大利亚、摩鹿加群岛和一些南半球岛屿外，主要在南美洲（负鼠或袋鼠也还有一个种分布在北美洲）；作为化石，这些动物还在北美洲和欧洲发现过，但在亚洲没有。甚至有袋目动物的寄生虫，在澳大利亚和南美洲都是相同的：布来斯劳[140]指出，扁形动物中地扁虫类约 175 个种，就有四分之三可在这两个地区找到。“吸虫纲和绦虫纲的地理分布，当然是和它们宿主的分布相应的，至今还很少成为专门的研究对象。只出现在南美洲负鼠（鼰）和澳大利亚有袋目动物 Perameles 及单孔目（针鼹）身上的绦虫纲 Linstow-ia 属，就表明这方面的研究会提供具有重要动物地理意义的事实。”关于这种与南美洲的亲缘关系,华莱士写道[139]:“在此指出这一点是重要的,即喜热的爬行动物几乎没有提出关于这两个区域间近亲关系的任何证明,而厌寒的两栖动物和淡水鱼类则能大量提供。”整个其余的动物界都表现出同样的特点,因此华莱士就澳大利亚—南美洲的陆地通道认为,“如果它果真存在过的话,应位于它们寒冷的南方边界上。”蚯蚓也没有利用过这条陆桥。正因为如此,人们提出了南极洲作为通道,而且它也在最短的连接线上,所以个别作者所建议的“南太平洋”陆桥,几乎到处都受到反对,也就不足为怪了。它只是在墨卡托投影地图上被误认为是最短的连接。澳大利亚的这个动物区系第二要素,来自它还经过南极洲与南美洲连在一起的时代,也就是侏罗纪前期(从前印度裂离)和始新世(澳大利亚从南极洲裂开)之间。澳大利亚今天的位置已经不能隔离开这些种属了,它们慢慢地向巽他群岛继续推进。因此,华莱士不得不把哺乳动物界线放在巴厘岛和龙目岛之间,并继续穿过望加锡海峡。

澳大利亚的第三个动物区系是最年轻的,它从巽他群岛迁移而来,原来生活在新几内亚并已占据了澳大利亚东北部。澳洲犬(野狗)、啮齿目、蝙蝠和其他动物是洪积期以后迁入澳大利亚的。年轻的蚯蚓属环毛蚓以极大的生命力在巽他群岛、马来半岛直至中国的东南部海岸地区和日本等地,排挤了大多数较老的种属,也完全占据了新几内亚,并且已在澳大利亚的北端扎下了根。这一切都证明了动物区系和植物区系的交流,这种交流是在最新的地质时代才开始的。

澳大利亚动物区系的这种三段划分和大陆移动论极为相

符。只要看看我们图 4 中的三幅复原地图，立即就可从中找到解释。正是这些情况，最清楚不过地表现出大陆移动论即使纯粹从生物学角度看，对沉没的陆桥说也具有巨大的优越性。南美洲和澳大利亚之间最近的地点，即火地岛和塔斯马尼亚之间的距离，以大子午圈计算现在为 80°，也就是相当于德国和日本之间的距离；而阿根廷中部与澳大利亚中部和它与阿拉斯加相距一样远，或者相当于南部非洲和北极间的距离。真能相信这里只靠一条陆地通道就足以保证这种种属交流吗？而澳大利亚和与它近得多的巽他群岛，却毫无种属交流又是多么奇怪。前者就像一个来自另一世界的异物与后者迎面相对！我们的假设把澳大利亚和南美洲以前的距离缩短为今天距离的一小半，而另一方面它和巽他群岛之间则长时间隔着一个宽阔的深海盆，没有人能否认这种假设和地球物理学上难以成立的沉没的中间大陆论以完全不同的方式符合澳大利亚动物界的特点。实际上，我相信生物学上有利于整个大陆移动问题的材料中，澳大利亚动物区系所提供的最为重要。但愿不久将出现一位专家对这些资料加工归纳！

关于新西兰当时陆地通道的问题，看来尚未完全清楚。上文已经（见 207 页）提到过这些岛屿大部分是由于侏罗纪的褶皱才露出水面的。当时新西兰可能绝大部分还是澳大利亚的一个边缘陆棚，位于大陆移动的前沿而受到褶皱作用。在南面，新西兰曾和南极洲西部连接，并通过后者与巴塔戈尼亚相通。冯·依赫令[112]写道："在上白垩纪和老第三纪开始时，海生动物从智利向巴塔戈尼亚及反方向，还有向格雷厄姆地和南极洲其他部分,乃至新西兰移居的道路是畅通的。”马歇尔[141]认为新西兰岛上当时的陆生植物并不是今天植物的祖先。当时出现了橡树和山毛榉,它们估计是通过南极洲西部这条道路,即和浅海动物所取的相同的道路,从巴塔戈尼亚迁移过来的。也就是说,当时可能不会存在澳大利亚和新西兰之间的直接陆地通道。但是在第三纪的过程中,至少在有限的一段时间内,显然肯定存在过这样一条通道,从而使今天的植物得以迁入。从布伦斯特[142]对海绵动物的研究也可以看出,这些岛屿无论如何曾经存在过和澳大利亚的陆地通道。

梅里克的一篇关于小鳞翅类的论文[143]在新西兰陆地通道问题方面特别引人注意。除了非洲和南美洲之间很有趣并且在上文概述过的结果中证实了的关系以外,他还发现一个既在南美洲也在澳大利亚都有很多物种出现的属 Machimia,在新西兰却完全没有;另一方面 Crambus 属则正好相反,在新西兰(有 40 个当地的种)还有在南美洲也以丰富的形式出现,而在澳大利亚则只有两个种。换句话说:从前一种情况看来,南美洲和澳大利亚相连而新西兰完全隔绝,而在后一种情况,则似乎南美洲和新西兰相连而澳大利亚则几乎完全隔绝。

这一点加上上文引述的事实只表明,从南美洲出发曾经分别有两条迁移途径;一条到新西兰,估计是经过南极洲西部;另一条到澳大利亚,估计经过南极洲东部。这时新西兰虽然在位置上离澳大利亚近得多,但和它即使有过真正的陆地通道联系,也只是短时间的。由于我们对南极洲的知识贫乏,要想详细地解释这些过程,当然是极为困难的。

就我们知道的所有材料看，太平洋海盆肯定是从很老的地质时代以来就已存在的。虽然有一系列作者作了相反的假设，例如豪格就想把太平洋的岛屿解释为一个“沉没了”的巨大大陆的残余，或者如阿尔特，他认为应该用一条与纬线平行且横跨南太平洋的陆桥来解释南美洲和澳大利亚之间的关系——而只要看一下地球仪马上就可以发现，从南美洲到澳大利亚去的路经过南极洲。冯·依赫令也假设存在一个太平洋大陆，但对此提出的理由完全是站不住脚的，西姆罗特[144]还有其他人以前就已经指出过这一点，最近冯·乌比许[149]又着重加以强调。伯克哈特也假设了一个从南美洲西海岸向西伸延的南太平洋大陆，但是只根据唯一的一项地质观察，而它恐怕也是可以另作解释的。总之，这个假说也为西姆罗特[144]、安德烈[145]、迪纳尔、塞格尔等人所反对，甚至少数几个支持者之一的阿尔特，也不得不承认这条陆桥是最难得到支持的[146]。也就是说，我们关于太平洋深海至少自石炭纪以来是长存的这一假说，是和绝大多数学者一致的。

从生物上说，太平洋的年龄比大西洋老是有明显表现的。冯·乌比许[117]就写道：“在太平洋我们可以找到大量古老的种属，如鹦鹉螺、三角蛤、水母。这类种属在大西洋没有。”而科洛希[118]则强调：大西洋的动物和红海的一样，其特点都是只表现出和相邻地区有亲缘关系，太平洋则具有和遥远地区存在个别亲缘关系的特点；但后者是古老地区的特征，前者则是近期移居地区的特征。

史维德利乌斯[155]最近在一项关于一些热带和亚热带海生

藻类不连续地理分布的研究中指出,这些材料虽然不足以检验大陆移动论是否正确;"但仍然值得注意的是,我的研究表明藻类的大多数较老的属显然主要分布在印度洋—太平洋,它们是从那里出发迁入大西洋的。只有一两起迁移似乎是朝相反方向进行的。因而也许可以认为大西洋的藻类植物比印度洋—太平洋的年轻。这和魏根纳的理论并不矛盾,根据这个理论,大西洋要比印度洋—太平洋年轻得多。"

在大陆移动论中,太平洋的岛屿(连同它们的水下基底)均被视为从大陆地块分离出来的边缘环带,它们在地核以上的地壳,一般主要向西运动时逐步向东滞留(参阅第八章)。因而概括地说,这些岛屿似应源出于太平洋的亚洲一侧,在这里所考察的地质时期中,它们无论如何肯定要比现在离这一侧近得多。

生物的情况似乎证实了这一点。例如根据格里塞巴赫[147]和特鲁德[148],夏威夷群岛植物区系最近的亲缘关系并不在与它们相距最近,并且现在气流和洋流来自那里的北美洲,而在旧世界。根据斯科茨贝格,胡安费尔南得斯岛在植物方面完全没有显示出和它非常靠近的智利海岸有亲缘关系,而是和火地岛、南极洲及其他太平洋岛屿有这种关系。但是应该着重指出,岛屿上的生物关系一般比大片陆地上的更难于阐述清楚。

最后还要讨论几篇近期的论文,它们是考虑到大陆移动论的第一批较深入的专门文章,因而具有特殊的重要性。伊姆舍尔1922年发表的大规模研究《植物分布和大陆的发展》[150]开了个头。文中以迄今从未达到过的完整性,调查了被子植物现在和一直回溯到白垩纪的分布,并且用大量地图形象地表示出来。这里不可能详细地转述它的极其丰富的材料①。这篇文章的结束语是：

“研究结果，使我们有理由认为有三组因素紧密交错起作用，造成了被子植物目前的分布状况：

“1.地极移位作为植物迁移和植物区系混杂的原因。

“2.大地块移动并由此造成大种属构成的变化。

“3.植物的主动扩张和继续发展。”

这里先提到地极漂移，第二位才提到大陆移动，并不是偶然的；因为只论述了从白垩纪起的那段时间，而我们越是接近现代，则地球面貌和今天的越相似，同时大陆移动也越难以从植物分布中得到证明。因此，很自然的是第三纪和第四纪的大规模地极漂移的印记，首先打在植物分布上。但更为重要的是，尽管如此，仍然证实了大陆移动论：“我们得到的结果表明，永恒论由于多种原因，不足以解释被子植物的分布事实及其要求。相反，在把我们的标本和魏根纳的大陆移动论对比时可以看到，区域构成的各项特征和植物分布的要求，与魏根纳预言的大种属的命运令人惊奇地相符，并且后者正好在前者中得到真实的反映。

“永恒论始终无法解释的澳大利亚植物区系之谜，现在第一次

① 冯·依赫令[122]和伊姆舍尔曾经争论，因为后者对一系列非洲南部和南极洲植物化石标本所确定的时间，与它们的鉴定者所定的时间稍有不同。伊姆舍尔的看法并不像冯·依赫令认为的那样，只是为了迎合某种有成见的理论才发表的，而是有学术依据的。除此以外，在几乎所有这些情况中，涉及的都只是时间划定上的微小变动，因而应该说是精确化，而不是修正。此外，柯本和魏根纳[151]在此期间已指出，这些情况的大多数，即使保留原来确定的时间，也和大陆移动论及由它导出的地极漂移完全符合。

找到了完全令人满意的解释。只有魏根纳假设的在中生代时大陆位置的偏离,解释了否则难于理解的事实,即澳大利亚的特殊热带种属,并不显示出与亚洲的种属有较亲近的关系,就现在的地理位置而言,按说应该要求存在这种关系,况且在这个区域内地极移位并未造成不良影响。澳大利亚的这个旧位置,也是上述植物区系恰恰在这个地区直至今天得以不受干扰,并且种属丰富地保存了下来,同时继续发展的关键。澳大利亚从南极洲分离开后向北漂移,正是它与外界广泛隔离的时期。”——可以看到,澳大利亚的植物界表现出和动物界完全相同的景象!

“在我们的研究过程中,从来没有感到必须存在一块以前的太平洋大陆。”

正如人们看到的,伊姆舍尔走的路子是正确的,那就是他并不是把大陆移动论去和在地球物理学上反正站不住脚的沉没陆桥论相比,而是和永恒论作比较。但他也注意到了前者,单只从植物学的观点看,就不得不抛弃这种论点:

“上面提到的、在美国东南部各州(得克萨斯至佛罗里达)范围中出现的北美洲威尔柯克斯植物区系化石,根据贝里的深入整理,和同样也确定为始新世的南英格兰阿勒姆(Alum)湾植物区系亲缘关系最近。如果我们现在把赤道按照魏根纳对始新世所假设的地极位置画到地球上,那么它在欧洲就大致穿过地中海地区,这样,英格兰离赤道不超过 15°,而在亚洲则大致穿过后印度。由此对美洲得到的结果是(假设今天的大陆位置恒定不变),赤道走向为穿越哥伦比亚—厄瓜多尔,威尔柯克斯植物区系地区离它超过 30°。这就产生了困难,无法把要求气候相似的两个石化的植物区系哪怕只是近似地移到相同的纬度上去，因为威尔柯克斯植物区系所处的位置，要比南英格兰的位置靠北得多。如果我们相应于魏根纳的看法，将美洲移近欧洲—非洲，那么两个植物区系一下子就处于相同的纬度上了，它们提出的大致相同的气候要求，就立即得到满足。这里确实存在一个只有大陆移动论能够完全解决所存矛盾的事例，陆桥说虽然可以解释在现今分离开的大地块上相似植物区系的存在，却无法造成所要求的相同气候。对这个问题，永恒论是无能为力的，不得不予以否定。

"我们在这里对两个植物区系所证明的，同样也适用于很多种属生存的热带地域。在这里也只有把美洲移到靠近2区（欧洲—非洲），才有可能在一个子午圈上复原这些地域，因为按现在的大陆位置，在1区（美洲）中赤道的走向太过于偏南。上文中我们就提到过要注意这个困难，现在才在大陆移动论中看到了排除它的手段。从而在这里第一次表明了大陆移动论比陆桥论优越，从生物地理学的观点出发，其结果相同。"

伊姆舍尔这些最后的观察，已经转入到古气候学的领域，这个领域我们想在下一章中才来讨论。

伊姆舍尔这项重要工作的一个继续，是许图特的博士论文《松柏类现在和以前的分布及它们的地域状况历史》[152]，在这之前有科赫关于相同内容的较短文章[153]。虽然这两位作者在一些植物学问题上看法并不一致，可是他们两人在大陆移动论问题上得到了同样的结果。科赫写道："松柏类现代的及其化石产地与地极漂移及大陆移动论完全相符合，并且只有通过它们才能作出满意的解释。"并继续说："因为我们现在还知道为什么近亲的南洋杉种出产在两个被广阔的世界大洋分隔开的不同大洲,为什么罗汉松种不仅生长在新西兰、澳大利亚和塔斯马尼亚,而且也生长在南部非洲、巴西南部和智利,还有为什么一方面 Microcachrys 和 FitzroyaArcheri 出现在塔斯马尼亚,相应的种属 Saxogothaea 和 Fitzroya patagonica 此外还出现在智利。"

许图特同样写道:"松柏类现代的和化石的分布图,能够通过魏根纳的大陆移动论得到最简单和最没有矛盾的解释。北美洲和欧洲白垩纪植物区系的高度一致性,和今天相隔很远的地区间侏罗纪植物区系组成尽管在种子传播的可能性受到限制,却仍然往往直至种一级都是相似的,这就要求大陆间具有连续的陆地连系和缩短距离。只有大陆移动论才能满足这两个要求。"许图特也指出,松柏类的区域分布,按照大陆移动论的假设,要比假定各大陆早期的位置与现在相同更为切合气候带的情况,因而更易于理解。

最后我们还想简短地讨论一下迈克尔森关于蚯蚓地理分布的重要工作,我觉得这一工作包含了对大陆移动论的极好证实,因为蚯蚓既不能忍受海水也不能忍受冻土,并且(除非通过人类)也难于被带走。

迈克尔森指出,永恒论在解释蚯蚓分布时遇到巨大困难,而大陆移动论则"以真正出乎意外的程度"解释了这种分布。为了直观地表达出来,他使用了两张简图,我们在图 30 和图 31 中加以引用。其中的底图使用了大陆地块以前的排列,并填入了今天的蚯蚓属(未发现有化石的)。关于跨越大西洋的关系,他写道:"我在上文中详细阐述,并用一张综合图表来说明大量联系线(涉及五种近海的和三种湖泊的种群)是如何横越大西洋的,很多有规则的、接近平行的关系，极可能表明这里涉及的是直接的、也就是跨大西洋的关系。这些跨大西洋的关系，用魏根纳的理论不难加以解释。如果设想把按这个理论从欧洲—非洲分离出来并向西移开了的美

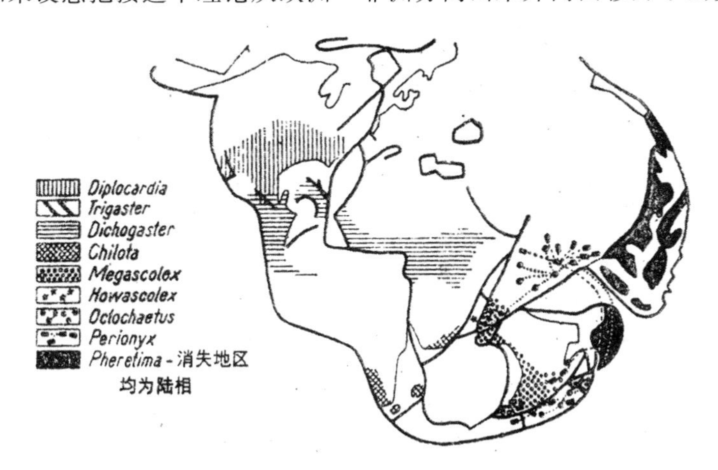

图 30　巨蚓科系列一些蚯蚓属现在的分布，填入按大陆移动论复原的前侏罗纪图中（据迈克尔森）

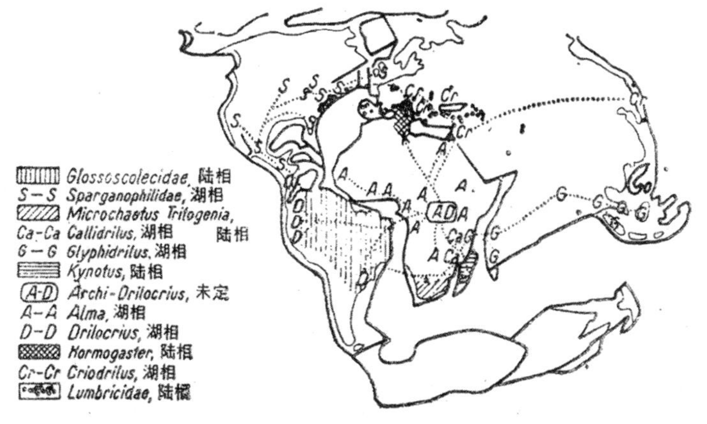

图 31　正蚓科系列现在的分布，填入按大陆移动论复原的始新世图中（据迈克尔森）

洲大陆,再移回来并与欧洲—非洲挨着,那么现在大西洋左右两侧远远分隔开的地区,多半都能拼成一个统一的地区。这样就会得到一个极其简单的分布体系。”在北大西洋,这些跨大西洋的关系也有属于年轻种属的,在南大西洋则只有古老种属的关系,这又与从南向北张开这个情况相一致。

在讨论了从我们的插图中可以看出的前印度、澳大利亚、新西兰地区的复杂关系后,他继续写道:

“魏根纳关于大陆移动的理论,为前印度寡毛目动物这些复杂多样的跨洋关系提供了出奇地简单的解释。如果我们观察一下魏根纳推测各大陆在石炭纪的大致组合的草图(图 30,东半部),会首先看到在喜马拉雅山脉褶皱前沿纵长伸展的前印度一直达到马达加斯加,并且其西侧也就是现在的呼啰蚓属的分布区(库尔格—迈疏尔)直接挨着马达加斯加,那里是呼啰蚓属的第二个产地:对前印度西部区域跨洋关系的简单解释。此外还可以看到,澳大利亚—新西兰—新几内亚地块在南面与南极洲地块相连,其北端(新几内亚)则伸入前印度和后印度连带马来亚地块之间的海湾区域(后来的孟加拉湾)。可以假设,这个澳大利亚地块在更早的时候,以其西侧紧挨着前印度的东侧①。与此相关可以形成一些简单并且连续的传播线,有一条从前印度南部经过锡兰到西澳大利亚最南端(巨蚓属),另一条从前印度北部经过新几内亚到新西兰(八毛

① 肯定丝毫不会妨碍我们假设这个联系还存在于石炭纪,也许甚至更长得多的时间。我的石炭纪地图中的空白处,只意味着我未掌握这里有陆地联系的任何根据,因为正好延长了的前印度东海岸的这一部分褶皱成了亚洲高地,而无法检验它和澳大利亚边缘是否吻合。

蚓,Pseudisolabis),或者到北昆士兰、新西兰、东南澳大利亚(Perionyx)。值得注意的是,新几内亚是这一条北方传播线非常重要的环节。后来澳大利亚地块从南极洲分离开以后,它被挤向东北方向,并把它向东北方突出的前端新几内亚推入马来地块……在这个灾难性事件过程中,和马来地块最紧密接触的碰撞前端新几内亚,为最年轻和传播能力强而且当时在马来地块上占统治地位的巨蚓属环毛蚓所充斥,并取代了那里较老的寡毛目动物群(八毛蚓、Perionyx 等等)。这样,由于新几内亚的脱离,印度北部—新西兰传播线中的间隙增大,并且所达到的宽度,使得通过当时的直接陆地通道来解释显得几乎是不可能的。在这个环毛蚓灾难发生时,新西兰必须已经和新几内亚脱离开了,而且澳大利亚大陆似乎也不再有持续较长时间的陆地通道通向新几内亚,据推测已为一片狭窄的浅海隔开;因为至多只有唯一的一个环毛蚓种(昆士兰环毛蚓,看来是在北昆士兰土生土长的)得以达到澳大利亚大陆。新西兰和澳大利亚的分离,至少为一片浅海所隔,也必定在相当早的时候就已经完成,因为新西兰只显示出与澳大利亚大陆的微弱关系……可能是新西兰呈弓状,中段部分首先脱离澳大利亚大陆,其南端与塔斯马尼亚、北端与新几内亚则暂时仍然保持着连系。后来南端与塔斯马尼亚分开,在相当长时间以后北端才与新几内亚脱离……一条持续时间稍长、也许为地峡状的陆地通道,可能假道新喀里多尼亚和诺福克岛连接着南昆士兰和新西兰北岛,并使巨蚓属的迁越成为可能。我认为就巨蚓属而言,经过新几内亚的道路是不能接受的,因为巨蚓属是一种典型的澳大利亚南部种属。”

迈克尔森的结束语是:

“我相信我应该这样来表述我的研究结果，即寡毛目的分布绝不与魏根纳关于大陆移动的理论相矛盾，恰恰相反，可以把它看成为对这个学说的有力支持，此外如果从其他方面为这个理论提出了最终的证明，则它可以在某些细节上用来进一步充实这项理论①。

“最后还要说明，上面印出的分布图所使用并作为这些论述基础的魏根纳草图，在绘制时并没有考虑到寡毛目的分布。只是在我告诉他寡毛目分布，和符合他的理论的早期陆地通道明显吻合之后，魏根纳才在他经过改写的第二版论大陆移动一书中，收入了寡毛目分布的一些事实，用以论证他自己的理论。我提到这个事实，是因为我觉得它适于用来加强寡毛目分布对魏根纳理论的支持。”

① 迈克尔森多次强调，蚯蚓的分布，表明在某一段时期存在过一条横越白令海峡的陆桥，他错误地相信我反对这一点。其实从未有过这种情况。也许这种误解来源于迪纳尔不正确的论断[108]:“谁要是把北美洲移近欧洲，那么他就把它和亚洲大陆地块在白令海峡的联系切断了。”——这显然是读墨卡托投影地图造成的错觉。人们一眼就会看出这是站不住脚的，只要拿着地球仪，并且考虑到北美洲相对于欧洲的运动，主要在于大致上围绕阿拉斯加的转动(陆棚边缘纽芬兰—爱尔兰的距离为 2 400公里，东北格陵兰—斯匹次卑尔根的距离只有几百公里，甚至是零!)。最近舒赫特[163]又重复了同样的论断。但是他也作了错误的复原，他不是让北美洲围绕阿拉斯加，而是围绕北极旋转，这是没有任何道理的。——以前提到过的阿尔特，他关于陆桥存在并且也考虑到横越白令海峡陆桥的表决表，显示出这里的陆地通道估计在二叠纪和侏罗纪就已存在，但从始新世一直到第四纪则肯定存在。也就是说，今天由白令海浅陆棚造成的分隔是很年轻的。

第七章　古气候论据

从本书上一版问世以来，柯本和我[151]对地质早期的气候问题作了系统的研究，这一项工作的规模并不亚于本书。虽然在此主要涉及搜集地质和古生物资料，而且在这方面气候学家和地球物理学家当然会遇到一些内行才能够避免的困难和误解，但我们仍然认为有理由要作这样一次尝试，因为古气候学只有综合上述这些科学部门才能得以进展，而现有的文献非常清楚地表明，它迄今使用的气象学和气候学基础是不够的。本章中将广泛地引用上述方面的详细论述。

不过并非想在这里报道我们那本书的整个内容。它的任务是理清地质时期的气候变化；大陆移动只是气候变化的几种原因之一，而且对比较年轻的时代，甚至不是最重要的原因。相反，本书中要研究的问题只在于早期的气候能为证实大陆移动论的正确性提供多少特征，而且我们只引用为此所需的石化气候证据。这样，就几乎完全排除了探索第四纪冰川形成的原因这个问题；因为到第四纪时各大陆的相对位置和现在的已很相似，所以从这个时期起很少能得出大陆移动论的古气候证据。

但是对较老地质时代，这种证据就多了，并且正是在这里存在着大陆移动论无可非议的极其令人信服的证明，恰恰由于这些原因而附和该理论的作者不在少数。

对此作出正确判断需要有两件事:对现今气候系统及其对无机界和有机界的知识,与对气候证据化石的知识及正确解释。这两个研究分支都还处于开始阶段,而且大量问题今天仍未解决。因而重视它们迄今已取得的成果就更形重要。

大家知道,今天的气候系统是由柯本整理出来的,并用一幅全球气候地图予以表示[156]。这幅地图对很多其他目的仍不够详尽,但对我们的目的却已经是内容甚为丰富了,因为石化的气候证据,只允许对气候作出极为概略的估计。我们在本书中代之以简化了的现代主要等温线及干旱地区图,并示于图 32 中,它包含了为我们的目的需要的所有主要内容。我们可以看到一个有雷暴雨的赤道雨带,它不间断地环绕着整个地球;与此相接的是在有下降气流的无风高压带中的干旱地区,它们总是在大陆的东缘为季候风雨区所中断,在西海岸则相反伸入海洋中很远的地方;在大型大陆的内部,则向地极方向延伸。接着的是北半球和南半球的温带雨区,有气旋雨,在这两个区之外是冰冻程度不等的极地冰盖。温暖海水区完全夹在南北纬度约 28°或 30°之间。所有等温线都显示出各种气候的分带排列在起主导作用,但也存在着由海陆分布情况造成的特征性偏离:众所周知的与树木上限惊人吻合的最热月份 10°——等温线,在陆地上就比在海洋处于较高的纬度,因为陆地具有比海洋大的年波动幅度。大致上相当于永久冻土线的年平均温度−2°具有不同的走向。当它位于比树线高的纬度时,就同时代表着造成内陆冰盖的气候(格陵兰、南极洲);在它处于较低纬度的地方,如西伯利亚,则在冻土带里也生长森林。所有内陆冻盖均局限于60°以上地区。

作为补充，我们在图33中根据帕斯辛格[157]和柯本[158]的资料，示出在不同纬度上雪线的高度。雪线在温带高压带达到超过5 000米的最大高度。上属图示适于单个的山体和山脉。在广阔的高地上它还要高得多。

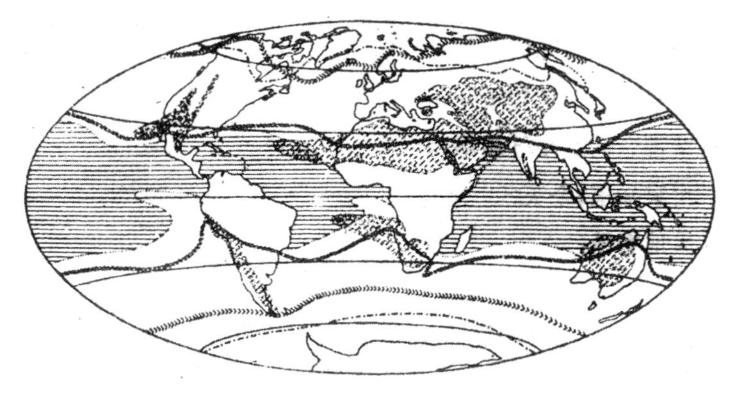

图32　现在的主要等温线（在海平面上）和干旱地区

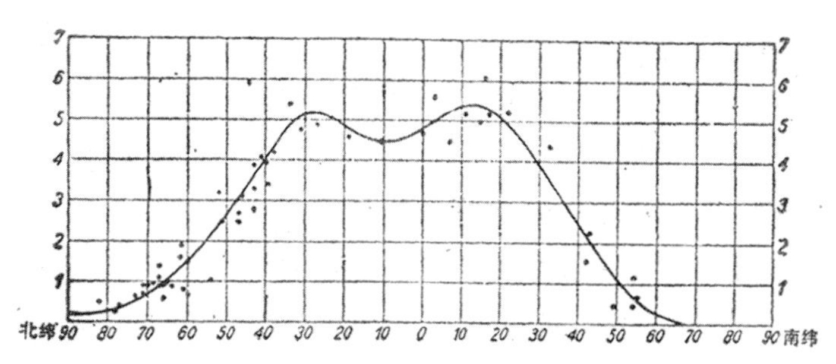

图33　不同纬度上现在的雪线高度

这个气候体系的地质和生物作用是很复杂的。我们想和目前掌握的石化气候证据一起来讨论这些作用。

也许可以说,以前内陆冰盖遗留下来的痕迹是最重要的气候证据,虽然不一定可靠。因为夏季温度低是形成内陆冰盖的决定性条件,而在大片大陆内部,由于那里的气温年变化大而不能满足这个条件,所以极地气候并不总是可以通过内陆冰川痕迹辨认出来。但是反之,如果找到了这种痕迹,则无疑是极地气候的产物。最常见的是块粘土,它的名称就恰当地表示出从最细到最粗物质无选择的混杂,这是冰碛石的标志。较老时代的块粘土大多已硬结成坚硬的岩石,即冰碛岩。人们已在阿尔冈纪、寒武纪、泥盆纪、石炭纪、二叠纪、中新世、上新世和第四纪岩层中,发现了或者相信发现了这种岩石。遗憾的是,这种当时大陆冰盖的最常见痕迹与其他“假冰成”砾岩,有时相似得使人混淆,后者则只是普通的堆积建造。其中甚至也会出现岩石的磨光现象和擦痕,它们会使人误认为是受刻括的漂砾,而实际上成因是滑动擦痕。人们一般习惯于认为,完全肯定地证实冰成性质的前提是能够在底冰碛的块粘土之下,再找到出露岩石磨光的表面。

另外一组重要的气候证据是煤,它应被看成为石化了的泥炭层。一个水盆地要变成沼泽,首先必须由淡水填充,这只能出现在地球的雨带,不能出现在干旱地区。也就是说,煤炭证实多雨气候,但既可能在赤道雨带,也可以在温带雨区,也可以是大陆东缘季风地区的亚热带多雨气候区。现在在很多赤道附近的沼泽中生成泥炭,当然还有潮湿的亚热带,同样还有温带,那里最早为人所知的是欧洲北部第四纪和第四纪后的泥炭沼泽。也就是说,单纯由于煤层的存在并不能得到关于温度的根据；为此还必须引用植物区系的特点，其痕迹出现在煤层和其相邻地层中。煤层的厚度也可以看作一个小小的迹象，但是不应过高估计它的作用。这种办法的出发点是热带植物生长不间断而比较茂盛，在相同的条件下，能比中纬度上生长较慢的植物产生较大厚度的泥炭层。

一组特别重要的气候证据是干旱地区的产物，特别是盐、石膏和荒漠砂岩。岩盐是由海水蒸发生成的。在大多数情况下，涉及的是陆地上较大面积的淹没（海侵），并且由于地面运动而与海洋完全隔开，或者起码在足够的程度上隔离开。在多雨气候下，这种水域会逐步淡化，像波罗的海那样。但是在干旱气候下蒸发大于降水量时，泛滥水域在完全割断联系后，由于变干而越来越小，盐溶液则越加浓缩，直至最后盐析出沉淀。最先沉淀的是石膏，然后是食盐（岩盐），最后是易于溶解的钾盐。因此石膏沉积一般分布面积最广，其中会散布着一些岩盐层，只在很罕见的情况下会在有限的范围内出现钾盐。覆盖大得多的面积的，是当时荒漠中硬结成砂岩的移动沙丘，它们的特点是缺少植被和动物有机体。但它们作为干旱气候的证据不如石膏和盐类可靠，因为沙和沙丘也可以在多雨气候下作为海岸建造出现，虽然伸延范围较小，例如在现在的德国北部，甚至在大陆冰川边缘前面如冰岛的桑得尔（Sandr）。温度状况的一个虽然不甚有力的迹象，是这些砂岩的颜色，因为在热带和亚热带地表建造以红色为主，在温带和高纬度则为褐色和黄色。海岸沙滩在热带自然也是白色的。

海洋沉积的规律是，厚石炭岩层只能在热带和亚热带的温热水体中生成。原因是，虽然细菌活动看来能起一定作用，最可能的则在于极地的冷水能溶解大量的钙,因而是不饱和的;而能溶解钙量少得多的热带温热水是饱和或过饱和的(可比较水垢的析出)。在热带,有机体的钙析出一般要大得多,这一点显然也与此相关,首先是珊瑚和钙藻类,还有贝类和蜗牛。纯石炭岩层的沉积,在极地气候下看来是完全不可能的。同样,石炭在真正的深海沉积物中,也会由于深海水温度低而消失。

除了这些无机的气候证据外,还有植物界和动物界的证据。对它们当然需要更为谨慎,因为有机体具有很大的适应能力。因此很少能根据一个唯一的标本作出一项结论;相反,如果纵观某一个时期的植物界和动物界的整个地理分布,则总是能得出有用的结论。通过对比各个大洲上同时出现的植物区系,大都能够以很大的可靠性判定两者中那一种是较热的,那一种是较凉的,虽然也只能对较年轻的地质层系作出温度绝对值的估计,因为这些层系中的植物已经和现代的相似,而较老植物区系的温度值往往仍然难于决定。树木中年轮的缺失,表明它们生长于热带而带有强烈温和气候的迹象,但不乏偏离这个规律的例外。如果生长高大的树木,我们大概可以假设这一古老时代最热月份的温度在10℃以上。

动物界也提供大量气候特征。爬行动物本身不产生热量,在冬季寒冷的气候中无法抵御严寒。因此它们如果想要在这种气候中生活,就必须像蜥蜴和熇尾蛇那样小得易于躲藏起来。如果像在极地那样也缺少夏季的温暖,那么它们的卵也不能为太阳孵化,因而它们在这里就完全没有尚能过得去的生活条件。所以,如果这个族支系特别多并大量发育,就可以断定为热带或者至少是亚热带气候地区。一般说，食草动物可以提供关于植被并从而关于雨量的特征；快速奔跑的动物如马、羚羊、鸵鸟表明草原气候，因为它们的躯体结构适应于掌握广阔的空间。攀登动物如猴或树懒栖息于森林中。

这里不可能深入探讨所有这类气候证据；但是上文提到的已足以给人一个大致的概念，指明究竟如何取得关于古代气候的结论。

极其大量能以这种方式作为气候证据化石加以利用的事实，出乎意外地表明，在地球上绝大多数区域古代的气候和今天是完全不同的。例如已经知道，欧洲在地史的绝大部分时间中，曾是亚热带至热带气候。第三纪开始时，中欧还是赤道雨带气候；接着在这个时期的中期形成了大的盐层，也就是说干旱气候，后来到第三纪末，则大致与今天的气候相当。然后接着而来的是大陆冰川泛滥，也就是说至少在欧洲北部是极地气候。

大规模气候变化的一个特别引人瞩目的例子还有北极地区，尤其是最为人熟悉的斯匹次卑尔根，它和欧洲之间只为一个浅海地区所隔，也就是欧亚大陆地块的一部分。今天斯匹次卑尔根为大陆冰川所覆盖，是严寒的极地气候；但是在第三纪早期（当时中欧处于赤道多雨带），那里生长着种类丰富的森林，比今天在中欧所找到的还要丰富。那里发现的不仅有松树、云杉和观音杉，而且还有菩提树、山毛榉、白杨树、榆树、橡树、楞树、常春藤、乌梅、榛树、山楂树、天目琼花、槭木，甚至有如此喜热的植物如睡莲、核桃、红豆杉（Taxodium）、巨大的稀桂、法国梧桐、栗树、银杏、木兰、葡萄！显然当时在斯匹次卑尔根的气候肯定和今天法国的气候相仿,也就是说年平均温度比现在高约 20°。如果我们看更老的地史时期,还可以找到更热的迹象:那里在侏罗纪和石垩纪早期,生长着今天只产于热带的西谷棕榈、银杏(现在只在中国和日本南部有唯一的一个种)、羊齿树等等。在石炭纪,可以发现在那里既有表明亚热带干旱气候的厚石膏层,也有具有亚热带特征的植物区系。

这种巨大的气候变迁——欧洲由热带气候变为温带气候,在斯匹次卑尔根则从亚热带变到极地气候——马上会使人联想起两极和赤道,从而还有整个气候分带系统的移动。而这种假设还可以找到一个不可辩驳的确证,那就是南部非洲——欧洲以南 80°,斯匹次卑尔根以南 110°——在同一时期也经历了巨大而正好是反方向的气候变化:在石炭纪时埋没于大陆冰川之下,亦即为极地气候,今天则是亚热带气候!

这些完全肯定的事实不能作别的解释,只能看作地极漂移[①]。对此我们还可以做一次检验。如果斯匹次卑尔根—南部非洲子午线经历了最大的气候变化,那么位于它以东和以西 90°的子午线,在同一时期的气候变化就必然应该是零,或者总之是很微不足道的。实际情况也正是如此:因为位于非洲以东 90°的巽他群岛,肯定在第三纪早期就已和现在一样是热带气候,这一点已表现在无变化地保留了大量古代的植物和动物,如西谷棕榈或貘。最近在那里还发现了一些石炭纪植物,这个植物种在欧洲是已知的,并且最好的内行认为它是热带植物。南美洲的北部也处于相似的位

① 关于地极漂移的概念,请参看第八章。

置，那里貘，还有其他种也保存下来了，而它在北美洲、欧洲和亚洲则只有化石，在非洲完全则找不到。可是南美洲北部的气候恒定性，并不如巽他群岛那样完全；我们在下文中将会看到这是大陆移动的结果；南美洲以前并不位于斯匹次卑尔根—南部非洲子午线以西 90°处，而是近得多。

根据上述，人们在试图论证古代的气候变化时，很早就已经并且总是反复借助于地极漂移，就不足为奇了。赫德尔在其人类历史哲学的思想中，就已指出过对古代气候的这样一种解释。后来很多作者也程度不同地持这种观点，他们是埃文斯(1876)、泰勒(1885)、冯·柯尔贝格(1886)、奥尔德姆(1886)、诺麦尔(1887)、纳特荷斯(1888)、亨逊(1890)、森珀(1896)、戴维斯(1896)、赖比许(1901)、克赖希高尔(1902)、戈尔弗尔(1903)、西姆罗特(1907)、瓦尔特(1908)、横山(1911)、达奎(1915)、凯萨(1918)、埃克哈特(1921)、柯斯马特(1921)、里查兹(1926)和很多其他人。阿尔特[159]汇集了至 1918 年的文献，但是自那时以来，主张地极漂移的作者迅速增加了。

以前，这个学说在比较核心的地质学术界遭到相当普遍的反对，除了诺麦尔和纳特荷斯的著作外，大多数地质学家都完全拒绝地极漂移的说法。在上述那些著作以后，情况发生变化，地质学家中地极漂移说的支持者虽然缓慢地但却是在增加，今天可以说是绝大多数地质学家都赞同凯萨在其地质学教科书中提出的观点，即无论如何第三纪大幅度地极移动是“难于回避”的，尽管也有几位反对者在几年前还以难于理解的激烈程度反对这个观念。

尽管在地球历史中，地极漂移的理由是如此肯定，可是另一方面,不可否认的是贯穿整个地史时期连续地确定两极和赤道位置的尝试总是导致混乱,而且荒唐得无怪乎使人怀疑自己对地极漂移的假设完全走上了歧途。这种往往是局外人所做的系统试验,因而也从未得到承认。冯·柯尔贝格[4]、赖比许[161]、西姆罗特[162]、克赖希高尔[5]、雅可比蒂[164]都做过这类试验。其中赖比许的观念,本来对白垩纪以后的时期是完全符合实际情况的,却被套到两极严格环绕一个"振动圈""摆动"的紧箍咒中,这种摆动作为物理学的陀螺定律也许是错误的,至少是没有根据的,并且导致和观测结果的大量矛盾。西姆罗特为了证明摆动论,搜集了广泛的生物方面的事实资料,这些资料虽然包括能证实地极漂移的有力证据,却并不能使人相信所断言的严格的往返摆动规律。当然更为正确的应该是纯粹的归纳法,那就是对结果预先不带成见,而从气候证据化石直接推导出两极的位置。克赖斯高尔在其写得很明确的书中,正是采用了这种方法,虽然他除了真正的气候证据外,还依靠了没有充分理由的关于山脉排列的教条。几乎所有这些试验,对较近的时期都得出了大致相同的结果,包括柯本和我本人,即第三纪开始时,北极的位置在靠近阿留申群岛处,然后从那里移向格陵兰,第四纪开始时出现在该地区①。对这几个时期也确实没有什么相互不符之处,可是对白垩纪以前的时期就不一样

① 第四纪早期的这一个两极位置,最近又由于冯·依赫令[122]从南美洲提供的一系列生物事实,再次得到引人注目的证实,柯本[127]曾经指出过这一点。冯·依赫令本人固然想在现在地极位置固定的情况下,通过洋流的变化来解释这些事实,我认为他所用的办法是不能接受的。这里不能深入论述,因为这个问题不在我们这本书的领域范围内。

了。对此，不仅上述作者的意见相去甚远，而且由于所有这些复原设想，都把各大陆相互位置的不变性作为当然的前提而导致无法解决的矛盾，况且奇怪的是，这些矛盾的特点，是对任何一个可能设想的两极位置都构成无法逾越的障碍。

相反，如果立足于大陆移动论，也就是说，把气候证据化石填入按这个理论及对相应时期绘制的底图，那么这些矛盾就会全部消失，所有气候证据就会自然而然地归并入我们从现代条件所熟悉的气候带图景：两个干旱带，在它们之间有一个潮湿带沿纬线环绕地球，而且它们和后者一起具有表明热带炎热气候的所有证据；由此向外两侧相连的是两个潮湿带；极地气候证据出现的中心距离最中间的潮湿带纬度 90 度，距它以外的干旱带为纬度 60 度。

我们先把石炭纪看作迄今根据大陆移动论绘出的地图的最古老时代。在这里我们马上就遇到以前古气候学的最大困难，它表现为石炭二叠纪的冰川痕迹。

所有今天的南方大陆（以及德干地区），在石炭纪和二叠纪初期都有内陆冰川；相反，除德干地区外，没有一个北半球的大陆在这个时期有过冰川。

作过最详尽研究的是南部非洲的这类内陆冰川痕迹，1898 年姆伦格拉夫在那里的古老冰碛层之下发现了被冰川夷平的岩基，从而排除了对那里的“德维卡砾岩”冰碛性质的最后怀疑[165]。后来的调查，其中特别值得提出的是迪托埃的调查[166]，对这个冰盖提出了一个相当深入的概念。在很多地方，还可以从夷平的岩基上的痕迹读出冰川的运动方向。这样，可以辨别出一系列冰川中心，冰川就是从这些中心向外放射的，并且人们已经注意到这些中心主要活动时间的微小差异,它大致相当于最大冰层厚度自(今天的)西方向东方迁移。从纬度33°往南,南部非洲的块状粘土整合地位于海洋沉积物之上,并表现为后者的直接继续。对此只能这样解释,即这里的大陆冰川是作为漂浮的"屏障"而结束的,就像现在南极洲那样,这时在底部消融的底冰碛,堆积在以前的海洋沉积之上而作为它的自然继续。亦即这里的雪线,当时肯定位于海平面上。南部非洲这个冰川的规模,几乎相当于现在格陵兰的冰川,这也就证明了它是真正的大陆冰川,并非只是山岳冰川。

但是完全相同的冰碛堆积,也出现在福克兰群岛、阿根廷和巴西南部、前印度和澳大利亚西部、中部和东部。在所有这些地区中,由于整个层序完全相同而认为硬化了的块状粘土,其冰川成因是完全肯定的。它们也都和在南部非洲一样位于内陆冰川之下。在南美洲和澳大利亚也找到了相叠的块状粘土层,中层夹着间冰期沉积物——与北欧的冰期和间冰期完全相对应。在东澳大利亚中部(新南威尔士)有两层冰碛为含煤的间冰期层所隔;也就是说,这里的陆地两次为内陆冰川所覆盖,而在其间的时期,在冰碛地带上存在过沼泽化的淡水湖。在此以南,即维多利亚,却只有一个冰成层位;在此以北,即昆士兰,则一个也没有。也就是说,东澳大利亚最南部份,在这期间持续地被埋于冰层之下,冰川只有两次前进到中部,完全没有达到北部。这样,在这里开始揭示出来的图景,就与我们早就了解的欧洲和北美洲第四纪冰期完全一样。对后者,可以把冰期和间冰期的相互交替归因于地球运动,从而也就接受了辐射的周期性变化这种想法;至于在整个地球历史过程中存在过的这种波动,则应认为是肯定的。但只有在极地存在内陆冰川的时期，这些波动才会留下明显的痕迹。——所有这些细节都清楚地表明，南方大陆的二叠石炭纪冰期是真正的大陆冰川。

但是二叠石炭纪冰期的这些痕迹，今天相隔甚远，并占据整个地球表面的将近一半！

让我们看一看图 34。即使我们把南极置于想象得到的最合适位置，即这些痕迹的中心处，相当于南纬 50°东经 45°，那么就如相应这一地极位置的赤道所表明，在巴西、前印度和东澳大利亚处，离地极最远的大陆冰川痕迹的地理纬度还不到 10°，那就是说，极地气候几乎要达到赤道。而像我们预先说过的，在另一半球则只有热带和亚热带炎热的痕迹，一直达到斯匹次卑尔根。不用说也很清楚，这个结果是荒唐的。实际上，科肯[167]在 1907 年当南美洲的标本还被认为是不落实的时候，就已经证明了用气候方面的原因来解释这些冰川痕迹是不合理的：因为他的结论，即认为唯一的办法，就是所有这些冰川痕迹都是在很大的海拔高度处形

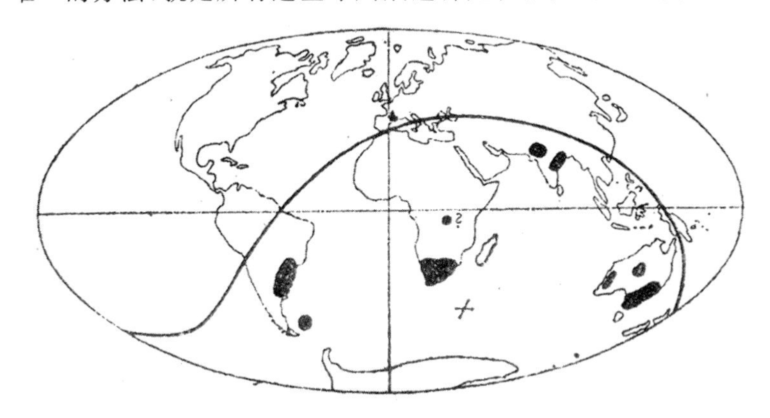

图 34　现在各大陆上的二叠石炭纪大陆冰川痕迹。×号表示最有利于解释的南极位置；粗黑线为相应的赤道

成的假设无法成立,原因是即使这样大规模的高地也不能在热带产生大陆冰川,并且观察结果正好相反地证明,在这里雪线一直下降到海平面。事实上,此后也没有人再尝试从气候角度去解释这些现象了。

因此,这些冰川痕迹明显地否定了大陆不动性假说。如果大陆移动论在其搜集的大量材料中有某一点导致了某些荒谬的结果,我们又会如何看待它呢?大陆地块位置的不变性,直至现在一直被视为无需证明的经验真理。但是它实际上仍然只是一种假说,必须在观察中加以验证。而我十分怀疑地质学是否能够对其结果中的任何一项,提得出比对二叠石炭纪冰川痕迹证明不动性假说的不正确更为严格的证明。

我们在此不准备引用文献来论证上述说法。谁都可以看到的东西也就无需外界意见的支持;但是谁要是不愿意去看,那也毫无办法。

对我们来说,现在的问题已经不再是大陆地块是否曾经移动过(因为这是不可能再有怀疑的)?而是:它们是否真像大陆移动论具体设想那样移动过?

这里我们不能忽略在很多地点的二叠石炭纪堆积中还找到了砾岩,它们迄今同样被地质界看作是冰川成因的,并且就它们的位置而言,与大陆移动论的具体假设不甚或者有一部分完全不相符合。

例如有人报道过非洲中部有这类二叠石炭纪(还有三叠纪)的砾岩[216],至今都把它们鉴定为相当于南部非洲的德维卡砾岩,并解释为大陆冰川的底冰碛。刚果地区的二叠石炭纪冰川痕迹,必要时似乎还可以和大陆移动论的假设凑合(三叠纪的则甚为勉强),但我认为恐怕需要在气候学方面为此作出难以置信的假设。可是在这里冰川成因解释的可靠性如何呢?上面已经指出过,在完全不同的气候下(特别是干旱气候),也能形成带有经磨光块体的、相似得使人混淆的“假冰成”砾岩,并且可以证明确实形成过。但是直至目前,在刚果地区没有任何地方找到过上文曾经提到的冰碛之下经磨平的基岩,也就是说,迄今只掌握了对假冰川成因也是典型的那些迹象。此外,对那里的层序已知的也只是小片断——甚至划入二叠石炭纪也还不是肯定的——因此还不能说由于整个层序相同而证实了其冰川成因。关于这些地层,我们所知甚少,已知的情况看来相反表明是一种基本不同的建造,也就是说是在不同的气候下形成的。无论如何不能认为这里的冰川成因,其解释已经是肯定无疑的。此外还有一个直接的矛盾,就是人们相信在南部非洲已经可以确定大陆冰川的北界。很难相信与此同时在非洲中部存在另一个单独的冰盖。因此有理由在考虑气候证据时,暂且把非洲中部的砾岩搁置起来。我认为将来很有可能证实它们的假冰川成因性质。

这一点对科埃特在多哥发现的二叠石炭纪砾岩就更为可能了,根据现有的尚不深入的研究,它们同样被说成是冰川成因的,但我认为极有可能是在干旱气候下生成的。

但是北美和欧洲另一系列被说成为冰川成因的砾岩,却和由大陆移动论导出且在其他方面如此顺理成章的整体图景甚不合拍。霍布森以为在鲁尔盆地石炭系中,车尔尼雪夫则在乌拉尔的上石炭系中发现了冰川痕迹。道森于 1872 年同样在新斯科舍岛上发现了据说是冰川痕迹,科勒曼在1925年还加以证实;韦特曼(1923)在俄克拉荷马州的阿巴克尔和威奇塔山脉中找到了这类痕迹;伍德沃斯(1921)在俄克拉荷马的“肯内页岩”;尤登在得克萨斯州的二叠系;许斯米尔希和大卫也提到科罗拉多州的“喷泉”—砾岩。这些情况,今天绝大多数地质学家都已认为是假冰川成因的,这显然是有道理的,因为如果解释为冰川成因,则正好与这些地区的所有其他气候证据相矛盾。范·瓦特舒特·范·德·格拉赫[210]对此写道:

“我们对‘冰碛岩’必须十分谨慎。我认为得克萨斯、堪萨斯、俄克拉荷马,尤其是科罗拉多等地的二叠石炭纪砾岩中,没有一个是已证明能被看作冰川起源的。熟悉大暴雨,特别是沙漠或干旱带边缘出现的那种大暴雨的人,对于不经筛选、多半为碎屑质,部分为有稜角的巨厚层物质是不会感到奇怪的,这种物质是由这类暴雨造成的洪水堆积起来的。这种洪水虽然持续时间短,却极为猛烈。往往河流中所含泥沙比水还多,这种混合物的比重很大,以致不仅能搬运难以置信的巨大石块,而且妨碍了对物质的任何筛选分离。并不需要用冰川来对此进行解释。我们现在可以在所有沙漠,也包括美洲西部的沙漠中,看到同样的过程。

“在本来是细粒的海相沉积物中,个别的大石块不一定需要由浮冰搬运。大树也可以造成同样结果,它们能够把自己根部夹着的石块一起带到海洋中去。

“就是磨光并且刻划过的石头,也不一定必须是冰川成因的,除非擦痕很多,而且石块很密致、坚硬。那些西北欧的二叠纪砾岩与冰川成因的石块及漂石惊人地相似,并带有‘冰川成因’特征的明显标志，它们现在也被视为只是由于滑动造成擦痕的碎片。我自己 1909 年也错误地把欧洲这类砾岩中的一种，描述为冰碛岩了。”

但除了上文引述的情况外，还有一个特别引人注目的现象，那就是在北美洲波士顿附近发现的二叠石炭纪砾岩，它获得了“斯克万图木冰碛岩”(Squantum Tillit)的名称，以前所有的观察者，特别是对此作过极其详尽描述的塞尔斯[168]都把它解释为固结了的冰碛石。这些堆积覆盖着几乎有冰岛伐特纳冰原那么大的地域。砾岩含有磨光了的石块，这些石块被看作经过冰川刻划的漂砾，而在这个地区的周围发现过固结了的粘土层，它们与德·耶尔考察过的瑞典第四纪及第四纪后的纹泥相似。可是所有这些现象，也都可能是假冰川成因的。直到现在，没有在任何地方在这些所谓的冰碛石底下找到过经磨平的基岩。

正如我不久前强调指出过的[217]，从气候学立场出发，存在着对这种斯克万图木冰碛岩的冰成说法极为严重的疑虑，而且与大陆移动论完全无关。所有其他北美洲二叠石炭纪异常丰富的气候证据，都明确无误地证明美国地区的西部，在整个这段时期是炎热沙漠气候，而其东部在石炭纪还处于赤道多雨带。但到二叠纪时，则同样在炎热沙漠区。下文中还要提到关于这些气候证据的详情，在这些证据中，盐和石膏沉积以及珊瑚礁起着主要作用。可是从图 33 中可以看出，生成这类沉积的气候地区正是整个地球上雪线位置最高的。它在美国范围内，当时恐怕也位于 5 000 米高度以上。显然完全不可能在这种沉积之间出现过像伐特纳冰原那样大的冰体，或者甚至像某些人设想的那样，在生成珊瑚礁的同一个海中漂浮着冰山。这在物理学上是不可能的,因为气候不可能在同一个时间既是冷的又是热的。即使假设这些冰成建造是在很大的高度上形成的也无法解决。因此,我认为斯克万图木冰碛岩很可能也会表明是假冰川成因的,就像某些其他砾岩所已经证实了的那样。

这里要注意的是,对斯克万图木冰碛岩冰川成因性质的这些气候学上的疑虑,来自北美洲地块中时间与空间上和它相邻的沉积,也就是说,与大陆移动论完全无关,并且抛开它也同样需要作出解释。

由于这个原因,把斯克万图木冰碛岩看成一个障碍是不合逻辑的。因此,不论怎样对待这种冰碛岩,我们也很自然地必须遵循大量可靠而且彼此相符的证据,而不是那一个与此相偏离的证明,况且它也已经在很多情况下表明是假象。

我在此较为深入地讨论了二叠石炭纪假冰川成因现象,因为直至目前,在反对斯克万图木冰碛岩的冰川成因解释方面,我似乎还是孤立无援的①,为此不得不对此作较深入的论证。现在我们就转而检验一下在大陆移动论的基础上,石炭纪和二叠纪的可靠气候证据又会是怎样的情况!

这些证据中最主要的已经算在附图 35 和 36 中了。真正的冰川痕迹用字母 E 表示。可以看到,当时的所有冰冻地区都围绕着南部非洲,并在地表上占据一个约 30°半径的盖。同时期的极地气候证据,则局限在与我们现在的气候体系相同的地域内。这就

① 只有范·瓦特舒特·范·德·格拉赫似乎同意我的怀疑。

再理想不过地证实了我们的假设①。

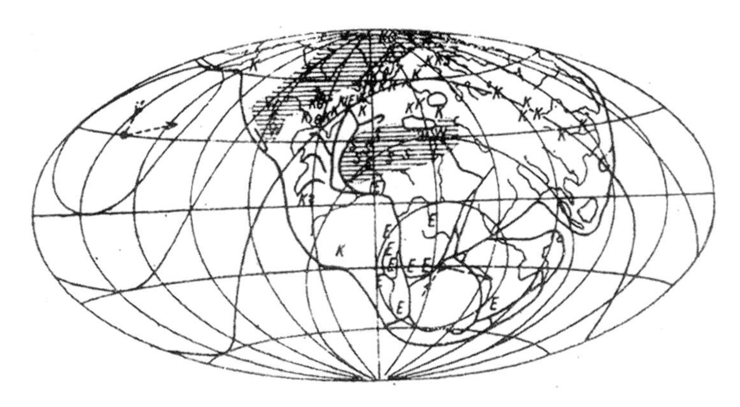

图 35　石炭纪时期的冰川、沼泽和沙漠　E＝冰川痕迹，K＝煤，S＝盐，G＝石膏，W＝沙漠砂岩，横线＝干旱地区（据柯本—魏根纳）

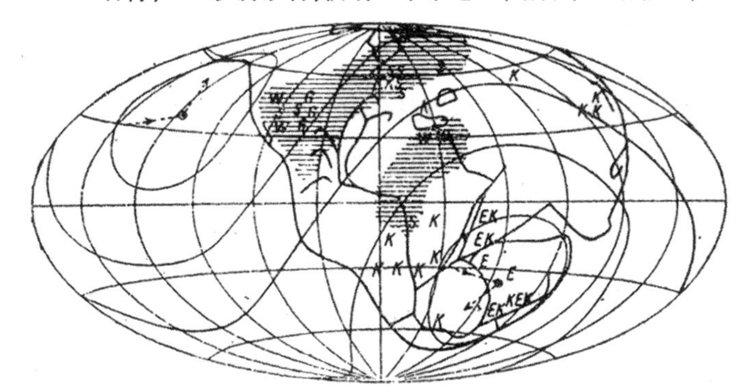

图 36　二叠纪时期的冰川、沼泽和沙漠　E＝冰川痕迹，K＝煤，S＝盐，G＝石膏，W＝沙漠砂岩，横线＝干旱地区（据柯本—魏根纳）

① 有人毫无道理地指责：由于南半球各大陆的冰川不完全是同时的，因此也可以根据今天各大陆的位置进行解释，只要加上（可必须是很大幅度和迅速的！）地极漂移。但是澳大利亚的第一次冰期在石炭纪就已出现，和南美洲及南部非洲同时，而当南极作大幅度漂移时，北极必须横越墨西哥，那里恰恰是炎热的沙漠气候。况且所有其他分布于全球地表的气候证据，都极其肯定地反对如此猛烈的地极漂移。

那么为什么北极地盖没有形成与南极大陆冰川丰富的证据相对应的东西呢？其解释在于当时北极位于太平洋中，这个地点远离所有各大陆。

两幅插图中均以冰区中心为南极，从这点展开，也画上了对应的赤道、南北纬30°和60°的纬向平行线，以及北极。当然这些曲线，在插图的投影中显得大大变形；赤道实际上应该是球体面上的一个大纬线圈，图中则以弯曲的稍粗线条表示。那么与此相应的其他气候证据如何分布呢？

巨大的石炭纪硬煤带穿过北美洲、欧洲、小亚细亚和中国，在我们的复原图中（不是在今天的地球上！）形成一个大纬线圈，而且它的极位于冰区的中心；这个圈和我们复原的赤道相重合。

像已提到过的那样，煤意味着多雨气候。这样一条以大纬线圈形式环绕地球的多雨带，自然无疑只能是赤道圈。如果此外还能像这里那样确定它距离一块巨大冰区的中心90°，那么我们就更有理由推论它处于赤道的位置。

认清下面这一点是重要的，就是这个推论完全是必然的，不管我们是否立足于大陆移动论。欧洲的石炭纪煤田，正好位于同一时期在南部非洲经过深入研究并且已经肯定的大陆冰川痕迹以北80°处，在这里我们有证据表明，雪线正如今天只能在南极洲所看到的那样下到海平面上。由于阿尔卑斯在第三纪的挤压，这个距离在石炭纪时期应比现在大10°—15°，但除此以外，欧洲与南部非洲的相对位置不可能经历过显著变化。因此丝毫不应怀疑，欧洲的石炭纪煤层在形成的时候，距离一个巨大的大陆冰川地区的中心正好是地球周圈的四分之一，而不管对当时其他大陆的位置作怎样假设。距离地极 90°，无论如何只能位于赤道上。斯匹次卑尔根也仍在欧洲大陆地块上，就是说，在石炭纪时，它与欧洲的相对位置必然与现在基本相同。它的大型石膏层证明了亚热带干旱气候，同时指明北半球亚热带气候带，当时还在欧洲煤层以北 30°处。

据此，欧洲石炭纪煤层形成于赤道多雨带，这个结论是无法回避的，而且对它的论证根本用不着考虑大陆移动论。这个证明是如此具有说服力，以至于此外的其他特征都必然大为逊色。可是提出下列问题当然还是有道理的，那就是在欧洲石炭纪煤层以及与其相邻地层中的植物残留体的特点，是否与这个结果相一致。按照欧洲石炭纪植物区系最优秀的内行波多尼的判断，实际情况正是如此。他关于这方面的研究[169]至今仍是最深入和最好的；他纯粹基于植物学观点得出的结论是，欧洲石炭纪煤层为热带浅沼泽性质的泥炭沼泽化石。

当然，波多尼为这种看法提出的理由并不具有绝对肯定的性质；因为判断如此古老的植物区系的气候特性是十分困难的。现在的古植物学家中有不少人反对他，并且十分强调这种理由的不可靠性。可是很明显的是，就我所知，他们没有能够对波多尼提出的植物区系特征找到其他更加令人信服的气候解释，从而驳倒他的理由；或者说，他们也未能提出波多尼未曾论述过而却又表明另一种气候的该植物区系其他特性。相反，波多尼的反对者，提出的都是一般性的指责。波多尼的植物学论证看来仍完全未受触动，正是由于这个原因，了解一下他的这些论证还是有意思的。他主要提出了植物区系的六个特征，以支持热带起源的说法：

1. 如果能根据蕨类化石的生殖器官作判断,则它们显示出与今天生长于热带的很多科有亲缘关系。其中值得提出的是很多石炭纪蕨类植物,与现代的观音座莲类的亲缘关系。

2. 在石炭纪植物中,非常突出的是桫椤科和匍匐或卷曲的蕨类。总是占优势的是木本植物,其中有些种类现代多半是草本的。

3. 某些石炭纪蕨类如蕨羊齿(Pecopteris)具有歧脉,即不规则分叉的羽叶长于小羽轴处,这和其他的蕨类叶规则羽状分叉明显不同。它们还在幼嫩正常羽叶捲曲时就已长成。这种歧脉现在只能在热带蕨类中看到。

4. 相当多的右炭纪蕨类叶子很大,只产于热带。有些蕨类叶大到几个平方米。

5. 欧洲石炭纪乔木树干完全没有生长带(年轮)。也就是说,它们的生长既不为周期性的干旱期也不为周期性的寒期所中断。我们现在还可以补充说:在福克兰群岛和澳大利亚(两者如图 35 和图 36 所示均位于高南纬度处),相反都已发现了有明显年轮的二叠石炭纪树木。

6. 已确定花生长于树干上的有"木贼和石松,而且后者中有某些鳞木属(疤木类,它甚至完全基于树干残体上的大印痕,相当于生长在树干上的花)和封印木属……现代树木中凡花由旧木质(树干和树枝)侧面长出的,几乎完全局限于热带雨林……也许原因在于由茂密的热带植被引起的激烈的争夺阳光,它表现在需要阳光的树叶往往完全占据最顶上的位置,而繁殖器官则出现在植物较少接受阳光的部位。它们在这个位置,无论如何不会妨碍树叶丰富的生命活动。"

即便人们认为上文提到的这些植物学结论是不落实的，可是有两点是可以肯定的：这种植物既不生长于极地气候，也不生长在它们现在产地中起作用的温和气候，而只能是热带或亚热带气候。其次，所有迹象，都极好地符合我们通过完全不同但可靠得多的途径取得的结果，即这些煤层是在赤道多雨带生成的。

波多尼的反对者们大多主张这里涉及的不是热带而是亚热带气候这种看法。他们以前用以论战的基础（我不知道现在是否还有人这样做），是断言在现在的赤道多雨带不应该也不可能有泥炭沼泽，因为据说由于在高温下植物各部分分解较快，所以在某一温度线以上即不再生成泥炭。反驳这种提法的最简单事实，就是近来在现在的赤道多雨带几乎到处都发现了泥炭沼泽，尤其在苏门答腊、锡兰、坦噶尼喀湖附近和英属圭亚那（现为圭亚那合作共和国。——译者）。可能还会有很多存在于刚果河和亚马孙河沼泽地区，虽然对它们还没有直接的了解，但是很多当地河流的茶色“黑水”，表明它们的存在是很可能的。也可以说这种指责不过是一种谬误，造成这种谬误的原因是热带沼泽难以进入考察，因而我们至今缺乏对它们了解。在石炭纪的赤道附近，形成泥炭沼泽的条件显然特别优越，原因是当时开始了石炭纪褶皱地壳运动，它使自然水流受到破坏，并造成了特别广阔的沼泽地。

人们还引用了另一个原因来论证亚热带气候的假设，那就是在石炭纪煤炭中常见的桫椤属，现在较少出现在热带，较多地出现在亚热带，并且是在潮湿的山坡。但一方面，这不是必然的理由，因为桫椤属现在确实也产于赤道多雨带泥炭沼泽中，因而很可能它们在这里现在只是部分地被更好地适应环境的种属所取代,这些种属在石炭纪还不存在,因而不能否定前者。另一方面,在这一点上和今天的亚热带比较是不合适的。今天的亚热带除季风雨区外,在大陆的东侧都是干旱的,因而相当于石炭纪煤区那么长的沼泽带,从气候上说是无法放到亚热带中去的。煤炭带只能对应于赤道,或者冷温带气候。但是在冷温带气候下又不可能有桫椤属。

最后,如果说某些作者怀疑波多尼的解释,所持的理由是因为他在对第三纪褐煤所作的气候解释中也犯了错误①,那我们恐怕可以不去管它,因为谁只要错了一次就必然永远是错的这种结论,肯定反而不如波多尼关于欧洲石炭纪煤炭的热带性质所作的证明可靠。

围绕这些煤炭是热带还是亚热带性质的整个争论,所引用的理由都不具有必然的性质,这对如此古老的植物来说是不足为怪的。但是我重复一遍,这些煤炭的位置,与极地大陆冰川地区中心的距离为一个地球象限,这一点对于它们在赤道多雨气候条件下形成是完全必然的理由,并且如已经强调过的,与大陆移动问题完全无关。

大陆移动论只是借助这条巨大煤炭带的欧洲以外环节来完善上述证明,这些环节如果不考虑大陆移动,则会矛盾重重。

---

① 我不想参加古植物学家的争论,只愿借此机会指出,就气候证据的整体看,无疑,中欧在第三纪前期还位于赤道多雨带,在第三纪中期处于亚热带(部分地是干旱带)气候下,而在第三纪后期则大致相当于现在的气候。因此中欧的第三纪煤炭,肯定随其年龄而在很不相同的气候下生成的。在此也应注意,由当时欧洲的气候证据化石的整体所确定的气候,要比成煤植物提供的一组证据可靠得多。

北美洲、欧洲、小亚细亚和中国的巨厚石炭纪煤层，在植物区系包括气候生成条件方面相同，现在是普遍公认的。由于欧洲的煤层必然要在赤道多雨带中生成，那么同样的情况也必须适用于这条煤带的其他环节。它们今天的排列为大陆移动提供了一个直接的证明，因为它现在并不满足所有这些煤层必须位于同一个纬线圈的要求。为了便于阐述我们在图 37 中引用克赖希高尔[5]为石炭纪所绘的世界地图，地图中包含他假设的赤道，我们可以在这里看到不用大陆移动论可能得到的图景：就欧洲、非洲和美洲而言与我们的大致相符。但是在他的图中，赤道通过按气候证据不应通过的美国东部，而应通过它不可能存在过的南美洲，之所以不可能，是因为离上述赤道不到 10°纬度就伸展着大陆冰川。在这里，当然又是前印度和澳大利亚的位置与它们的大陆冰川痕迹无法相容这一点特别引人瞩目。

石炭纪主煤带煤层所以如此宝贵，是在于它们的巨大厚度，这是与它形成于赤道多雨带极其相符的。南方各大陆上二叠纪时，在溶融的大陆冰川底冰碛之上(参看图 36)生成的煤层要薄得多。与此相应并以草木蕨类舌羊齿命名的植物区系是一种寒冷植物，在这里遇到的是南半球亚极地多雨带的沼泽，它们的形成完全与北欧和北美第四纪及第四纪以后的泥炭沼泽相同。这些煤系和舌羊齿植物区系也要求把上述地区连接起来，这些地区今天所占的空间，对于它们当时的气候来说是实在太大了。

石炭纪和二叠纪的其他气候证据，也证实了我们在图 36 和图 37 所表示的结果，其中的分带排列只有当按大陆移动论来假设各大陆的位置时才能实现。

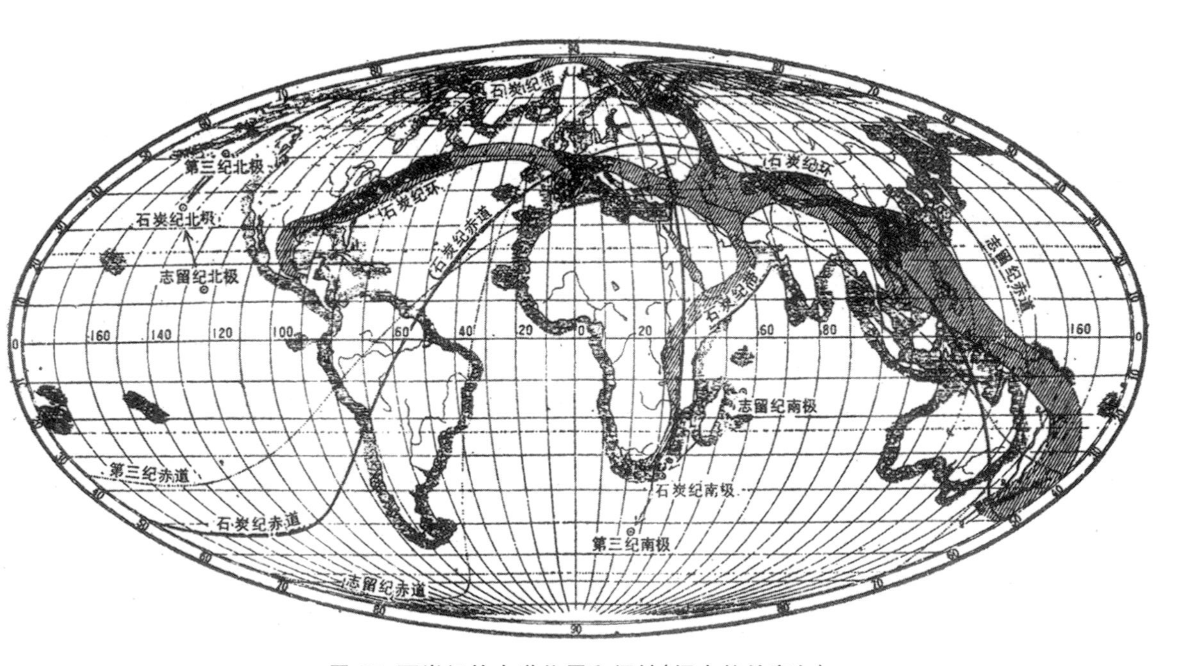

图 37 石炭纪的赤道位置和褶皱(据克赖希高尔)

在包括干旱地区的两条亚热带气候带中，北半球的一条，在石炭纪和二叠纪时特别易于看清，而且不仅是它的存在，还有它在二叠纪时向南的推移，这样就使得赤道多雨带被挤离北美和欧洲，并为干旱气候所取代：石炭纪时在斯匹次卑尔根和北美洲西部进行着大规模的石膏沉积（图 35 中的 G），美洲西部巨厚的二叠石炭纪红层表明到处都是荒漠气候。只有在北美洲西部蜿蜒着赤道多雨带。但是二叠纪时，整个北美洲和欧洲都是荒漠性质的：在纽芬兰，石炭纪晚期在最后的煤层之上已经出现盐层（图 35 和图 36 中的 S），二叠纪时在艾奥瓦州、得克萨斯州和堪萨斯州形成了巨厚的石膏层，在堪萨斯州还有盐层。石炭纪时，赤道多雨带穿过欧洲，那里到二叠纪时生成了德国、阿尔卑斯南部、俄国南部和东部的大型盐矿。单只在德国，阿尔特[11]就举出了九个二叠纪盐矿，其中包括著名的施塔斯富特盐矿。欧洲气候带的这一南移和北美洲气候带的同时向东南方向移动，加上大陆冰川从南部非洲向澳大利亚的迁移，证明了从石炭纪到二叠纪时，地极作了中等规模的漂移。

如果直至目前的观察结果允许作出结论的话，那么可以说，南半球的干旱带，在石炭纪时主要在撒哈拉范围内留下了痕迹，那里生成了为数众多的大型盐矿，此外还有埃及的荒漠砂岩。当然这些沉积，尤其是它们的准确年代划分方面的研究程度，远不如欧洲的那样深入。

最后，欧洲（爱尔兰到西班牙）和北美洲（密执安湖到墨西哥湾）的珊瑚礁，以及二叠纪时阿尔卑斯、西西里，还有亚洲东部造石灰岩礁的李希霍芬石，也都可以毫不勉强地归入有关的气候带中。

从上述内容中可以看到,不仅二叠石炭纪的冰川痕迹,而且还有当时的整个气候证据,如果应用大陆移动论,都可以纳入一个完全与现今气候体系相应的系统中去,只是要把南极移到南部非洲一带。相反,按各大陆现在的位置,则完全不可能把它们归纳成为一个可以理解的气候体系。这样,这些观察结果就成了大陆移动论正确性的最有力证明。

如果大陆移动论的古气候证明只能用于石炭纪和二叠纪,而对以后的时期无效,那么它当然是不完全的(对此前的时期,暂时还不能进行,因为目前还不存在这些时期的地图基础)。但是情况绝非如此。我在一本和柯本合写的书[151]中,以同样的方式依次讨论了所有此后的地质时代,就像这里——简要地——对石炭纪和二叠纪所作的那样。因篇幅所限,在此不能重复那些论述,因而我们不得不请读者参阅我们的那本书。但是结果都是相同的:如果使用根据大陆移动论所作的复原图为底图,则总能把那些气候证据纳入一个和现在基本相同的系统,而单纯以各大陆今天的位置为基础,则将矛盾百出。越接近现代,矛盾自然越小,因为各大陆的位置也随之更为接近今天的状况,从而使这些证据对大陆移动论正确性的说服力减弱。

此外还要指出,地极漂移,尤其是对较晚的时代,在解释古代气候中起着至为重要的作用。地极漂移和大陆移动互相补充,在这里形成一个组合法则,应用这个法则后,以前杂乱无章甚至看来互相矛盾的单个事实,就会归并成一个经常使人感到惊奇地简单的图景,这个图景由于和现在的气候系统完全类同而具有极大的说服力。但是这一点最后还是要归功于大陆移动论,因为没有它的话，地极漂移论至多只能对最年轻的时期提出一个勉强令人满意的解决办法。

第八章　关于大陆移动和地极漂移的基本问题

大陆移动和地极漂移这两个词，在以前的文献中往往用在十分不同的意义上，而关于它们的相互关系是不明确的，这一点只能通过精确的定义加以澄清。作出定义也是为真正清楚地了解在这两个词中包含的问题所必须的。

大陆移动论的阐述完全是指相对的大陆移动，亦即指地壳某些部分相对于某一任意选定部分的移动。在图 4 的复原图中表示的，是各大陆相对非洲的移动，因而在所有复原图中，非洲都画在相同的位置上。所以选择非洲作为基准大陆，因为它是当时原始大陆地块的核心。如果观察对象只局限于地表的某一部分，那么自然要把坐标系移到这个部分中一个较狭窄的地区上，然后把这个基准地区定为不变位置。它的选择纯粹是一个实用的问题。由于最近实行的对地理经度变化的监测，也许将来会过渡到将整个地球上的大陆移动相对于格林威治天文台来表示。

为了摆脱选择坐标系的任意性，也许应该定义为均衡的大陆移动，它可以相对于地表整体来确定，而不仅相对于地表的某一部分。但是这种测定实际上是极其困难的，一时不能考虑。

重要的是要认清我们使用非洲作为坐标系是完全任意的。例如当摩伦格拉夫[在228中]着重指出大西洋中脊,表明非洲从那里向东漂移,那么我不能承认这和大陆移动论有任何矛盾。与非洲相比,美洲和大西洋中脊向西移动,并且前者的速度约为后者的一倍;与大西洋中脊相比,美洲向西而非洲以大约相同的速度向东移动;而与美洲相比,则大西洋中脊以及非洲都向东移动,后者比前者快一倍。由于运动的相对性,所有三种说法都是等同的。但是我们一旦选定了非洲为坐标系,那么我们按照定义就不能说这个大陆运动了。上面已经说过,这种选择不能说对地球的个别部分,而至多只能说对整个地球表面是最实用的。

这样定义的大陆移动,还丝毫没有说明对地极或者基底的位置变化。就认为把后面两个概念与大陆移动概念分开是重要的。

地极漂移是一个地质学概念。因为地质学家只接触到地壳的最上层部分,而地极以前的位置只能依据气候证据化石来判断,后者又是取自地表的,所以我们必须把地极漂移定义为地极在地表的漂移,也就是作为纬度圈系统相对于整个地表的转动,或者也可以说是整个地表相对于纬度圈系统的转动。由于所有运动的相对性,两者结果是相同的。这种转动,当然必须围绕一个与地球自转轴偏离的轴进行才能起作用。此时地球内部反应如何,它相对纬度圈系统,或地球表面稳定,或者第三种也是可能的情况,即相对于两者转动,这个问题在该定义中是完全涉及不到的。但弄清这个问题却是需要的。在这个意义上的地表地极漂移,对于古老的时代只能通过气候证据化石来证实。地球物理学并不能对其存在或者可能性作出判断。

当然,测定这个定义上的地极漂移,由于同时出现的大陆移动而有困难。如果没有大陆的移动,那么就可以从气候证据化石推出的情况,直接比较地极的相互位置,按说这样不难得到地极漂移的方向和幅度。但是如果在两个考察时间之间这一段时期发生了大陆移动,那么我们固然也可以在两张考虑到按大陆移动设计的世界复原地图上,依据气候证据找出这两个时间的地极位置,但会出现一个有意思的困难,就是我们不知道应把时间 2 时原来那个"未经变动的",即与时间 1 时一致的地极定在什么位置上,因为我们要从这个位置出发才能计算地极漂移的幅度和方向。

大概可以这样进行:我们先设想一个时间 1 时在当时地球表面上固定的网络,那么它在时间 2 时由于大陆移动显得有些变形。现在我们找一个与已变形的网络尽可能地接近的网络①,那么它的两极就是时间 2 时的两个"未经变化的"极,而与由气候证据化石导出的真正的时间 2 时的两极作比较,就能得出时间 1 和 2 之间地极漂移的幅度。

这是绝对的地表地极漂移。由于上述困难,还没有人尝试过作这种测定,而总是满足于给出相对的地表地极漂移,也就是相对于一个任意选定的大陆来对它进行测定。柯本和我[151]在此还是用了非洲大陆,也就是描述了相对于非洲的地极漂移。如果选择另一个大陆作为基准大陆,当然地极漂移就会变成完全另外的样子。只是如果没有大陆移动的话,那么不管如何选择总是得到相同的地极漂移,那就是绝对的漂移。相对地极漂移因大陆移动,使得随基准大陆的选择而会得出多么不相同的结果,可以从图 38

① 我们在此无需深入研讨其数学条件。

中看出，图中示出自白垩纪以来的同一地极漂移，右方是以非洲为基准的，左方则以南美洲为基准。

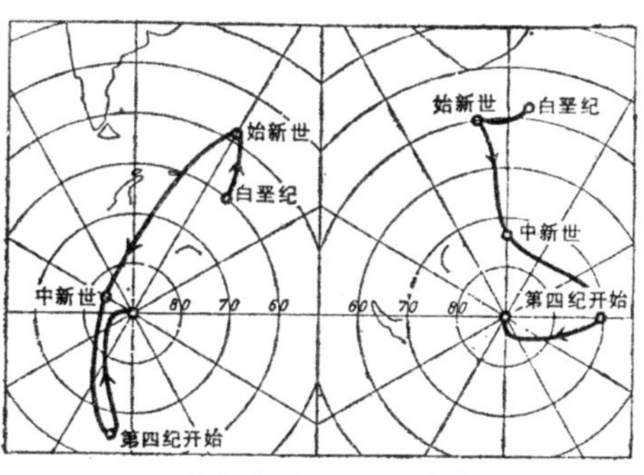

图 38　南极自白垩纪以来的漂移；左方以南美洲为基准，右方以非洲为基准

今天的地极漂移，按最近国际纬度站的观测导出的结果，也只能相对于地球表面。我们关于地球地极漂移知识发展的一个里程碑，是不久前成功地导出了今天在继续进行着的这种地极漂移，直至当时总是只能确定地极围绕其不变的平均位置所作的周期性摆动。1915 年，瓦纳赫首先推导出这个平均位置的迁移，但由于当时的幅度还很小而不能认为是确实可靠的①。第一个肯定无疑的数字证明是兰伯特在 1922 年提出的，不久前瓦纳赫[208]基于纬度站 1900,0—1925,9 的观测，重新推导了地极漂移。我们在图 39 中引载瓦纳赫的图之一，其中很好地显示出漂移的规模。如所周知，地极的全部运动是转动极围绕惯性极进行的近似圆形的运动，其半径有时较大有时较小。为了使图一目了然，瓦纳赫只画入了整个地极运动的三个片段，即半径特别小的 1900,0—1901,2，很大半径的 1909,9—1911,1 以及又是小半径的 1924,7—1925,9。地球的惯性极永远是上述现象的中心点，并通过均值计算求出，它是

① 我在 1912 年就已在《彼得曼通报》(309 页)中指出，如果极其敏锐地注意对称形式，就能辨认出地极轨迹曲线中心点的系统迁移。

沿着在图的中心画出的一条斜短线移动的。它的年运动距离，即今天的年地极漂移，为 14±2 厘米或者每百万年 140 公里(1.3°)，这个值大于从地质证据推导出的中生代地极漂移，但却小于第三纪的。如果速度和方向均保持不变，则北极可在 2 300 万年内达到格陵兰的南端。

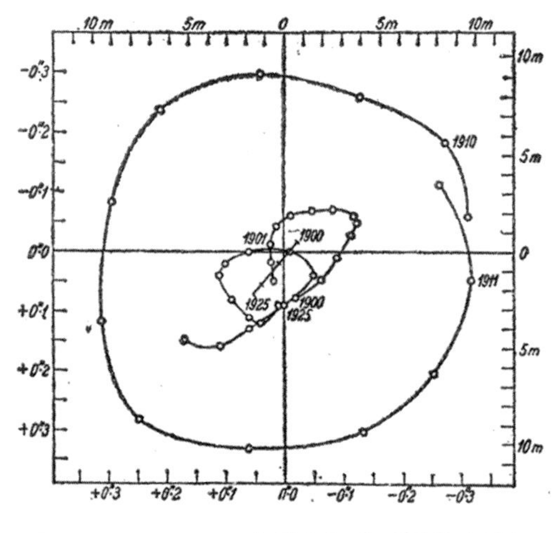

图 39 1900—1925 年地极漂移以及整个地极运动的片段(引自瓦纳赫)

这种现在的地极漂移，在概念上并不相当于以某单个大陆为基准的相对地极漂移，而更多地，虽然不是完全地，相当于以整个地表为基准的绝对地极漂移；因为纬度站是分布在全球各地的。但还是要注意到，严格说来，为推导绝对地极漂移，必须从地球表面所有的点出发作地极高度测量，因而国际纬度局只能给我们提供绝对地极漂移的近似值。只有当纬度局台站彼此的相对位置不因大陆移动而变化时，地极漂移值才是准确的。但实际上位置是在变化，这一点看来从舒曼[220]强调的情况可以得出，那就是在推导地极轨迹中出现的余数误差，由于其系统的性质不能解释为观测误差，但是它的起因并不是一目了然的。

我认为十分重要的是，上述的地极漂移应定义为地表的漂移，这样来把它是由于地壳在其基底之上移动还是由于内部轴线迁移产生的这个争议问题，与确定其现实性区别开。在以往的文献中却并非如此，造成的后果是模糊和混乱。以往，地极漂移一直是由地质学家经验地证实的（或者今天的地极漂移是由大地测量学家根据纬度测定推导的），某些地球物理学家从理论原因出发，对这种漂移的可能性提出异议，第三类学者则提出折衷建议，即认为它不表现在内部轴线迁移而仅在于壳层在其基底上旋转。为了摆脱模糊不清的状况，需要建立一个较为严格的概念，第一步是我们把地极漂移定义为地球表面的；这种地球表面的地极漂移对古代地质以及现代均已证实，因而讨论它存在的可能性已没有意义。

我们想把地壳漂移和地壳旋转理解为地壳相对于其基底的运动。地壳这个词的含义就是地球内部的对立面，因而这个定义是理所当然的。我们已从多方面掌握了这种基底上地壳漂移的迹象，但这些迹象只足以判断移动的方向，却不能判断其大小。

首先，我们掌握了整个地壳旋转的大量迹象，这种旋转是指向西方的，也就是围绕着一个与地球转动轴一致的轴线进行的。在此范围内的，还有小地块相对于大地块向西滞留这个现象，如亚洲东部的边缘环带、西印度群岛、合恩角和格雷厄姆地之间的南安的列斯岛弧，还有大陆尖端的向东弯转如巽他群岛和佛罗里达陆棚地区、格陵兰和火地岛的南端、格雷厄姆地的北端，还有锡兰的断离，马达加斯加从非洲、新西兰从澳大利亚的东移；此外还要提到的是安第斯山脉的推挤。所有这些现象，虽然目前都包括在大陆移动概念中；但是它们证实了大陆地块相对于紧靠它们的大洋盆硅镁质所作的西向系统移动，从而表明大陆地块可能也相对于在它们之下的硅镁层向西移动。因为这些迹象出现在全球各部分，从而成为整个地壳向西旋转的证据。实际上，今天的地球物理学反复地使用着这个观念。

另一方面某些现象也证实了局部地壳漂移的存在，即指向赤道方向的漂移。由于影响到大陆地块的极逸离力的存在，从理论上就已经应该期待存在这样一种运动。从阿特拉斯山脉到喜马拉雅山脉的第三纪巨大褶皱系，证实了指向当时赤道的推挤，这种推挤只能由于地壳在其基底之上漂移而产生。

所有这些都是间接的迹象。重力分布提供了一个地壳在其基底上漂移的较为直接的证明，对此我们要稍为深入一些加以讨论。

我们在图 40 中转引柯斯马特[38]拟定的中欧重力干扰图。实际观测重力值如通常那样作了还原，即相当于把地球上的所有地形全部削平至海平面，并从海平面进行测量，也就是说除了还原到海平面外，还要把在此之上的质量所造成的影响从最后结果中减去。然后把经过这样还原的观测值，与对相应地理纬度适用的重力正常值相比较，并将两者的差值(即重力异常)表示在图中。它直接向我们显示出山脉之下的质量亏缺，这种亏缺通过山脉本身而补偿至接近均衡。“在此只能得出某些地球物理学家和海姆已经表达过的观念，即并非因松散造成亏缺，而是由于褶皱使地壳上层较轻部分极度变厚，并且这个肿胀体在其形成时沉入塑性的基底。褶皱山系不仅向上生长，而且由于本身的重量也向深部生长：正如海姆对此所表述的那样，与褶皱升起相对应的是更大幅度的褶皱下沉。”也就是说，我们可以在图中看到硅铝层底部也有正好相近似的形状；在重力异常达到最大值的阿尔卑斯山脉之下，硅

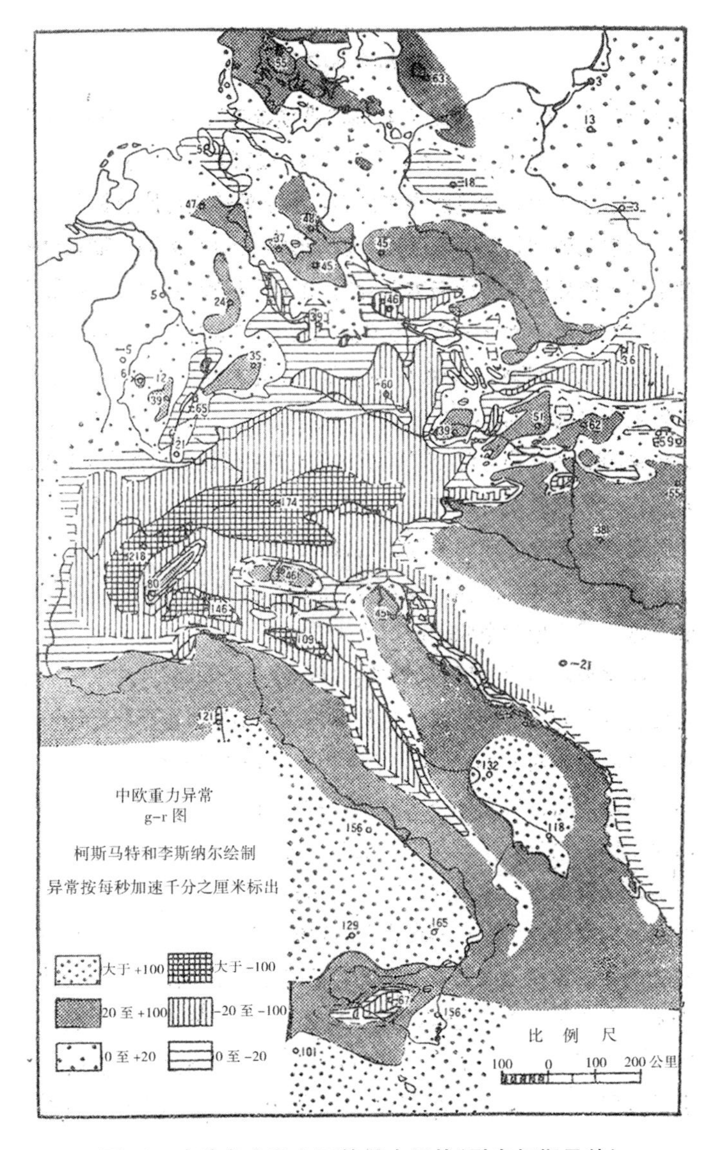

图 40　中欧各山系之下的重力干扰(引自柯斯马特)

铝层底部也沉入硅镁层最深。

但是我们这里要做的是仔细比较这种地下的物质肿胀与山脉的相对位置,为了进行比较,我们请求读者手持一本地图册,这样就会很容易看出,重力亏缺是在系统地向东北方向移动。

于是这个引人注意的事实说明,地下的质量肿胀全都程度不同地向东北倾倒,并不可逆转。但是这肯定表明欧洲大陆地块相对于其下的硅镁层向西南方向运动,在这个过程中,它在硅镁层中的向下伸出部分因摩擦而被拉住。如果我们掌握全球的这类重力干扰地图,那么我们无论如何在有年轻的地块增厚的所有各处,都能确定相对位于其底下的硅镁层的运动方向。这看来正是确定地壳漂移的唯一直接方法。对欧洲来说,这种漂移是向西南方向的,亦即有一个向西而可能与整个地壳向西转动相对应的分量,以及一个向南而与地壳向赤道漂移的分量。

我们现在尝试来回答地表地极漂移,是否能由于地壳在其基底上移动而产生这个问题。

在这个过程中,显然只能涉及整体的地壳转动,并且围绕一个与旋转轴大为偏离的轴线。但是观测结果却表明这样的整体地壳转动只能是向西的,也就是围绕着旋转轴;应该认为,围绕着基本不同的轴线进行的整体地壳转动,按说同样必然会从地球表面的面貌中反映出来。也就是说,观测结果并没有显示出这种解答的正确性。那么理论上又怎样呢?指向赤道的分地壳漂移以及西向的总地壳漂移,也就正好是那两种经验表明的运动,都可以得到理论上的支持,即通过地极逸离力以及通过潮汐和岁差力。但是对于本应围绕与自转轴完全偏离的轴线进行的总地壳转动,则显然不可能从理论上得到解释。某些作者提出可以用总地壳转动来解释地极漂移，那只是一种好意的折衷建议，却既得不到经验方面也得不到理论方面的任何支持。因此我觉得它符合实际的可能性是甚微的。但是如果说这个解决办法不能用，那么对地表地极漂移的解释，就唯有内部轴线移位了。

轴线移位这个词，使人首先想到的是轴线在包围其整个长度的介质中的位置变动。因此，我们也只想在这个意义上使用这个词。这里，我们还可以区别开在地球体内的内部轴线移位和相对于宇宙的天文轴线移位。目前我们只想谈论前者。

人们既可以从理论的角度也可以像下文将要指出的从经验的角度，着手探讨业经证实的地表地极漂移，是否由于内部轴线移位而造成的这个问题。至于说到理论方面，很多作者总是反复断言，内部轴线移位要达到所需的幅度是不可能的。为了证明这一点，兰伯特和许韦达等人计算出，即使亚洲的移动为45纬度也只造成地球主惯性轴移位1°—2°。自然，如此有名的地球物理学家所作的论断和计算，在地质学家中会造成强烈的印象，他们没有能力审查和判断这些计算的前提。从而使这些论断导致了可悲的混乱状况，我认为消除这种状况是理论地球物理学家的一项迫切义务。

甚至如此杰出的理论家如开尔文、鲁茨基、夏帕勒里的判断也使人迷惑不解。开尔文写道[212]："我们不仅可以允许，而且甚至断言，极为可能的是任何时候都非常接近的最大惯性的轴和自转轴，在古老的时代会距离它们现在的地理位置很远，而且逐步地移位了10、20、30、40度或者更多。但在这过程中，任何时候都没有出现过可以感觉到的突然的中断，包括水面的和陆地的。"鲁茨基也涉及完全相同的内容[15]:“如果古生物学家一旦深信在过去一个地质时代中,气候带的分布表明自转轴和现在的完全不同,则地球物理学家不得不接受这一假设。”

夏帕勒里[211]在一篇不那么为人熟知的文章中,更为深入地探讨了这个问题。柯本[200]摘录了他的思路中的一段。在那里他讨论了三种情况,一种是完全刚体的地球,一种是完全流体的地球;第三种则当作用力在某一界值以下时表现为刚体,而超过这个界值时则开始流动。他得出的结果是在第二、三两种情况下,轴线移位的可能性不受限制。

但是为什么其他作者如此严厉地拒绝内部轴线移位呢?对此的简单答案是:因为他们立足于不正确的前提,即在这些过程中,地球的赤道扁平隆起保持着不变的位置!所有对内部轴线移位的否定,都从这个不仅没有根据而且肯定不可靠的前提出发。

如果我们立足于这个前提,那么用不着计算也会清楚,地球的主惯性轴从而还有自转轴就是一举永远固定的。地球的赤道半径比地极处的半径长 21 公里。因此赤道的物质肿胀具有极其巨大的质量,它环绕着地球赤道,并因此赋予地轴的转动惯量要比属于地球赤道直径的转动惯量大很多。即使最大的地质变化所造成的质量分布变化,与这种扁平隆起比较起来也只能是极其微小的。那么如果后者保持不变,就是不计算也会看到地球主惯性轴只能作极其微小幅度的变化,而自转轴就必然永远保留在主惯性轴附近。

但是我不得不承认,我难于理解人们今天怎么会一本正经地假设赤道的扁平隆起要保持位置不变,似乎地球是一个绝对的刚体。均衡补偿运动和相对大陆移动的出现,足够证明地球具有有限程度的流动性，而如果情况确实如此，则赤道的扁平隆起也必然能够改变方向。我们只需要把兰伯特和许韦达的观察继续进行下去：我们假设惯性极（扁平隆起没有变化）由于地质活动过程而移动了微小的幅度 x，自转极必须随之移动，那么地球现在要围绕一个与以前的轴少量偏离的轴自转，其后果必然是赤道隆起的方向变化。这种方向变化由于地球内部的粘性而进行缓慢，它也有可能并不完全完成，而是提前停止下来。关于后者，我们毫无所知。作为粗略的近似，我们无疑必须假设虽然要经过很长时间，方向仍会完全改变过来；但是如果完全改变了，我们又回复到地质变化开始后的相同状态：地质原因再次起作用，并再把主惯性极在相同方向上移动一段 x，如此任意循环往复。我们现在得到的不是一次性地以幅度 x 的移位，而是一个不断进展的移位，其速度一方面由起始移位 x 的大小，另一方面也由地球内部的粘性决定，它在地质因素的作用消失之前不会停止。如果这个因素，例如表现为在中纬度的某个地方增加了一个质量 m，那么轴线移位只有当这个增加的质量移到赤道处，或者更正确地说当赤道移到这个质量处时才会停止。

当然这个问题还有待于深入的数学论述。但是我认为上述初步考察，已足以表明假设扁平隆起永恒不变是犯了一个根本的错误，使得我们面临的问题完全被曲解。我觉得没有丝毫理由怀疑，在漫长的地质时代进程中，存在着虽然缓慢但却是很大幅度的内部轴线移位的可能性和现实性。但是非常希望不久将会从理论方面抓住可靠的起点，着手探讨这个问题；当然这种研讨不会像永恒不变的刚体扁平隆起那么简单。

但是如像已经提到过的,也可以用经验的方法判明轴线移位是否可以造成地表的地极漂移。当然这里能够采用的方法是间接的,因而是不甚可靠的。但是值得指出的是,只要它们适宜于作出判断,则都显示出内部轴线移位的现实性。

首先要提醒注意附图 40 和由此导出的欧洲在其基底上的西南向地壳漂移。因为被拖向东北的欧洲山系造成的硅铝层肿胀,主要在第三纪过程中被挤向下方,我们大概可以假设西南向的欧洲地壳漂移,也大概自第三纪开始时就已在进行。但是在第三纪的过程中,欧洲的地理纬度增加了约 40°,北极向欧洲移近了同样的幅度,而同时欧洲又相对于其基底向赤道移动!这显然只有当进行了内部轴线移位,并且其幅度甚至稍为超过对地球表面计算出的幅度时才有可能。避开这个结论的唯一可能,恐怕只有假设在欧洲范围中,重力亏缺向东北方向移位的时间从第四纪才开始,而第三纪时重力亏缺整个地位于山系的东南。这也许不是完全不可能的,但是我却觉得或然性不大①。

此外还有另外一个经验的检查办法,那就是借助于海侵的交替。

① 斯托布在他关于阿尔卑斯山脉的巨著中写道[18;215 中也类似]:“欧洲和非洲一起向北漂移。欧洲自二叠纪时逸离非洲,但非洲这个庞然大物在第三纪中期又赶上了小小的欧洲,把当时欧洲和非洲之间的海洋挤出海面成为巨大的山系,并把它继续推向北方。大陆的移动为……非洲纬度 50 度,欧洲约 30—40 度。”把欧洲的纬度变化称之为大陆移动,是一种严重的概念混乱。后果是造成对这个过程的一个没有根据的、极可能是错误的物理观念,它包含两个假设:1.欧洲和非洲在其基底上移动了上述幅度(欧洲的地壳向北漂移,为重力分布所否定),2.没有发生过地球的内部轴线移位(系统的海侵交替使这一点显得不可能)。这个例子表明——还可以补充许多其他的例子——在当今研讨这些问题时,严格的定义概念多么重要。

内部的轴线移位，由于地球的椭圆形状和它对新轴线位置的延缓适应——海洋是立即跟随的，必然和系统的海侵交替相联系，这一点已经有很多作者表示过，如赖比许、克赖希高尔、森珀、海尔、柯本等。图 41 对此作如下阐述：因为赤道肿胀而改变方向时，海洋立即适应这种变化，但地球体却不会立即适应，所以在漂移着的地极前面的象限内出现海退增多或者升出水面，在其后的象限内则海侵或淹没陆地。由于地球的赤道半径比地极处半径大21 000米，那么石炭纪至第四纪约 60°的地极漂移，如果伴随着同样规模的内部轴线移位，就必然要使斯匹次卑尔根升起约 20 公里，非洲中部则沉入海平面下相近的幅度，前提是这时地球维持了它的形状。当然实际上并不可能如此，因为大规模轴线移位的可能性，正是基于地球连续地改变方向。但是它在适应过程中要落后于立即适应的海平面，幅度为百米数量级，这些都必然要表现在海侵的交替中。

虽然是初步的研究，我仍按两种方法尝试过使用海侵交替的经验资料来回答这个问题，要预先指出，看来这两种方法结合着地极漂移证实了内部轴线移位的存在。

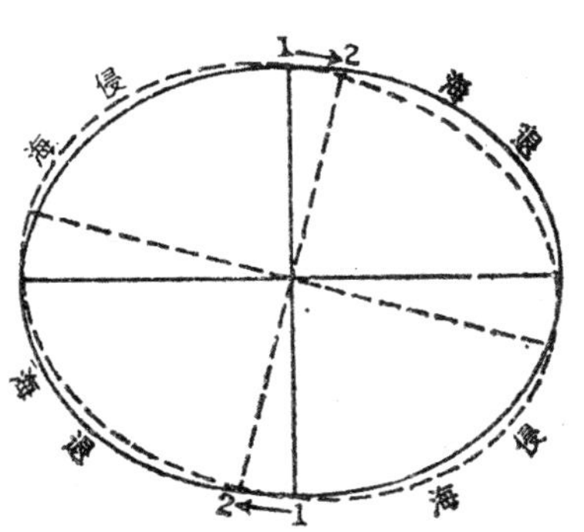

图 41　地极漂移时的海侵和海退

有一种检验方法的内容是，比较泥盆纪和二叠纪之间的海侵交替和与此同时进行的地极漂移。严格地说当然应该用真实的地极漂移；但是在这里使用以非洲为基准的相对地极漂移与前者不会有很大偏离。最无把握之处在于各个不同时期海侵海的位置和大小的确定是很不准确的。

如果按照通常的,例如柯斯马特或瓦根的古地理论述,把泥盆纪早期和石炭纪早期两个时间的海侵海岸线填入复原的石炭纪世界地图,就会得出图42所显示的这个期间沉入和升出水面的地区(不要和当时露于水面上和淹没于水面下的地区相混淆)。但是在这个时间,南极从南极洲移向南部非洲[①],因而南美洲落在漂移着的地极"前方"的象限内。相反北极则移离北美洲。于是我们看到下述规则得到证实:地极的前方为海退,地极之后为海侵。

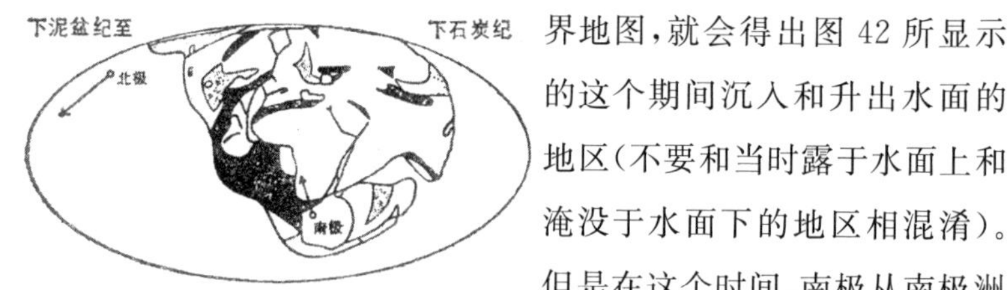

图42 泥盆纪早期至石炭纪早期的海侵(加点)、海退(斜线)和地极漂移

此后,即从石炭纪早期至二叠纪晚期,地极完全改变了漂移方向:南极从非洲南部移向澳大利亚,北极则再次靠近北美洲。在这个期间升出水面和沉入水下的地区填入了图43,可以看到上述规则再次得到证实,而且表现得更为明显,因为在北美洲和南美洲的情况都正好倒转。

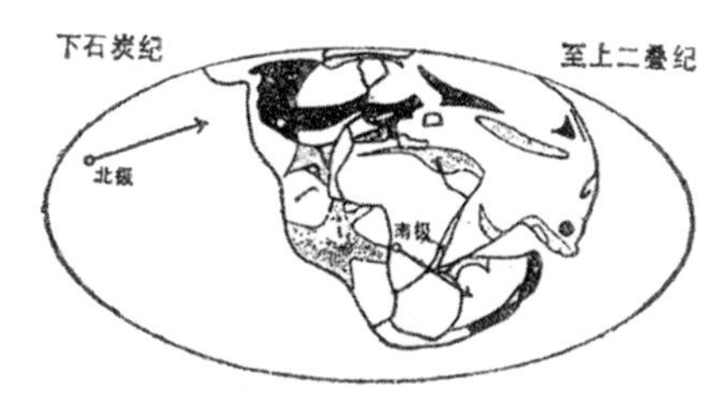

图43 石炭纪早期至二叠纪晚期的海侵(加点)、海退(斜线)和地极漂移

---

① 插图是基于我早期对地极位置的初步观察设计的。在柯本—魏根纳合著的《地质早期的气候》[151]一书中,从比较完整的资料基础上推导出来的地极位置则稍有不同,但是其差别没有大到妨碍我们作出结论。因此不拟修改两幅插图。

这些结果看来表明了泥盆纪至二叠纪的地极漂移，确实是和地球内部的地轴移位相联系的。

当然我不想不提一下这个情况，就是虽然也尝试过对其他地球历史时代继续作这种检验，却至今没有得到明确的结果。可是地球历史中紧接着的几个时代中，地极漂移甚为微小，看来仅仅由于这个原因就已不适合作类似检验。第三纪时期虽有大幅度和迅速的地极漂移，我却至今未能取得明确的结果。可能因为我所使用的相对地极漂移方法，在这里已不足以解决问题，而研究工作必须基于均衡的地极漂移。但最大的困难无疑在于第三纪各世的海侵海填图工作进行得很差，甚至还完全没有填图，而这一时期由于变化很快，是至关紧要的。我估计，并且考虑到下面将要讨论的内容，这正是在这个时期直至目前没有得出清楚概念的原因。

第二个检验方法在于并不观察一个限定时期中的整个地球表面，而只观察整个地球历史时期中（对我们来说自石炭纪起）地球表面一个特定的研究得较好部分的情况，并比较其中它的纬度变化和海侵交替的关系。因为如果“在地极前面为海退，之后为海侵”这条规律适用，则每一次纬度升高必然和海退、纬度降低和海侵相联系。我用了最熟悉的大陆即欧洲做试验。对于纬度变化，我们可以用柯本—魏根纳[151]书中对莱比锡推导出的数字（均为北纬）：

石炭纪	0°
二叠纪	13°
三叠纪	20°
侏罗纪	19°

白垩纪	18°
始新世	15°
中新世	39°
第四纪开始时	53°
现在	51°

即纬度从石炭纪至三叠纪升高,此后至始新世降低,从这时至第四纪再次升高。莱比锡可能在中第四纪才达到最高纬度。

另一方面,地质学教导我们,从石炭纪直至侏罗纪开始时,欧洲呈现普遍的海退;接着却开始了大规模的海侵,造成了侏罗纪海和白垩纪海,并直至始新世都使欧洲的大部分为海水淹没。此后又开始了明显的海退,使得欧洲全部露出水面。就是最后自第四纪起的微弱纬度下降,似乎仍然对应着某种程度的海侵现象。总之这条规律,大体上仍然是很符合实际情况的。这一点显得特别重要,因为欧洲是研究得最深入的大陆。即从这个样板看,也表明地极漂移确实也和地球内部的地轴移位相联系。

最后我们还想简短地涉及一个问题,就是地轴是否也经历着和经历过天文的变位,即相对于恒星系的摆动。

天文学知道这种摆动现在是存在的。人们最早知道的是岁差运动,它导致地极以 26 000 年周期围绕黄道运动,而同时并不改变地轴对地球轨道的倾斜,即黄道的斜角。此外还有章动,由于其幅度小在此可以略去。但是扰动计算还表明黄道斜角也作接近周期性的摆动,振幅为几度,周期约为 40 000 年。这种摆动虽然小,在第四纪过程中结合着相应的近日点长度及轨道偏心距的变化,却在形成冰期和间冰期的交替中起着决定性的作用。

我们可以设想黄道斜角的这些摆动贯穿于整个地球历史过程，并类似在第四纪时那样对气候起作用。如果说，人们最近在二叠石炭纪冰期中发现了冰川反复交替前进和后退的痕迹，而且看来通过进一步的研究还会有更多的发现，那么很可能在这些痕迹形成时，黄道斜角的这种周期性摆动也曾具有与第四纪时相应摆动类似的决定性影响。也已经有人表示过这样一种推测，即沉积活动看来显然是周期性的变化，与黄道斜角的这种摆动是联系着的。

但黄道斜角如上述周期性地围绕着一个平均值而反复摆动，关于这个平均值，在地球历史过程中是否经历过较大的变化这个问题，天文摄动计算无法给我们提供任何情况。原因有二，其一是作摄动计算时要包括太阳系所有行星的质量，这些质量现在已知的只到某一准确程度，因此把这种计算扩展到地质时期（除了最年轻的第四纪之外）是徒劳的；其二是地球并不像做摄动计算时所假设的那样是刚体，而可以做流体运动，进行大陆移动、地壳漂移，也许还有内部轴线移位，所有这些性质都必然会对结果有很大影响，但目前却不可能在计算中加以考虑，也就是说我们不能从这方面得到进一步的情况。

但是我愿意提请注意一个地质气候上在这方面有重大意义的特征。二叠石炭纪时，当时位于冈瓦纳古陆上的南极地区覆盖着至少和现在的发育程度相等的大陆冰川。在此以后的时期，从三叠纪、侏罗纪、白垩纪一直到第三纪早期，则在地球上任何地方都没有发现大陆冰川的可靠痕迹，虽然大多数情况下，至少有一个极位于陆地上或者肯定在陆地附近，从而并不缺乏生成大陆冰川的机会。而同时却看到植物和动物界惊人地迫近两极。直到第三纪的过程中才在北极处形成新的大陆冰体,并在第四纪时达到其最大的伸延。极地气候的这种波动,很容易通过下述假设得到解释,那就是黄道斜角以40 000年的周期围绕其反复摆动的平均值,在地球历史过程中也经历了大幅度的变动,并且是黄道斜角在有大陆冰川的时期小,而在无冰川并且有机界前进得远的时期则大。

黄道斜角的这种变化,对地球气候系统的作用其实并不难理解。只需要想一下年气温波动主要取决于黄道斜角就可明了。当它为零,即地球自转轴垂直于地球轨道时,则在轨道偏心率小的情况下,年波动可以说完全消失,那么地球上各处全年的温度都是恒定的,现在只有在热带才是这样。在极地,则全年均为那里很低的平均温度所支配;虽然冬季会比现在暖和,但温度却总是在冰点以下。夏季则与此没有区别。因为整年均不存在生长期,植物生长是完全不可能的。植物界于是将远离两极,陆地动物也不得不随之而去。此外整年降水均以雪的形式出现,并且不能融化,因为既没有夏季的温暖,也就不会有融化期。它只能堆积起来从而造成大陆冰川覆盖整个陆地。

另一方面,如果黄道斜角比今天大得多,则极地的年温度波动也大幅度地增长。那里的夏季会热得多,因此,植物和随之而来的陆地动物界,就可以一直进至靠近并包括两极的整个地区定居,甚至高大的乔木也可能在那里生长(如果最热月份的平均气温超过+10℃的话),因为像西伯利亚的事实所表明的那样,某些种属能够越过寒冬。夏季的降水作为雨降落下来,而作为雪降下来的冬季降水,会毫无困难地因夏季的温度而融化,因而像西伯利亚那样，即使年平均气温低，却仍不能形成大陆冰川。但是这时也会使极地的年平均气温提高，虽然只是少量的，因为夏季较强的辐射吸收不能为冬季较大的辐射放出所完全补偿；原因是一旦太阳在地平线以下，那么它再低多少，对于辐射的收支就是无所谓的了。这样就必然会从这些时期陆地植物和动物的气候证据中，得到两极和赤道间气候差异缩小的印象。

对地球历史过程中这种极地气候波动的上述古气候证据，自然还需要进一步研究。但要注意，对于这些波动还会找到其他的原因。不过目前我觉得它们不可能是现实的，而且这些波动能通过黄道斜角的变化得到最好的解释。这样它们预示着，除了现在已知的天文上的地球自转轴变化外，还发生过其他天文学计算尚未包括进去的变化。

第九章　移动的动力

如上面各章所表明，相对大陆移动的确定和论证是纯经验的，即从大地测量、地球物理、地质、生物和古气候的迹象论定的，但没有任何关于这些过程原因的假设。这是归纳法，自然研究在绝大多数情况下必须走这条途径。自由落体定律和行星运动的公式，开始时是由纯粹归纳的途径通过观察得出的，后来才有牛顿提出从万有引力的同一个公式演绎地推导出这些规律。这是研究工作中不断重复的正常进程。

大陆移动论的"牛顿"尚未出现。大家恐怕不用担心他不出现；因为这个理论还年轻，而且还多方受到怀疑，最后如果理论家不愿马上费时间和精力去阐明一个其正确性尚未得到一致公认的规律，也不能去责怪他。但是当然动力问题的完全解决，很可能还要等待很长时间；因为这意味着要解开一大团相互纠缠着的线团，这里往往很难确定线头在那里，即什么是原因，什么是产生的作用。其实，大陆移动、地壳漂移、地极漂移、内部的和天文的自转轴移位这整个复合体的动力是一个互相联系的问题，这一点一开始就是清楚的。

直至现在只解决了唯一的一个分题，对几个其他分题则提出了推测。

对探求动力问题特别有意义的，首先是我们上面称之为地壳漂移的那种运动，它是指大陆地块相对于其基底的运动。它之所以有意义，是因为起码在大多数情况下应理解为作用于大陆地块的移动动力产生的直接作用，而这种力对在它下面的物质或则完全不起作用，或则起作用比较微弱。

上面已经指出过证实这两种运动的大量具体事实。最直接可以看到的，是在现在全球图景中各大陆地块的向西漂移。古老时期的极逸离，大都因地极今天的位置已经变化而被掩盖，只有在复原了当时的地极位置后才能正确地显示出来。但是它通过极地地区大陆地块的裂离以及在赤道附近的推挤，已经隐隐约约地有所表现。属于这种情况的，有当南极在二叠石炭纪向非洲推进时伴随着沿当时赤道的石炭纪褶皱，同时导致冈瓦纳古陆的分裂和远离；完全相同的，是当时位于太平洋中的北极在第三纪时向今天北极地区的内陆推进，并伴随着沿当时赤道(阿尔卑斯—喜马拉雅)的第三纪褶皱，同时导致了并且现在还导致着北半球各大陆正在增长的分裂和离开。

人们现在比较深入地了解的唯一移动动力是极逸离力，它使得各大陆相对于其基底被推向赤道方向。这种力的存在，阿特乌斯于1913年就在一篇论述[199]中作了阐述，可是当时没有受到注意。他那时在一次讨论中提醒人们，“子午面上垂线的方向是弯曲的，凹的一侧对着地极，而且漂浮着的物体(这里指大陆地块的重心)位置高于被排开的液体的重心。由此导致漂浮着的物体受到两种在不同方向上起作用的力的作用，其合力是从地极指向赤道的。于是在各大陆就有一种向赤道运动的主导趋势，这种运动会引起反复出现的长期纬度变化,推测普尔科沃天文台就有同样变化。”

柯本虽然并不知道这个简短而含蓄的提示,却也看出了[200]极逸离力的性质及其对大陆移动问题的意义,并且没有计算而对此作了一个描述:“水准面的扁率随深度而变小;它们不是平行的,而是互相稍微倾斜,只有在赤道和两极处它们都是和地球半径垂直的。图 44 示出地极(p)和赤道(A)之间的一个子午面。凹侧向着地极的虚线是地点 O 处的重力线或者垂直线。C 是地心点。

“于是漂浮物体浮力的作用点,就在被排开介质的重心处,而它重量的作用点却在其本身的重心处,这两种力的方向均垂直于相应两个点本身的水准面;它们的方向并不是相对的,而是给出一个小的合力,当浮力点在重心之下时,这个合力指向赤道。因为地块的重心也比地块的表面低得多,所以这两种力并不垂直于它们表面的地平线,而是稍微偏向地平线的方向,但是浮力比地块重量偏向得多些。这些规则必然适用于任何一个浮体,只要其重心位于浮力点之上,这些力同样也必然具有一个指向地极的合力,前提是它的重心位于浮力点之下;阿基米德原理在转动的地球上,只有当上述两点重合时才是严格地正确的。”

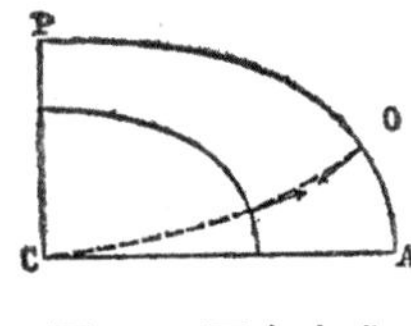

图 44 两个水准面和弯曲的垂线

爱泼斯坦[201]做了第一个极逸离力计算。他对地理纬度 φ 上的力 Kφ 得出了下列公式:

$$K\ \varphi = -\tfrac{3}{2} m d \omega^2 \sin 2\varphi$$

其中 m 为大陆地块的质量,d 为深海底和大陆表面间的半高程差(或者等于地块和被排开的硅镁质重心的高程差),ω 为地球的角速度。

他使用这个等式以从大陆地块的移动速度 v 计算硅镁圈的粘性系数 μ（根据普遍的公式 $K=\mu\frac{v}{M}$，其中 M 为粘滞流体层的厚度），并得到：

$$\mu=\rho\frac{sdM\omega^2}{v}$$

其中 ρ 为地块的比重，s 为其厚度。在他用下列数值代入时：

$$\rho=2.9$$

$$s=50\text{ 公里}$$

$$d=2.5\text{ 公里}$$

$$M=1\ 600\text{ 公里}$$

$$\omega=\frac{2\pi}{86\ 164}$$

$$v=33\text{ 米/年}$$

得出硅镁质的粘性系数为：

$$\mu=2.9\times10^{16}\,\mathrm{gcm^{-1}sec^{-1}}$$

即为室温时钢的粘性系数的三倍。如果假设 $v=1$ 米/年，这更接近实际，则 μ 为上述数值的 33 倍，即约等于 10^{18}。爱波斯坦由此作出结论：

“我们可以这样来归纳我们的结果，即地球自转的离心力可能产生而且必然产生魏根纳所提幅度的极逸离。”可是爱波斯坦却相信必须否定赤道褶皱山系能溯源于这种力，因为它只相当于地极和赤道间 10—20 米的表面高差，而山系升起的高度为几公里，与此相应硅铝质要下沉很大深度，这些都是对重力的巨大反作用，对此极逸离力是不够的。它只能造成10—20米高度的山峰。

兰伯特[202]几乎与爱泼斯坦同时、但却是从数学方面推导了极逸离力,其结果与爱泼斯坦的相同。他算出在纬度45°处,这种力等于重力的三百万分之一。因为这种力在该纬度处达到其最大值,所以它对一个长形而斜置的大陆也起旋转的作用。也就是说,它在赤道与纬度45°之间趋向于把大陆的长轴扭向东西方向,而在45°至地极之间则相反扭向子午线方向。“所有这些当然都完全是推测的;它基于漂浮的大陆地块和承托的岩浆这种假说,岩浆当然是一种粘滞的流体,但粘滞是在经典粘滞理论所指的意义上说的。根据经典的理论,一个流体不管它的粘性多大,在受到一个无论多么小的力时都会流开,只要这个力有足够的作用时间。地球重力场的特点正如我们已经看到的,给我们提供的是很小的力,而地质学家无疑会允许我们假设这些力的作用有漫长的时间,但是流体的粘性可能和经典理论所要求的不同,因而作用的力必须超过某一个界值后,流体才会从它前面流开,不管这个所提到的小力作用的时间多长。粘性问题是相当复杂的,因为经典理论并没有为某些观察事实提出适当的解释,而目前的知识不允许我们很正规地办事。极逸离力是存在的,但是它在地质时期中是否对我们各大陆的位置和形状有过值得一提的影响,这个问题必须由地质学家来决定。”

此外许韦达[40]也计算过极逸离力。他对纬度45°得到的数据约为1/2 000厘米/秒,即这个力约为地块重量的二百万分之一。“至于这个力是否足以造成移动是不易判断的。总之它无法解释西向漂流,因为这个速度要通过地球自转引起明显的西向偏转是太小了。”

许韦达指摘爱波斯坦的计算，认为所假设每年 33 米的移动速度太大，从而推导出的硅镁质粘性明显过小。但是如果把速度设得小一些，就可以得到所要求的较大的粘性："如果假设粘性系数的数量级为 10^{19}（而不是爱泼斯坦的 10^{16}），并且以爱泼斯坦使用的公式在此适用为前提，则得到地块的速度在纬度 45°处约为每年 20 厘米。总之必须认为大陆在极逸离力作用下，受到一个指向赤道的移动是可能的。"

最后，韦夫来[204]和贝尔纳[203]做了一次新的极逸离力计算，并且恐怕是最准确的。他们取得了适用于纬度 45°的极逸离力最大值，为地块重量的 1/800 000。"即移动动力与大陆重量的比是极其微小的；它不能够造成山脉，而且当前在赤道处也的确没有造成。

"但是在这个静力效应上再加一个动力效应，情况就不同了。

"硅镁质的阻力并不妨碍大陆做运动；两个大陆在赤道处或其他纬度上相碰撞的情况下，在两者中每一个所失去的动力，都应以这种或那种形式收回来。"

看来克赖希高尔是第一个发现极逸离力的。在他的《地质学中的赤道问题》[5]一书第二版中，在 41 页里加入了一段他自己在 1900 年就已于另外的地方发表过的考虑，这种考虑指出了极逸离力。在第一版中并无这个论述。

此外我还想提到，摩勒[205]也在 1922 年发表了一个他在 1920 年就已发现的极逸离力推导。

也许这样一个文献概述还可以扩大；我只引用了我恰巧了解到的一部分。

假如我们同意韦夫来和贝尔纳，设极逸离力约等于大陆地块重量的 1/800 000，那仍然值得注意的是它有水平潮汐力的约 15 倍那么大；但后者不断在改变其方向，极逸离力则千百万年不息地以相同的方向和强度持续起作用。这就使得它能够在地质时代的过程中制服地球体钢铁般的粘性。

莱利不久前做了一个有趣的试验以表演极逸离力[206]。我和列兹曼一起重复了这个试验，我们发现它极其适于作为课堂试验。在一个可旋转的矮脚凳上，在大致正中处放一个圆柱状的水容器，当其中的水均匀地随之旋转时，表面呈抛物面弯曲(见图 45a)。现在把一个浮子放到水面上，它是一块扁软木片，中间处插了一颗钉子(图 45b)。钉子必须尽可能地长，但是浮子仍能漂浮在水上而不翻倒。然后把这个浮子先是钉子向上后是钉子向下放在旋转的水面上。可以看到钉子向上的浮子很快就漂向中心；相反，当钉子朝下时却漂向边缘。如果先后反复多次，以不同的朝向交替地把浮子放到水面上，它每次都改变其运动方向，这个试验是很有说服力的。

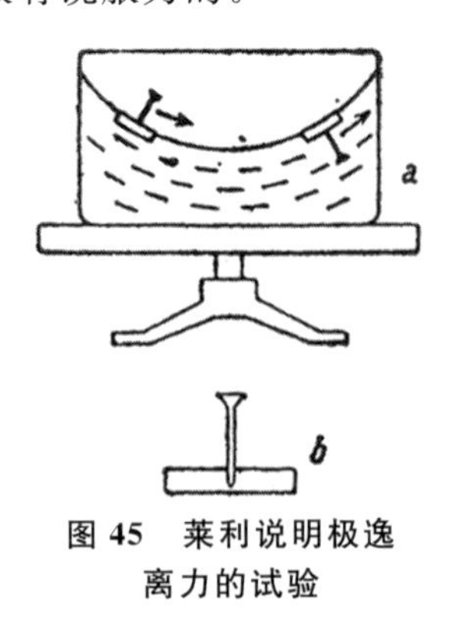

图 45 莱利说明极逸离力的试验

这个试验的基本解释是很简单的，只要想到浮子的重心并不和被它排开的水的重心相重合，而是钉子朝上时在其之上，钉子朝下时在其之下。水中如其弯曲的表面所显示的，产生一个压力梯度，它正好为离心力所抵消。如果浮子的重心正好和排开的水的重心重合，按说就不会出现移动它的力，因为这时对浮子来说，外侧和内侧面间的压力差正好为离心力所抵消。但是如果钉子朝上时它的重心也向上移并且和水面垂直，则同时也靠近了转动轴，离心力会变小，压力梯度的多余部分就把浮子推向中心。相反，钉子向下时浮子必然会漂向边缘，因为它的重心离旋转轴比所排开的水的重心远，这样离心力就大于压力梯度。

初看起来，似乎这个试验提供的结果正好与极逸离力相反，因为大陆的重心位置较高，相当于钉子向上的浮子。但很容易看出，这种效应的倒转只是液体表面弯曲反向的结果。大陆的重心，由于地球表面的凸向弯曲而比被排开的硅镁质的重心离旋转轴远些，而在实验中它离旋转轴的距离则较短。

从以上论述可以看到，极逸离力足以使大陆地块在硅镁质中移动，却不足以产生我们所见的那些恰恰与大陆极逸离相结合而形成的巨大褶皱山系。可是贝尔纳正确地指出过，这一点只有当人们观察一个不处于运动状态的大陆地块，因水平方向极逸离力所发生的静压力时才是对的。如果我们比如说，假设一块大的大陆由于极逸离力(当然还要克服基底的粘性)，以等速向赤道方向移动，而在这种运动的过程中才遇到阻止它的障碍，那情况就不同了。这时，地块的运动就要停止，也就是它的运动能量(动力)要消失。固然也不可过高估计这种作用。动能等于 1/2 质量乘速度的平方。这里虽然处于运动状态的质量很大，可是以平方计算的速度却很小，因此一般用这种办法看来也无法解释造山作用，而不得不仍认为正常的极逸离力不足以对此作出解释。

奇怪的是，似乎一些地球物理学家把这种情况视为反对大陆移动论的理由,这是不合逻辑的。因为褶皱山系的存在是毋庸置疑的。如果它们需要比极逸离力大的力,那么它们的存在正好证明在地球历史过程中,至少是在某些时期,出现过移动动力,并且比极逸离力还要大得多。但是如果后者已经足以使大陆地块移动,那么前面那种未知的造山力就必然更能做到这一点了!

我们可以很简短地讨论一下可能引起大陆向西漂移的那些力。有些作者如许瓦茨、维特斯坦因等在解释整个地壳在地心上面向西转动时使用了潮汐波的摩擦,这种波是因太阳和月球对固体地球体的吸引力产生的。关于月球也有不少人假设它以前的转动比现在快,但由于地球造成的潮汐摩擦而减慢。很容易理解,天体因潮汐摩擦的这种减慢,必然首先涉及它的最上层,并导致整个壳层或者各个大陆地块的缓慢滑动。问题只在于这种潮汐到底是否存在。用水平摆可以证实的固体地球潮汐变形,按照许韦达的说法,是另一种性质的即弹性变形,因而不能直接用来作解释。但是兰伯特[221]认为:"我们仍然不能相信自由振动完全不受摩擦阻力的影响,虽然后者在观察结果中未能肯定地得到证实。"实际上,毫无疑问的是,我们不能认为地球对潮汐力是完全弹性的。因此除了可测的弹性潮汐外,必然还存在流动的潮汐,它虽然因为周期对岩浆来说太短而小得无法测出,但它的涨潮摩擦作用,在地质时期过程中却叠加起来,最终能造成地壳的大规模移动。我觉得,无论如何还不能认为这个问题,因固体地球可以测出的日潮汐证明具有弹性性质就算解决了。

许韦达通过另一途径,但也离不开太阳和月球的引力,即基于地球自转轴的岁差理论,提出了一种能造成大陆向西漂移的力

[40]:“地球自转轴在太阳和月球吸引力影响下产生岁差的理论已为大家所知道,它的前提是地球各部分不能作较大的相对移动。如果承认大陆的移动,地球自转轴在空间的运动的计算就更为困难。在这种情况下,必须把大陆的和整个地球的旋转轴区分开。我计算过,一个位于纬度－30°至＋40°之间和西经0°至40°子午线之间的大陆,其旋转轴的岁差约比整个地球自转轴的岁差大220倍。大陆具有围绕一个与普遍旋转轴偏离的轴作旋转的趋向。由此就产生了动力,它不仅在子午线方向,而且也在西向上起作用,并促使大陆移动;子午线方向的力在每一天的过程中都在改变它的方向,因此与我们的问题无关。上述这些动力比极逸离力大得多。它在赤道附近最强,而在±36°纬度圈处等于零。我希望以后能对这个问题作较为详细的描述。由此大陆的西向移动也是可能的。”——虽然这里也只作了一个初步介绍(预告的最后论述可惜至今仍未发表),可是看来很有可能的是那种最明显的大陆普遍运动即西向漂移,可以从太阳和月球对粘性地球的吸引力作用得到解释。

但许韦达认为,从重力测量推论出的地球形状,对旋转椭球体的偏离能够引起硅镁层中的流态运动,从而也引起大陆移动:“但是也可以推测至少是在较早的时期存在过硅镁质的流动。赫尔梅特在他最后的一篇文章中,从地球表面的重力分布,推论地球是一个三轴椭圆体;赤道是一个椭圆。这个椭圆的轴差仅为230米;长轴和地球表面在西经17°(大西洋),短轴在东经73°(印度洋)处相交。根据我们在大地测量中无法离开的拉普拉斯和克莱劳的理论,地球被看成是由液体组成的,也就是说把固体地球(地壳除外)

中的压力假设为是液体静压力性质的。从这种观点出发,赫尔梅特的结果是难于理解的。如果地球是按液体静力学规律构成的,那么就其变扁及旋转速度来说不能是三轴的椭圆体。也许可以假设它之所以偏离旋转椭圆体是由大陆引起的。但情况并非如此。我在大陆是漂浮着的以及具有上面引述过的厚度[200 公里;硅铝质和硅镁质间的密度差为 0.034(水=1)]这个前提下做过计算,并得出大陆和海洋的分布所引起数学地球形状对旋转椭圆体的偏离,要比赫尔梅特得出的小得多。此外,赤道椭圆轴的位置也和赫尔梅特的完全不同;长轴对着印度洋。这样就必然有更多的地球部分偏离液体静力学结构。

"根据我的计算,如果大西洋之下有一个 200 公里厚的硅镁层,其密度比印度洋之下大 0.01,那么赫尔梅特的结果就可以得到解释。这样一种状态是不能长期维持的,硅镁质会有流动的趋势以造成旋转椭圆体的平衡状态。密度差小的时候恐怕不大可能有流动,但是赤道椭圆形状和硅镁层中的密度差以及因而造成的流动,在较早的时期可能曾经大得多。"

很清楚,由赫尔梅特的结果推导出的力,可以用来说明大西洋的张开,因为地球正好在这里显得拱起,而且物质都有向两侧漂离的倾向①。

但是在此还要引述一种考虑,也许可以把它看作以上思路的继续。地球表面从其平衡位置的拱起当然无须乎仅限于赤道,而

① 但是要指出,最近对地球确实是一个三轴椭圆体这一点的怀疑变得强烈起来。海斯坎能发现,这个结果只是重力测量结果的不当组合造成的虚假现象。

是可以在地球的任何地方出现。上文在讨论海侵及它与地极漂移的联系(第八章)时曾经指出过,在漂移着的地极前方应期待地球的表面偏高,而在其后方则偏低,并且看来地质事实证实了这些偏离的存在。这里涉及的幅度也和赫尔梅特求出的赤道长短轴之差相近,或者也许是它的一倍。地极漂移较快时,地球表面在地极前面看来总要高于其平衡位置几百米,在它的后面则要低几百米。在地极移动的子午线上,最大的坡度(数量级为每地球象限 1 公里)应该位于前者与赤道交点处,在两极处几乎同样大。从而就释出了把质量从高于平衡位置的地区拉向低于平衡位置地区的力,这些力为正常极逸离力的几倍,在大陆地块中极逸离力只相当于每地球象限 10—20 米的一个坡度。这些力并不像极逸离力那样只作用于大陆地块,而且也作用于在它之下的硅镁层,后者更具液体性质,并且也许完成着较为刚性的壳层之下的均衡。只要这个坡度存在——海侵和海退看来证实了它的存在,这种力也就必然要作用于大陆地块,因而它也必然要造成后者的移动和褶皱,即使这些运动比在地块之下更具液体性质的物质的相应运动规模要小。我相信,在地球形状的这种变形中因地极漂移而得到一个动力源,它完全足以做褶皱所需的力。

这种解释由于上文已经提到过的情况而显得可能性特别大。这种情况指的是那两个在此有关的最大褶皱系,即石炭纪和第三纪的赤道褶皱系,正好是在我们因其他原因必须假设具有特别迅速和大规模的地极漂移的时期中形成的。

最近有不少作者,如许温诺尔[69]和基尔希[70],都使用了硅镁层对流这个观念。乔利认为大陆地块之下由于镭含量高而出现硅镁层增温,但在大洋范围则出现降温。在此之后,基尔希接着假设在地壳之下的硅镁层中有一个环流:在大陆之下,硅镁质一直上升到前者的下界,然后在这里流向大洋地区,再度下降到很深处之后重新向大陆底部上升。这时由于摩擦力,有把大陆盖层撕裂并将裂块四散驱开的趋势。我们在上面已经提到过,对在这里作为前提的硅镁质较高的稀流体性,大多数作者至今都认为不现实。但是在观察地球表面时,不可否认冈瓦纳古陆的分裂,还有古代北美－欧洲－亚洲大陆地块的分裂,可以理解为这种硅镁质环流的作用。况且它似乎也能很好地解释大西洋的张裂。不能以地球表面的一些现象与之相矛盾为理由加以否定。如果这些观念的理论基础表明是站得住脚的(当然这一点目前还难于预料),那么地幔对流无论如何在塑造地球表面轮廓中是起作用的。

相信我们的阐述已经向读者说明了探求已造成或者正在造成大陆移动的驱动力这个问题上,除已经过良好研究的极逸离力以外,仍完全处于初始阶段。

但是有一点可以认为是肯定的:使大陆移动的动力和产生巨大褶皱山系的动力是相同的。大陆移动、断裂和推挤、地震、火山作用、海侵交替和地极漂移,无疑处于一个范围甚广的因果关系之中。它们在地球历史某些时期一起高涨,就已表明了这一点。至于说到什么是起因,什么产生作用,则须待将来才能揭示。

第十章　关于硅铝层的补充说明

在以上的章节中，已经讨论过大陆移动论的主要证明根据，现在我们想把它们看作正确的前提，并且在本章和下一章中，在某种意义上说作为附录探讨一系列现象和问题。这些现象和问题与我们的理论关系如此密切，因而论述一下它们看来是有好处的。我想强调指出，这些阐述的目的更多地在于提出问题和引起讨论，不在于提供最终的解答。

我们先看看硅铝层，它今天作为碎块，以大陆地块的形状覆盖着地球。

在图 46 中，先示出绘有各大陆地块的世界地图。因为陆棚也属于地块，它们的轮廓在某些地方大大地偏离已知的海岸线。对我们的观察很重要的是摆脱开世界地图那种通常的形象，而去习惯于完整的大陆地块轮廓。一般说 200 米海深线最好地反映出这些台块的边缘，可是也有一些肯定仍然属于大陆台块的部分达到 500 米深处。

前面已经说过，这些大陆地块的物质主要是花岗岩。但是也已知道，大陆地块的表面往往不是由花岗岩而是由沉积岩组成，但我们必须清楚了解沉积岩在大陆地块构成中所起的作用。可以认为沉积岩的最大厚度为 10 公里，这个数值是美国地质学家对阿巴

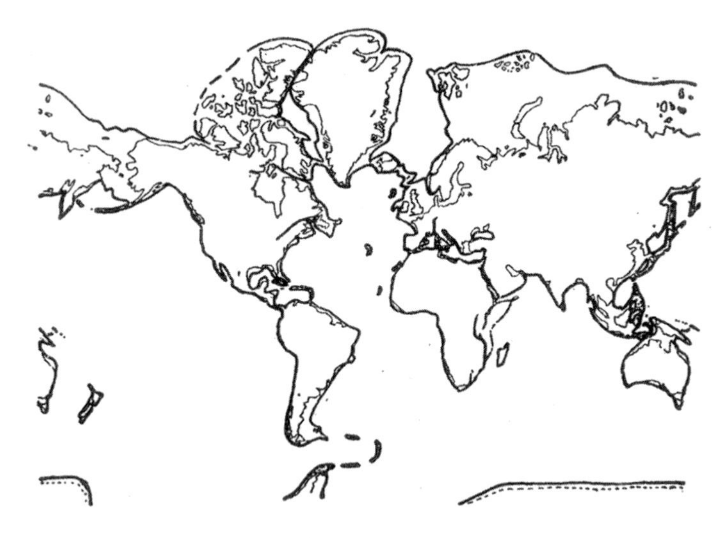

图 46 大陆地块图(墨卡托投影)

拉契亚山脉的古生代沉积岩计算出来的;另一端的界限就是零了,因为在很多地方原生岩基出露而毫无沉积岩盖。克拉克估计,在大陆地块上它的平均厚度为 2 400 米。但是由于现在粗估大陆地块的总厚度约为 60 公里,花岗岩层则约为 30 公里,那么就很清楚,这个沉积岩顶盖只是一个表面的风化层,如果它全部消失,反正块体为了恢复均衡,会上升到差不多是原来的高度,以致地表的形状无大变化。

对这个地图不能这样理解,即用粗线示出的地块边缘就已经是硅铝层和硅镁层之间的界限了。下一章还将说明,海底可能也往往为硅铝残留体所覆盖。大陆地块在这里理解为还原封未动、基本上未受破坏的硅铝盖层,海洋的硅铝质则相反,它由于表面受破碎以及在深层由于物质的拉开或者流开,而从形状上表现为经破坏的地块部分。也就是说，必须把硅铝盖层这个比较普遍的概念和硅铝地块这个比较专门的概念区别开。我们的地图只表现了后者。

在地质时代的进程中，在硅铝地块上所进行过的最深刻变化，无疑是交替反复的海侵（淹没）和海退（露出水面），这种活动主要和全球海洋的水量正好稍为大于存在的深海盆这个偶然情况有关，因为这样大陆地块较低的部分就位于水面之下了。要是全球海洋的水面低 500 米，那么这些在地质中起着如此突出作用的现象就会只局限于狭窄的边缘地带。从我们的地图中，可以直接看出现在的海侵。在这种情况下，地块表面的微小高度变化，都会引起淹没成片地区的大位移。

一般说来，这里涉及的高度变化其幅度不会超过几百米。古代的海侵海和现在的一样浅。这些可证明的水平面变化如何能与均衡原理或者地壳的下沉平衡相容这个问题，也许应该这样回答：如果一个大陆地块由于任意一种影响而被压到浮沉平衡位置以下，那么自然就会在这里产生重力亏缺，这种重力亏缺引起促成恢复平衡位置的力。只要水平面变化维持在给定的界限之内，那么重力异常也会停留在对不同的地球空间可以实际上视为对均衡状态的微小区域性偏离的界限之内。由于介质的巨大粘性，显然需要在水平面变化超过某一界值以后，这种力才会增大到足以使明显的恢复均衡的平衡运动开始进行。因此这个几百米的幅度可能大致表现着这个界值——当然它被看成是绝对不变的。

解释地球历史中海侵交替的原因，将会成为地质学和地球物理学研究中最重要，但也是最困难的任务之一。现在虽然至少对部分解决已经取得了令人注目的开端,但仍不能说这个问题已经解决。目前这方面的主要困难在于——虽然有很多古地理的世界地图——地质填图还远未可靠和完整,足以在地点和时间方面有效地研究这种海侵交替,因而现有的材料多数不足以检验那些作出解释的假说。但现在已经可以说,整个海侵交替肯定不是由唯一的一个原因造成的,因为可以提出至少是起次要作用的各种不同原因,因而这个问题本身无疑是复杂的。当然这并不否定将来也许会找出一个原因是主要因素。

就我所知,直至目前可以举出下列原因:

1. 世界海洋水量的显著变化,巨大大陆冰川体的形成和消融会造成这种变化,并且当然肯定会导致海侵范围的变化。这种海侵交替的必然特征在于它在全球上是同时进行的,并且不破坏均衡状态。很容易计算出来,生成一个像第四纪和二叠石炭纪那样规模的冰盖,会使海平面下降约 50—100 米[①]。

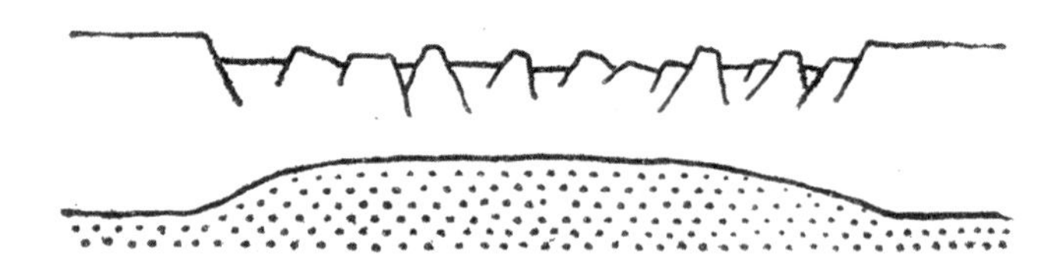

图 47　由于底基拉伸造成的大断裂(示意图)

2. 硅铝层表面的上升和下降,也可以在不破坏均衡状态的情况下,由水平推挤(造山作用)以及硅铝盖层的水平拉伸(地表的断裂、较深层的迁移)造成。这时硅铝盖层在第一种情况下较厚,在

---

① 参阅博恩的著作[45]第 141 页。

第二种情况下则变薄。阿尔卑斯山脉就是通过褶皱从海中生长出来的，同时爱琴海地区则形成很多断裂并下沉，只留下一些岛屿(参看示意的图 47)。这些过程的进行——虽然这时偶尔会出现相当幅度的地区性重力干扰——却原则上不破坏均衡状态，至少不会有相当于上升和下降幅度那样大的破坏，此外这些过程是和有关地区水平面积的显著变化相联系的，并且从大范围看，更多地具有地区性的而不是区域性的特征。

3. 作为下一个原因，还可以提到地球运动的天文变化，尤其是那些会造成改变地球的平衡变扁的变化。因为海洋会不延缓地追随后面说的这种改变，而粘性很大的地球体则不会立即跟上。这样当扁率增大时，就必然会在赤道附近出现海侵，两极地区出现海退；扁率减小时则相反，赤道附近海退，两极地区海侵。作为这类扁率变化的原因之一，还可以考虑地球自转速度的波动。最近通过观测发现了这种波动(但是对此的解释尚不清楚!)，此外还有黄道斜角的变化。因为当黄道斜角大时，潮汐力必然会在地球轴线方向上使其形状变长，虽然是微小的；而当黄道斜角小时则转向反面，即赤道半径变大。因而斜角增加时在两极应期待出现海侵，当斜角减小时出现海退，而在赤道附近则相反。

4. 若要把地质上可以确定的地极漂移解释为地轴相对于整个地球体的变位，那么它就肯定会像上面一章论述过的那样，成为引起频繁海侵交替的根源。就像上面已经指出过的，各种现象实际上都显示了这种效应的现实性，表现为在漂移着的地极之前海退增强，在其之后则海侵占主导地位。我认为如果要说这是海侵的主要原因，那是不现实的，然而上述情况表明，此外也还有其他原因需要考虑,而且这些原因的数量甚至还会增加。

在第二点中提出的断裂伸张和褶皱推挤现象,就是除海侵交替外大陆地块上的第二个主要现象。它长期以来就是构造学的研究对象。我们在此只想着重强调指出与上述内容有关并有意义的几点。我们最早知道的是:褶皱山系是在大幅度水平推挤的情况下完成的。虽然仍有一些作者现在还反对这种说法,他们想对褶皱山系的形成作根本不同的解释,但他们的观点是很孤立的,我们在此无需深入讨论。重要的是我们对古老的和年轻的山脉,都没有发现重力干扰达到假设把这些山系直接放置在地壳上所必需的强度。虽然在这些山系中,往往可以发现对完全均衡状态易于测出的偏离,而且对这一点的讨论在其他方面是很有意义的。但这些偏离甚小,以致我们可以初步近似地说:带状山系的褶皱隆起是在基本保持均衡的情况下进行的。我想图 48 可以示意地说明这一点意味着什么。当一个在硅镁层上漂浮的大陆地块受到挤压时,在硅镁层表面之上和之下部分的比例永远必须保持相等。看我们假设超出硅镁层 5 公里的硅铝盖层总厚度为 30 或 60 公里,可以算出这个比例为 1∶6 或 1∶12。这也就是说,挤压造成向下伸长的部分必须为向上伸出部分的 6 或 12 倍,亦即我们在山脉中所看到的只是整个受挤压体的一小部分。在理想的栏诸情况下,这一部分是在挤压前就已位于深海面之上的那些地层。所有在这个面之下的东西,在挤压时也保持在它之下,前提是把干扰略去。那么如果地块的上层建造由 5 公里厚的沉积壳层组成,那么整个山脉开始时也全是由沉积岩组成的。只是在它由于侵蚀被剥离搬运走以后,为了补偿均衡状态,才隆起一条由原生岩石构成的中央山脊，直至最后当沉积盖层完全清除以后，才生长起一个几乎各处都是中等高度的宽阔原生岩山脉。作为第一阶段的例子，有喜马拉雅及其相邻山脉。这些沉积褶皱的侵蚀是强烈的，以致冰川几乎为堆积物所掩埋，例如喀喇昆仑山脉最大的冰川巴尔多洛冰川，它的宽度只有 1.5—4 公里(长度 56 公里)，却有 15 条以上中碛。处于第二阶段的例子，即中央山脊已由原生岩石构成而两翼仍为沉积岩带的，有阿尔卑斯山脉。因为对原生岩石的侵蚀微弱得多，所以阿尔卑斯山脉的冰川中冰碛少，这是它风景优美的一个主要原因。最后，挪威的山脉代表着第三阶段。在这里沉积盖层绝大部分已完全清除，原生岩石的上升已经完成。可以看到，一个山脉沉积岩罩的剥蚀，也是在保持均衡状态的情况下进行的。

往往可以辨认出一条山脉中平行的褶皱带作阶梯状排列。调查一下这样一条褶皱带，就会发现它迟早要伸出到山脉的边缘并最后消失，接着向内数下一个带成为边缘，然后过一段距离同样消失，等等。如果两个地块不是正好相互正对着运动而是做剪切运动的话，当然也有一个相互正对的分量，这时就会造成上述情况。图 49 简要示出地块做各种相对运动时的一般作用：设左面的地块是固定的，右面的在运动。如果它的运动正对着地块边界，不会形成阶梯褶皱，却造成特别巨大的褶皱(倒转褶皱)；如果运动斜指向地块边界，则形成阶梯褶皱，运动方向愈接近与地块边缘平行，则这些褶皱愈狭窄和低矮。在正好平行时，形成滑动面及平移

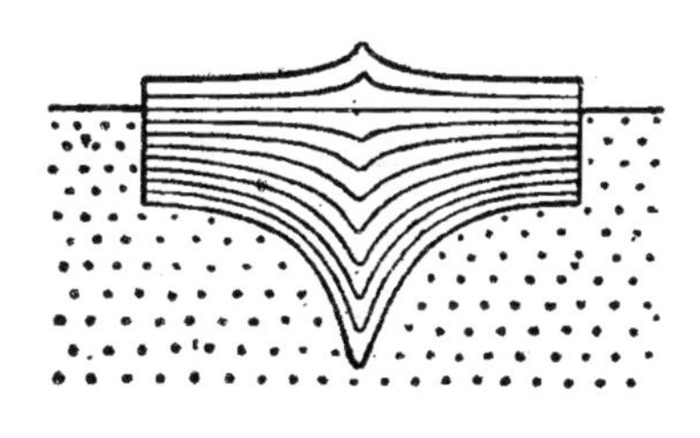

图 48　保持均衡状态下的挤压

断层。最后,如果运动含有一个离开地块边界的分量,那么我们就会获得斜向和普通断裂,它首先表现为地堑裂谷。正的褶皱和阶梯状褶皱的关系,我们可以用一块桌布很好地表示出来,只需要把应代表固定地块的部分用重物压住,而相对于它移动另外的部分。

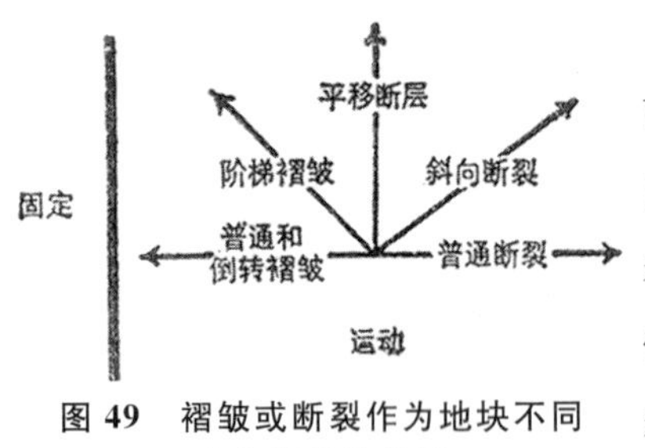

图 49 褶皱或断裂作为地块不同方向运动的结果

从这种一般的观察就已经可以看出,阶梯状褶皱必然要比普通褶皱出现得多,因为前者是普遍情况,后者则为特殊情况。自然界中褶皱带的排列看来是符合这一点的。我想强调这一点,是因为在地质界中反复地表现出一种倾向,就是只承认那些直接相互延续的褶皱带才是真正属于同一系统的,这点按上述情况,其实是不必要的。

图 49 已经指出,褶皱和断裂只是同一个原因,即地块部分相对移动产生的两种不同作用,它们连续地经过阶梯状褶皱和平移断层相互过渡。因此有理由在此也同时考虑断裂过程。

这种断裂最美妙的例子是东非大裂谷。它是一个大断层系统的一部分,这个系统向北还通过红海、亚喀巴湾和约旦河谷,一直追溯到托罗斯褶皱系的边缘(图 50)。根据最近的研究,这些断层也向南延续直到开普兰,但是它们表现得最明显的是在东非。诺麦尔—乌利希[183]对它们作了大致如下的描述:

从赞比西河口起,这个宽 50—80 公里的地堑向北伸延,包含希雷河和尼亚萨湖,然后转向西北并消失。代替的是紧靠着它并与它平行的坦噶尼喀湖地堑,它极为壮观,表现在湖深

1 700—2 700 米，城墙般的陡壁则高 2 000—2 400 米，甚至3 000 米。这个地堑在其向北的伸延处，包括卢西西河、基伍湖、爱德华湖和阿伯特湖。沉陷带的边缘是翘起的，就好像在这里，地球的破裂是和突然离开的断裂边缘的某种上升运动相关联似的。尼罗河发源于坦噶尼喀湖陡壁以东不远处，而湖水本身则流入刚果河，这可能也是与高原边缘这种特殊的隆起形状有关的。第三个明显的地堑始于维多利亚湖以东，再往北包括鲁多尔夫湖，然后在阿比西尼亚折向东北，在那里它一方面向红海另一方面向亚丁湾伸延。在海岸地区和当时德属东非的内地这些断层，大多取断层阶地的形状，其东侧下沉。

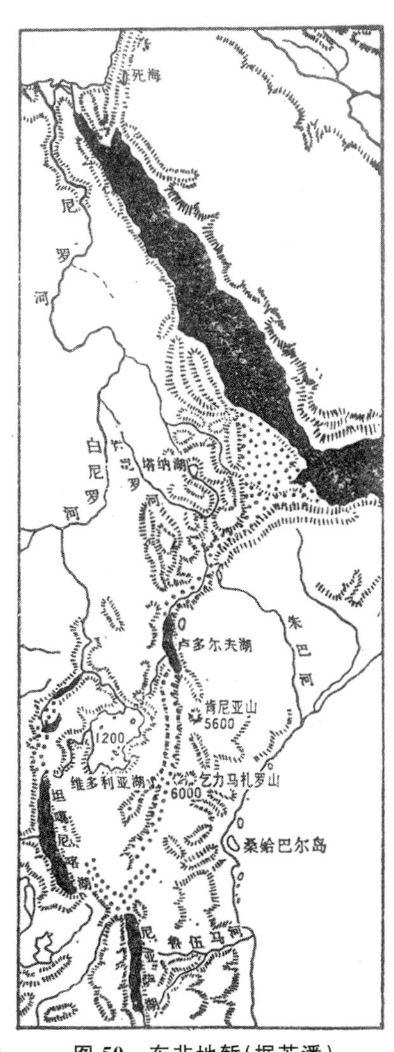

图 50　东非地堑(据苏潘)
∴地堑，■水面覆盖的地堑部分

特别有意思的是在图 50 中和地堑底部一样带点表示的三角地带，在阿比西尼亚和索马里半岛间的夹角内(安科伯、伯贝拉[①]

① 此处原文为 Berbera 与前面第 57 页作 Berseba 不同，原文印制结语。——译者

和马萨瓦之间)。这块比较低平的地带完全由年轻的火山熔岩组成。大多数作者都认为这是断裂基底的大范围展开。这个看法由于红海两侧海岸线的走向而使人特别易于接受,它们在其他部分都严格地平行,却只在此处为这个突出部所破坏;如果把这一块切去,那么对面的阿拉伯角正好可以插进去。上面已经提到过,这里显然是阿比西尼亚山脉底部的硅铝物质单方面向东北方向扩展,并同时在地块边缘升起。也许裂缝已为玄武岩所填充,使得上升的硅铝物质把这种玄武岩组成的一个罩层也带了起来。无论如何,超出深海面的大隆起意味着在熔岩下存在着硅铝物质,如果这个地区不表现出明显的重力增值的话。

这些在东非作网状排列的断裂的形成,应划入地质上年轻的时代。它们在几个地方切割了年轻的玄武熔岩,在一处还切割了上新世的淡水建造。总之,它们不可能在第三纪结束以前就已形成。另一方面,它们看来在洪积期时就已存在,这一点从地堑底部无泄水道湖的岸边阶地作为较高水位时的标志可以推论出。坦噶尼喀湖中显然以前是海相而后来又适应了淡水的所谓残留动物,表明了该湖已存在较长时间。但断裂带频繁的地震和强烈的火山活动,又似乎表明分离过程无论如何现在还在进行。

对这些地堑裂谷的力学解释只有一点新东西,那就是它们两个地块部分完全分离的早期阶段,这可能是现代的尚未结束的裂离;或者也可能是以前的裂离尝试,由于拉力的减弱又趋于平静。按照我们的设想,完全分离大致应该是这样进行的:开始时只是在上部的较脆地层形成张开的裂隙,而在较下部的塑性地层则拉伸开。因为具有这里所谈的那种高度的垂直陡壁,对岩石压力强度的要求过高,所以和断裂同时或者代替它时就出现斜的滑动面,两侧地块部分的边缘断块沿着这些滑动面,伴随着大量地区性地震以与张开相同的速度下降到裂隙中去,所以显出来的总只是中等深度的裂谷,组成谷底断裂块体的同样岩系也在地堑两侧的高处出露。在这个阶段,地堑裂谷在均衡方面尚未得到补偿,科尔许特[184]认为年轻的东非裂谷大部分都是这种情况。这里确实存在未经补偿的质量亏缺;因此可以观察到相应的重力干扰,此外断裂两侧为恢复均衡而上升,因此给人的印象是,似乎地堑在纵向上贯穿一条穹隆带。上莱茵河裂谷两侧的黑林山和伏格森就是这种隆起的著名例证。如果断裂最后张开的深度,足以使得底部只有硅铝质下部为比较塑性的地层,那么后者以及在它之下的粘性硅镁质就会上升,以补充以前的质量亏缺,并且地堑作为整体从这时起表现为已得到均衡补偿。断裂继续张开时,其底部先是完全为硅铝块体下部塑性地层的拉碎块体所覆盖,后者又被比较脆性的上部地层的碎块覆盖,直至最后分离得很大时也出现硅镁质窗口。在红海这个大地堑中,发展已经进入到呈现均衡补偿的阶段。

硅铝质最上层比深层脆得多这个情况,也可以解释下面这种引人瞩目的事实,即原来靠在一起的地块边缘,即使现在在它们之间插进了看来妨碍地块直接拼合在一起的硅铝块体,仍然保持着吻合的轮廓。例如马达加斯加的东海岸和前印度西海岸一样,两侧的片麻岩都明显直线地中断,这一点除了两部分原来是直接相连的以外,恐怕不能有别的结论。可是在它们之间插进了塞舌尔群岛这一片弧形的陆棚,它显然同样是由硅铝质组成的(群岛由花岗岩组成),而在复原时看来必须插到中间去。但是我觉得更可能的是，这里我们接触到了深部硅铝层的比较塑性的物质，它是在地块分离过程中溢出来的，因而在复原时应把它算到两个地块部分之下去，这当然不排除它的顶部可能盖着较小的表面块体。大西洋中脊和一些其他地区情况类似。考虑到这一点是重要的，否则就会对某些地方两个分离开的地块的轮廓几乎正好吻合，而在它们之间还存在着不规则的硅铝块体这个事实迷惑不解。

硅铝层下部塑性地层这种侧外溢的原因，可能也在于分裂的大陆地块的边缘，往往成为一系列与边缘平行的断裂阶梯降入深海底。这些断裂阶梯在它们应该单独研究的上部常会呈单褶状，即它的表面向外下垂。但对这样的细节，我们不能在此进一步深入探讨。

如果塑性的大陆地块受到大陆冰盖的压力，则在它们的边缘必然会出现一种特殊的力。当一块塑性的蛋糕受到压力时，它就会有一种变薄的趋向，并且沿水平方向伸延，在边缘形成放射状的裂缝。这是峡湾形成的解释，这种峡湾存在于所有以前为冰川覆盖的海岸，且形状惊人相似(斯堪的纳维亚、格陵兰、拉布拉多、北美洲太平洋海岸 48°以北和南美洲 42°以南，以及新西兰南岛)，格里哥利[185]在一项广泛但甚少受到承认的研究中，就已把它说成是断裂建造。今天有很多人持侵蚀谷的论点，我认为这是错误的，包括根据我自己在格陵兰和挪威的观测结果。

人们通过密集的重锤测深，在大西洋沿岸大陆边缘注意到了一种奇特的现象，可以辨认出这是河谷在海底的延续。圣劳伦斯河谷就是这样伸入前面的陆棚，一直到深海，哈得孙河谷也是如此(可以追溯到 1 450 米深处)，在欧洲一侧类似的情况有塔约

(Tajo)河口以外,尤其是在“布列塔尼角海沟”,阿杜尔河口以北17公里处。可是这类现象中最完美的恐怕还是南大西洋的刚果河沟(可追溯到2 000米)。按照现在通行的解释,这些河沟原来是在水平面以上形成的侵蚀谷,后来被淹没了。但我觉得这是很不可能的,首先由于其下沉幅度之大,其次由于分布之普遍(如果测深点足够多,估计可以在所有大陆边缘找到),第三因为只有一部分河口表现出这种现象,而位于其间的河口却并非如此。我认为更可能的是河流利用了这里的大陆边缘断裂。圣劳伦斯河河床的这种断裂性质在地质上是已经证实了的,而在布列塔尼角海沟,作为海湾状张开的比斯开深海断裂的最内端,就其整个位置看则是可信的。

但大陆边缘最有趣的现象却是那些岛弧,典型的主要在东亚的海岸(图51)。观察一下它们在太平洋的分布,就可以看到一个大规模的系统。特别是如果我们把新西兰理解为澳大利亚昔日的岛弧,那么太平洋的整个西海岸就布满了岛弧,而东海岸则完全没有。在北美洲也许还可以辨认出还不发育的岛弧的萌芽,那就是北纬50°—55°处岛屿的分离,旧金山一带海岸线的外突以及加利福尼亚边缘环链的分离。在南半球或许可以把南极洲西部说成是岛弧(如果是,则估计为双层列岛)。但是整个地说,岛弧现象显示着西太平洋大陆块体的移动,移动指向大致为西北西,对洪积期的地极位置而言大致为正西,并且与太平洋的纵轴(南美洲—日本)以及老的太平洋岛列(夏威夷群岛、马绍尔群岛、社会群岛等)的主要方向相重合。深海沟,包括汤加海沟,都是作为断裂垂直于这个移动方向,即平行于那些岛弧而排列的。说所有这些事物互有因果联系恐怕是不成问题的。

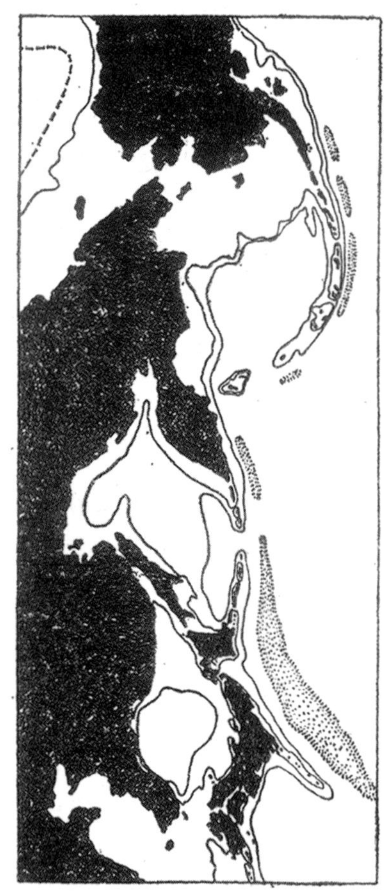

图 51 东北亚的岛弧
(200 米和 2 000 米海深线;加点者为深海沟)

在西印度也存在着完全类似的岛弧,火地岛和格雷厄姆地之间的南安的列斯岛弧,也可以说成是单独的岛弧,虽然是在稍微不同的意义上。

很引人瞩目的是岛弧相同的阶梯排列。阿留申群岛构成一个环链,它继续向东到阿拉斯加时已不再是边缘岛链,而出自内地。它在堪察加结束。从那里起,原为内层的堪察加岛列加上千岛群岛作为最外层岛列而构成岛弧。后者则结束于日本附近,然后让位给原为内层岛列的库页岛——日本。日本以南还可以继续追踪这种排列,直到巽他群岛一带,这种关系变得模糊不清。安的列斯群岛也表现出同样的阶梯状。显而易见,岛弧的这种阶梯状是原来大陆边缘山系阶梯状的直接后果,而原因在于上文论述过的阶梯状褶皱的一般规律。岛弧的长度引人瞩目地相同(阿留申群岛 2 900 公里,堪察加—千岛群岛 2 600,库页岛—日本 3 000,朝鲜—琉球

2 500，台湾—婆罗洲岛 2 700[①])可能也许在边缘山系的布局中，就已从构造上预先标定了。

藤原[195]比较深入地研究过这种阶梯状格局，尤其是日本火山系的，并试图通过北太平洋洋底反时针方向的旋转(相对于设想固定的亚洲地块)予以解释。因为所有运动都是相对的，人们也可以反过来想，即周围的陆地块体围绕着设想为固定的太平洋底以顺时针方向旋转。这一点所以使人感兴趣，是因为北极一直到不久的地质时期之前都位于太平洋之中，以致陆地块体的这样一种旋转，在古代相当于它们的向西漂移。我认为实际上很有可能的是，东亚的阶梯状边缘山脉，在地极还位于太平洋中的时候，就由大陆地块这种当时的向西漂移确定了格局的。

各岛弧在其地质结构上的明显一致，上文已经提及：它们的凹侧总是含有一系列火山，显然是因弯曲时在这里造成的压力的结果，这种压力把硅镁质包体挤了出来。凸出一侧则相反，为第三纪沉积岩所覆盖，而与此相对的大陆岸边大多没有这种沉积岩。这就表明分离是在最近的地质时期才进行的，并且岛弧在这些沉积岩沉积的时候还是陆地的边缘。这些第三纪沉积岩到处都显示出强烈的层位错动，这是在弯曲时出现拉力的结果；这种拉力造成破碎裂隙和垂直断层。日本列岛由于在巨大凹入部处过于强烈的弯曲而折断。列岛的外缘，尽管在别的地方到处都因扩张而下沉，在这里看来却上升了，表明岛弧做了倾斜运动，可以设想它产生的原

① 相反，西印度岛弧表现出一种层次：小安的列斯群岛—南海地岛—牙买加—莫斯基托浅滩 2 600 公里，海地岛—南古巴—密斯特里奥萨浅滩 1 900，古巴 1 100。

因,在于随着大陆地块总的向西漂移而被带向最终的位置,但在深处则为硅镁层所抑制。看来大多数伴随着它们的外缘的深海沟,也和这个过程有关。上面我们已经提醒注意过,这种沟从来不会在大陆和列岛之间新出露的硅镁层表面上生成,总是只在后者的外缘,即在古老深海底的边界上。它在这里表现为一条断裂,其一侧为强烈冷却,并直至很深处,均已为凝结的古老深海底;另一侧则由岛弧的硅铝物质组成。硅铝层和硅镁层之间这样一种边缘断裂的形成,和列岛的上述倾斜运动联系起来,恰恰是很好理解的。

此外在图51中,岛弧之后大陆边缘的凸肚状是引人瞩目的。尤其是如果我们再观察一下海岸线本身以及200米等深线,那么就可以看出大陆边缘总是表现出S形的对称图像,而在其前方的列岛,则形成一个简单的凸出弧形。这种情况在图52B中概括地示出。这类现象在图51包括的所有三个岛弧中都是同样的,而且也同样适合于例如澳大利亚东部的大陆边缘,以及它当时由新几内亚和新西兰的东南支脉构成的岛弧。这种凸肚状的海岸线,暗示出一种平行于海岸从而也就是平行于海岸山脉走向的推挤。应把它们视为水平向的大褶皱。这实际上是整个亚洲东部,在东北—西南方向上所经受的巨大推挤中产生的分现象。如果试一试把蛇曲状的东亚大陆海岸线拉直,那么,后印度和白令海峡之间的距离,就会从现在的9 100公里增加为11 100公里。

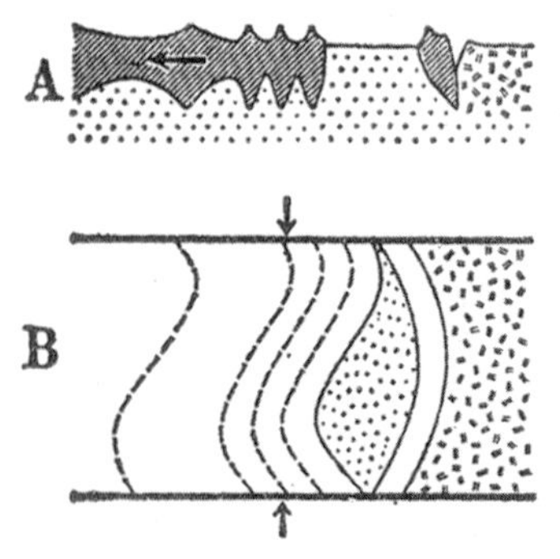

图52 岛弧形成示意图

A横剖面,B上视图(深度冷却的硅镁层部分以短斜线段示出)

按照我们的看法，岛弧，尤其在东亚是边缘山脉，它们因大陆块体向西漂移而分离出来，并且为高度凝固的古老洋底所阻挡。在它们和大陆边缘之间窗状地出露着年轻的，仍然比较流态的深海底。

这个观念和李希霍芬所主张的不同，当然他是从完全不同的前提出发的[186]。他设想岛弧是由地壳中来自太平洋的拉力造成的。岛弧应该和相邻陆地上的一片宽阔地带共同构成一个巨大的断裂系，这个地带的特点也是海岸和隆起具有弧状走向。岛弧和大陆海岸之间的地区是第一“陆地阶梯”，它由于西部的倾斜运动沉入海平面，而东缘则作为岛弧露出海面。李希霍芬相信在陆地上还可以找到另外两个这种阶梯，但它们的沉降要小些。这种弧状断裂的规则虽然造成解释上的困难，但是人们相信只要指出沥青和其他物质中的弧形崩裂，就可以反驳这种指责。

即使必须承认这个理论具有历史功绩——就是第一次自觉地抛弃了认为到处都有起作用的“拱形压力”的教条，并且使用了拉力进行解释，但也无须多说就能表明它们并不符合我们今天的经验。尽管海深图由于这些地区的测深尚不完整而不完善，但它仍然决定性地说明了岛弧和主地块之间的联系已经中断。

如果大陆地块的运动不像在亚洲东部那样垂直于它的边缘，而是与边缘平行，那么边缘山脉可能被平移错动波及，同时在它们和主地块之间却不出现硅镁窗。其实这里涉及的，正是和我们借助图49对大陆地块内地所阐述的相同的现象，只是以同样想法运用到大陆边缘上：如果地块向着硅镁层运动，则出现边缘褶皱，而且按照运动的不同方向，或者是倒转褶皱或者是阶梯状褶皱。如果它背离深海底运动,则边缘山脉会裂离。但如果是剪切运动,那么我们得到的则是平移错动:边缘山脉做滑动。在这种情况下,也是边缘山脉粘附在凝结了的深海底。在附图 26 德雷克海峡的海深图上,可以从格雷厄姆地的北端特别清楚地看到这个过程。与此相同,原来可能是构成位于苏门答腊之前的岛列向东南方向伸延的巽他群岛,它的最南部山脉松巴岛—帝汶岛—塞兰岛—布鲁岛滑过了爪哇岛,直至与正在移向这里的澳大利亚—新几内亚地块相遇。

另一个例子是加利福尼亚。加利福尼亚半岛在其外侧突出部也表现出拖曳现象(图 53),看来证明了陆地块体沿南南东方向向前挤进。半岛的端部已因硅镁层的正面阻力变厚成砧状,整个半岛看来已大大缩短,比较加利福尼亚湾的缺口就可以看出这一点。按韦蒂希[187]的说法,它的北部不久前才露出水面,而且幅度达到 1 000 米以上,这是强烈推挤的明显迹象。说它的端部以前确曾位于它前面的墨西哥海岸缺口处,从轮廓看恐怕是无疑的。地质图表明两侧都是"寒武纪后"的侵入岩,当然它们的等同性尚未得到证实。

但是除了半岛本身的缩短以外,看来也还存在陆地相对于基底向南推进时,半岛向北滑动或者更正确地说滞留,似乎在北面相接的海岸山脉也参加了这个过程。由此可以解释旧金山附近海岸线因堵塞形成的大片外突地区。这种看法明显地为旧金山 1906 年 4 月 18 日著名的地震断层所证实,我们根据鲁茨基[15]和塔姆斯[188]把它划入图 53 中。在这个事件中东翼向南速移,西翼则向北。如预期那样,测量表明这次突然移动的幅度,随着与断裂距离的增大而变小，在较大距离以外则测量不到了。当然，地壳在崩裂之前就已经在连续缓慢地运动。劳森[189]对 1891—1906 年的这个运动与崩裂方向作了比较，得到了图 54 中示出的适用于观测点“按面积分组”的结果，即后来断裂上的一个地表因子，在上述 15 年中从 A 向 B 运动了 0.7 米，然后被断裂分割开。这时西半部向 C 速移了 2.43 米，东半部则向 D 移了 2.23 米。在 A 和 B 之间的连续运动中——必须把它设想为相对于北美洲大陆主体部分的运动，大陆西缘表现出因对太平洋硅镁层的粘附而被连续地向北滞留。崩裂只意味着应力的跳动式平衡，但并没有使大陆地块作为整体产生运动。

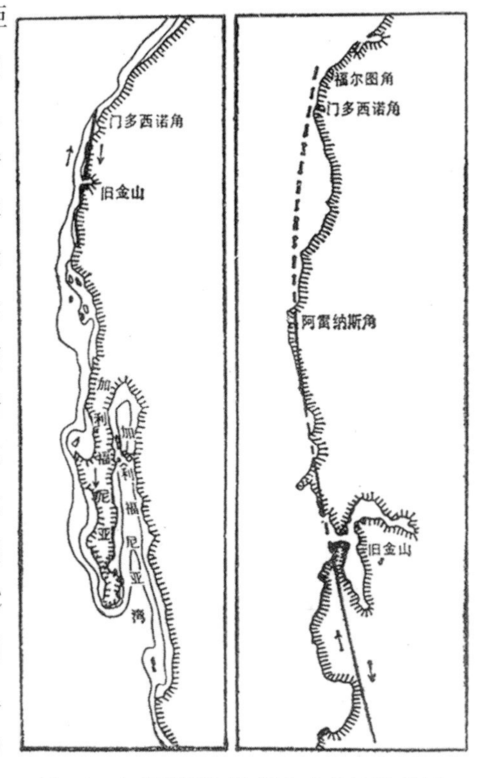

图 53　加利福尼亚和旧金山的地震断层

与此相关，还应指出地壳另一个也很有兴趣的部分，即后印度的大陆边缘（图 55），不过对它研究得还很差。这里有趣的主要是苏门答腊以北的深海盆。马六甲半岛的弯曲处相当于苏门答腊的北坡；但是如果我们把马六甲半岛再拉直，也不可能把苏门答腊岛以北可以看到的较深部地层的窗状出露盖上。位于窗口前面的安达曼岛列就表明了这一点。我们也许可以在这里假设喜马拉雅山脉的巨大推挤,沿它的纵向对后印度山系施加了一股拉力,致使苏门答腊山脉在该岛北端被拉断,而且山脉北部(若开)就像一条绳索的末端被向北拉进了巨大的推挤活动范围内,而且还在进行着。在这个雄伟的平移断层两侧必然形成了滑动面。有意思的是,最外层的边缘环带即安达曼群岛和尼科巴群岛在硅镁层处粘着停留,而这已经是这个奇特的移动所遇到的第二条环带了。

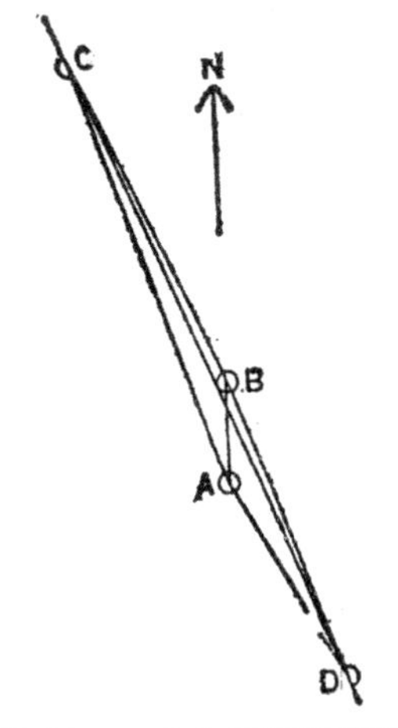

图 54 一个为断裂切穿的地表因子的运动(据劳森)

最后还想简短地考虑一下"太平洋"型和"大西洋"型海岸之间众所周知的区别。"大西洋"型海岸是块状陆地的断裂,而"太平洋"型的特征则是边缘环带和前沿的深海沟。算入大西洋结构海岸的还有东非洲(包括马达加斯加)、前印度、澳大利亚西部和南部以及南极洲东部,属于太平洋型的还有后印度西海岸、巽他群岛西海岸、澳大利亚东海岸(包括新几内亚和新西兰)以及南极洲西部。西印度(包括安的列斯群岛)也具有太平洋结构。与这两种类型的构造差异相应的,还有它们的重力变化不同,迈斯纳[190]指出过这一点。大西洋海岸是已得到均衡补偿的,也就是说,这里漂浮着的大陆地块处于平衡状态。相反,太平洋海岸则偏离均衡状态。此外,已知大西洋海岸相对少地震和火山,而太平洋海岸则两者都多。

即使大西洋型海岸某处出现火山，也像贝克指出过那样，它的熔岩与太平洋的熔岩相比在矿物上有系统的差异，具体说是重些并且含铁高些，也就是似乎出自较深的地层。

图 55　后印度海深图

（等深线 200 米和 2 000 米；深海沟打点）

按照我们的观念，“大西洋”海岸都是中生代以来才形成的，有些还要晚得多，由于地块的断裂形成。也就是说，在海岸前方的海底是比较新出露的深部地层，因此必然是流动性较大。由于这个原因，这些海岸已经得到均衡补偿就不足为奇。此外在移动时，由于硅镁层这种较大的流动性使大陆边缘受到的阻力小，因而既没有褶皱也没有挤压，所以既没有形成边缘山脉，也没有火山。这里也不会出现地震，因为硅镁层的流动性，足以使所有必要的运动可能无间断地通过纯粹的流动来进行。大陆在这里的行为，如果夸张地表达的话，就像在液态水中的刚性冰块。

地球表面提供的大量迹象表明，火山活动的本质在于硅铝层中的硅镁质包体被动地被挤压出来。这一点，弯曲的岛弧表现得最为清楚。由于弯曲，凹入的内侧必然产生挤压，而凸出的外侧则出现拉伸。实际上就如以前已经提到过的，它们的地质结构明显地相同：内侧总是带有一系列火山；外侧没有火山活动，但强烈破碎，并有断层。火山的这种到处重复出现的格局是如此明显，以致我觉得它对探讨火山的性质这个问题具有极大意义。冯·罗辛斯基写道[191]:“在安的列斯群岛可以区别开一个火山活动的内带和两个外带,后者中最外层的带由较年轻的沉积物组成,并且高度下降(修斯)。一个强烈火山活动的内带和一个火山活动微弱的外带,这种对照也适合于摩鹿加群岛(伯罗沃尔)和大洋洲(阿尔特)。这与喀尔巴阡和华力西山后地那样的推移区内侧上的火山带布局的类似性是显而易见的。”维苏威火山、埃特纳火山、斯特龙博利火山的位置符合这个模式;在火地岛和格雷厄姆地之间的南安的列斯弧的岛屿中,恰恰只有南桑德韦奇群岛强烈弯曲的最中脊是玄武岩的,而其火山中还有一个是活动的。我们在上文中已经提到过巽他群岛一个特别有趣的细节:两条最南部的岛链中只有均匀弯曲的北带有火山,南带(包括帝汶岛)则没有,因为它是外侧,处于拉力之下,并且由于与澳大利亚陆棚碰撞,已被弯曲至倒转方向。但是在一处即韦塔岛附近,北带也已经微向内凸,因为南带(帝汶岛东北端)向它挤过去;正好在这个地方,北带上原来也是活跃的火山活动停止了,显然是由于这里的弯曲过程减弱所致。伯罗沃尔也曾提醒注意,大规模的珊瑚礁只出现在没有火山活动或它已熄灭的地方,这同样表明恰恰这些地区正在受挤压。挤压开始的地方火山活动停止这样一个初看是荒唐的结果,却在我们观念的范围内得到了自然而然的解释。

在最古老的地质前期,硅铝壳层包裹着整个地球这种想法,并非是不可思议的。它当时只有现在厚度的约三分之一,并且肯定曾为一个“全球海”所覆盖,其平均深度经彭克计算为2.64公里,恐怕它只让地球表面的小部分出露,或者甚至完全不让其出露。

无论如何有两个原因支持这种观念的正确性，那就是地球上生命的发展和大陆地块的构造。

许泰曼说[192]："恐怕不会有人真正怀疑淡水以及固体陆地和空气中的生命起源于海洋生命。"据我们所知，志留纪以前没有呼吸空气的动物；最古老的陆地植物残痕，来自哥得兰岛的上志留纪。根据哥坦[193]的说法，在泥盆纪前期主要也只是苔藓类植物，没有真正的叶。"真正的、张开的叶的痕迹在老泥盆纪尚属罕见。几乎所有植物都甚小，为草本且甚不结实。"相反，上泥盆纪的植物界已经和石炭纪的相似，"由于发达的并且有脉的大叶张出现，由于植物在生长出支撑和吸收器官方面进行了分工……泥盆纪前期植物的特征，它内部组织的低级阶段以及它的体形小等，使人想到陆地植物起源于水中，波多尼、李格尼尔、阿尔伯等人就已经表达过这个意思。在上泥盆纪观察到的进展，应理解为对陆地上和空气中新生活方式的适应。"

另一方面，看来如果把大陆地块上所有的褶皱展平，则硅铝壳层确实会扩大到足以把整个地球包住。可是现在的大陆地块（包括它们的陆棚）只占地球表面的三分之一，但是石炭纪时就比现在已有显著的扩大（约为地球表面的一半）。我们越回到地球历史的古代，褶皱过程的范围就愈广泛。凯萨[34]写道："有重大意义的是最古老的太古代岩石，在地球上各处都经受过强烈错动和褶皱。从阿尔冈世开始，才除了经褶皱的沉积岩外，偶尔出现未经褶皱或仅微弱褶皱的沉积岩。如果我们转到阿尔冈世以后的时期，就会看到刚性而不可压缩的块体在面积和数量上都愈来愈大，相应地可褶皱的地壳部分则愈来愈受局限。这一点对石炭二叠纪的挤压尤其如此。古生代以后的时期,褶皱力逐步减弱,然后到较年轻的侏罗纪和白垩纪重新加强,并在第三纪后期达到一个新的高潮。但是很能说明问题的是,这次最年轻的大造山挤压的分布地区,仍大大地小于石炭纪的褶皱。”

因此可以说,硅铝圈原来包围着整个地球这种假设,无论如何并不和其他各种看法相矛盾。这个可以移动而本身为塑性的地球表层,受到那些我们在第九章论述过其性质的力的作用,一方面被拉裂开,另一方面又被推挤在一起。因而深海的形成和扩大只是这种过程的一个方面,另一面是褶皱。生物的原因,看来也支持深海是在地球历史进程中才生成的这种说法。瓦尔特为此写道[194]:“普遍的生物原因、今天深海动物界的地层位置以及构造研究,促使我们深信深海作为生命区域并非地球自最古老时代开始就有的原生特征,并且它第一次具有这种使命的时间,与现在各大陆所有部分开始进行构造褶皱运动和使地球表面形状受到重大改造的时间相符。”硅铝圈的第一批裂缝以及硅镁圈经此第一次出露,可能和今天东非大裂谷的形成类似。硅铝层的褶皱愈发育,这些裂缝就张开得愈大。这样一个过程,我们大致可以与把一个纸灯笼折起来相比较。一方面张开,另一方面挤在一起。一般认为很老的太平洋的面积,极可能正是以这种方式首先从硅铝地幔那里夺过来的。巴西、非洲、前印度和澳大利亚片麻岩地台上的古老褶皱,是太平洋张开的对应面这种说法不是不可思议的。

硅铝圈的这种推挤,当然必定造成变厚从而长出水面的结果,而同时深海盆则愈宽阔。因而大陆地块的淹没在地球历史过程中——不管它们的位置变化,总的看必然是范围愈来愈缩小。这个规律是得到普遍承认的。观察我们的三幅复原图(图 4)也可以很清楚地看出这一点。

重要的是要注意,虽然在硅铝壳层的发展过程中力在变化,但肯定是单向的。因为拉力不能把一个大陆地块的褶皱再展平,而至多是把它们拉裂。就是说压力和拉力的交替作用,并不能把各自的作用本身再抵消,而只能造成单向前进的作用:推挤和分裂。硅铝盖层在地球历史的进程中愈来愈变小(就面积而言)和愈厚,但也愈加破碎。在图 56 中画出了据此对古代、现代和将来假设的高程曲线。平均地壳高程,同时也就是尚未裂开时硅铝圈的原有表面。

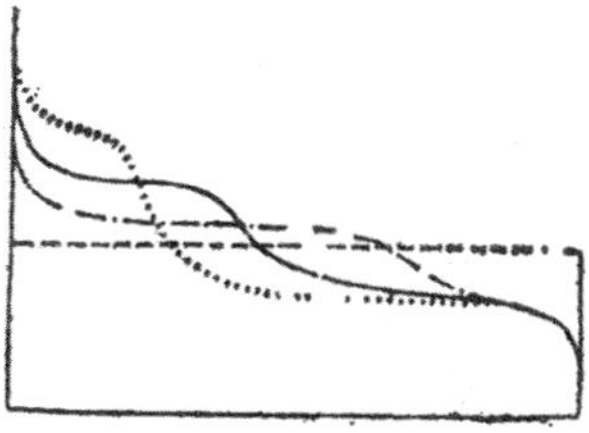

还存在的另一种可能性,即是按照达尔文的思想把太平洋盆视为月球分离出去的疤。那就是说,地球的硅铝壳在这个过程中失去了一部分。我认为作出这个判断的唯一途径,是尝试估计硅铝地块褶合的程度。但是这方面的可能性,目前看来还不存在。

图 56　地球表面过去和将来的高程曲线

……将来的,——现在的,
—•—古代的,— —原始状态
(同时有平均地壳高度)

第十一章　关于深海底的补充说明

从地貌上看，深海地区作为统一的整体是和大陆地块对立的。但是三个大洋的深度并不完全相同。柯西拿[29]根据格罗尔的海深图计算出太平洋的平均深度为4 028米，印度洋为3 897米，大西洋为3 332米。深海沉积岩的分布（图57）也为这种深度情况提供了一幅真实的图景，以前克吕梅尔曾经亲自向我指出过这一点。红色深海粘土和放射虫淤泥这两种深海沉积，主要局限于太平洋和东印度洋，而大西洋和西印度洋则为“表层”沉积所覆盖，后者较高的石炭含量是和较小的海深有因果联系的。这种深度差异并非偶然，而是带有系统的性质，而且它们与大西洋型和太平洋型海岸间的差别有关这一点，最明显地表现在印度洋，它的西半部具有大西洋型特征，东半部则属于太平洋型。因为其东半部比西半部深得多。这些情况对大陆移动论者特别感到兴趣，原因在于从图中一眼就可以看出恰恰是那些最老的深海底具有最大的深度，而那些不久前才出露的则深度最小。从而在图57中，可以说出人意外地看到了移动的痕迹。

对这种深度差异的原因，我们还没有固定的看法。它一方面可能在于物理状态的差异，另方面也可能是物质的不同。从物理学上说，老的和年轻的深海底，既可因温度也可因物态而异。如果物质的比重为 2.9，并且花岗岩的体膨胀系数以 0.000 026 9 计算，则温度升高 100°时比重变为 2.892。两个到 60 公里深度而温度相差 100°的深海底，如果处于均衡平衡状态，深度相差应为 160 米，较热的海底位置高。

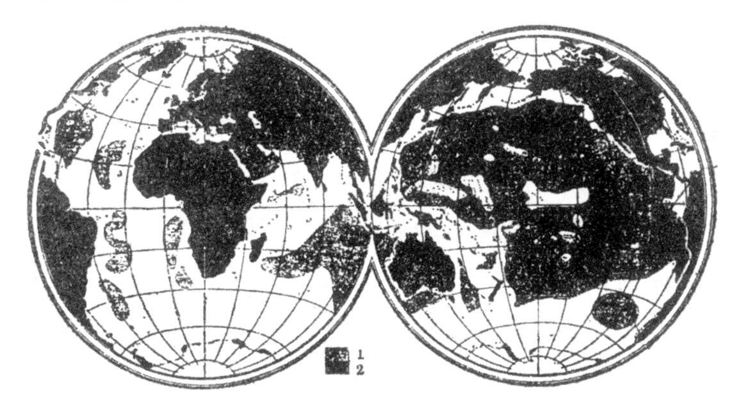

图 57　深海沉积图(引自克吕梅尔[30])

1.红色深海粘土，2.放射虫淤泥

另一方面也可能在相对新出露的深海底中，结晶凝固盖层比老的薄得多，从而也会造成比重以及深度的差别。第三，如果设想大洋盆都是以同样方式形成的话，那么也存在另一种可能性，就是岩浆在漫长的地质时代过程中——例如由于不断进行的结晶过程或者通过其他途径，会发生而且估计确实发生了变化。最后，硅镁层表面可能在不同程度上为大陆地块下层部位的流体残块以及边缘的副产物所覆盖。

正如上文已经提到的，我们现在对在深海底遇到的物质或者各种物质的观念，还是很不确切的，因此在这里没有必要摘引所有的观点。所以我想只局限于讨论研究得最好的大西洋的情况，那里反正还有大西洋中脊这样一种大陆移动论必须探讨的现象。

很久以前,人们就已经注意到深海底往往在很大范围内高差非常小。迄今,这些引人瞩目的平坦的深海地区,主要是通过铺海底电缆时所作的密集测深系列发现的。克吕梅尔[30]就提到过,在太平洋中途岛和关岛之间 1 540 公里长的距离上,所有 100 个测深点都在 5 510—6 277 米之间。在一个平均深度为 5 938 米的 180 公里长的区段上,14 个测深点的最大偏离仅为＋36 和－38 米。在另一个 550 米(疑为公里——译者)长的区段,平均深度 5 790米,37 个测点的最大偏离仅为＋103 和－112 米。这种密集的测深系列,现在已经可以很容易地从航行的船上借助回声测深仪取得。对大西洋范围,德国"流星"考察队取得的大量剖面,不久将会提供进一步的数据。根据美国方面获得的第一个横贯北大西洋的回声测深剖面,我[197]在图 58 中示出了其西段,这一段刚好还切过马尾藻海深海盆的最北部,图中包括西经 58°—47.5°(930 公里),平均深度 5 132 米,最大偏离－121 和＋108 米。在分段中深度的稳定性更明显得多,例如有 8 个相连的测点(每两个相隔 28 公里)测值为 2 780—2 790 英寻(测量误差为 10 英寻)。

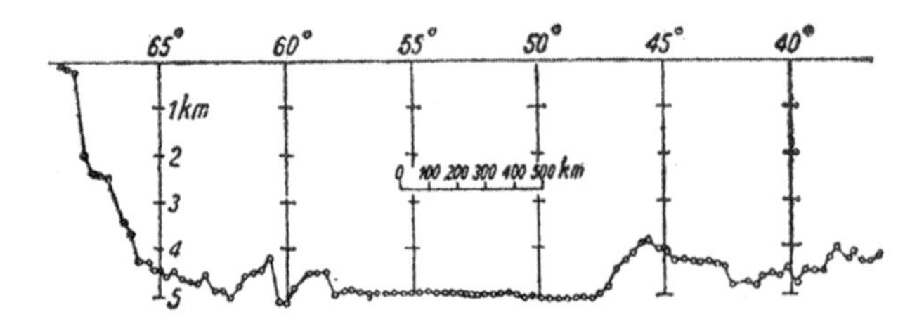

图 58　横贯北大西洋的美国回声测深剖面西段,不包括陆棚

这条测线的其余部分虽然比较浅一些,但仍属于深海的部段则没有这样平稳，而是显示出一个比较波动的剖面。

我由此推论，在深度如此明显恒定的马尾藻海范围内，硅镁层表面出露，而其他海底形状不稳定的区段，则估计相应于一个硅铝盖层，其厚度变化不定，但一般比大陆地块薄得多。如果据此假设，所有大洋底位于5 000米深度以下的部分，都相当于裸露的硅镁层表面，则图59就表示出大西洋底硅铝层和硅镁层的表面分布①。

但是这里又出现了某些困难。如果我们假设这些硅铝物质是一条分离时成为碎块地带的残余，则这个地带将会是很宽的。例如画在图59中的第一条横贯大西洋回声测深剖面路线上遇到的，可能就是一条1 300公里宽的地带拉开后的碎块。当然在南大西洋，我们会得到较小的值，大西洋中脊在这里比较窄，并且两侧（而不是像上述路线那样只在西面）与深海盆接界。在"流星"考察回声测深的基础上才取得比较准确的数据，但是即使如此，这里变成碎块的中间地带也会达到约500—800公里。这种情况虽然不能简单说成是荒谬的，我们还是觉得这个范围太大了些，因为南美洲和非洲现在的地块边缘，在这里如此明显地吻合，看来表明了它们

① 古滕贝格同样假设只有两种物质即硅铝和硅镁，但表示了另一种观点，并称之为"流动论"以与大陆移动论对立[196]。他相信，"漂浮于硅镁层之上的是唯一的一个硅铝地块，前者只在太平洋出露"。也就是他把大西洋底和印度洋底都列入大陆地块，并且假设该地块在这两个洋底因流动而变薄一半。但这是不可能正确的。即使我们略去水的重量，大西洋（和印度洋）的深度也只应是太平洋的一半，加上了水，则由于均衡的原因，这种差别还会增大。也就是说，整个洋底地貌的均匀性和它与大陆地块的鲜明对立反驳了古滕贝格的看法；即使在复原图上，使各大陆移近为现在距离的一半，也不能满足地质学、生物学和古气候学的要求，而最后，现在地块边缘明显的吻合则仍是个谜。其他参阅上文。

曾是相当直接地连在一起的。在我们的复原图上,一些其他地点也遇到虽然不十分重大,但却是类似的困难。

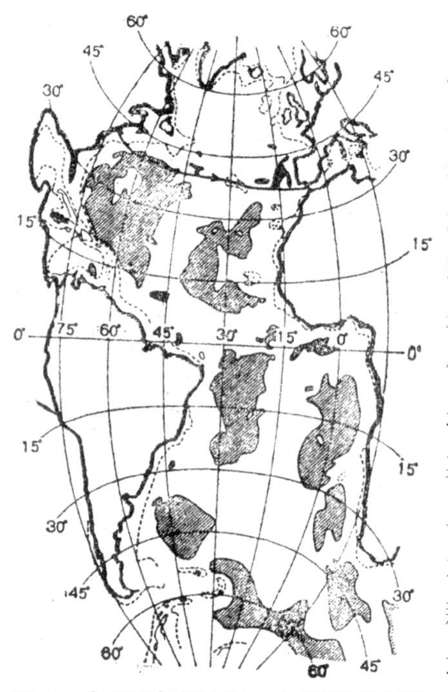

图 59　大西洋海底超过 5 000 米深度的表面

目前我认为这种小矛盾的根源,最可能在于我们只考虑两个地层,即硅铝层和硅镁层,而实际上情况要复杂得多。如果我们考虑到最新的地球物理研究越来越清楚显示的情况,从而假设由花岗岩组成的大陆地块一般到 30 公里深处,其下的玄武岩伸延到 60 公里深处,而在此深度以下则为超基性岩石(纯橄榄岩),那就可以得到一个完全满意的符合目前所有已知事实的解释。大陆的花岗岩台块实际上都是破碎的,这符合大陆移动论的假设,例外的是某些在深层融熔的部分,和那些在裂开时造成并且现在作为岛屿盖在大西洋中脊顶上的边缘块体。如果花岗岩之下的玄武岩层,确实如所设想的那样流动性特别强,则它必然会随着大西洋断裂的日益张开而涌出,并且在此后的进程中,从两侧向这里流过来补位,于是它先在各处形成洋底(今天仍构成洋底的绝大部分)。但是再进一步张开时,这种物质的流动能力也终于会变得不足,于是在它之下的纯橄榄岩就作窗口状出露(参看图 60)。在北海,地块的分离进展得还不算大,海底(除花岗岩残余外)恐怕完全由玄武岩组成,而且它的厚度在这里还会相当可观。相反,在太平洋的大片区域中,相应地会有大块纯橄榄岩表面出露,而这里比较浅的部分也还是玄武岩盖,甚至有些地方可能还有花岗岩残体覆盖。

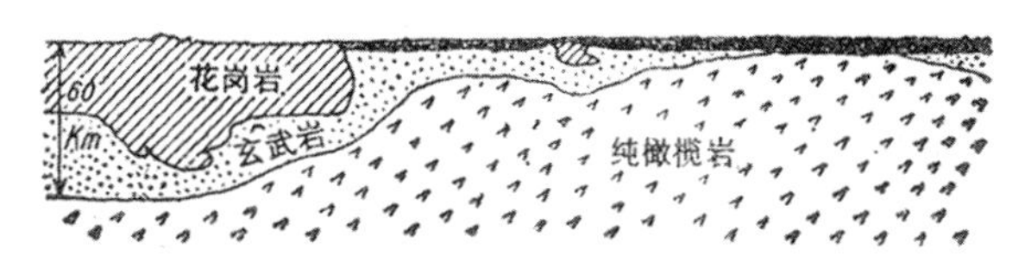

图 60　大陆地块和深海底的理想断面

这幅图当然还完全是一种假说。但是我相信一定要坚持我最初的假设,那就是各大陆地块,就它们的地质、生物和古气候证据的整体来看,当时存在着相当直接的联系;像上文表明的,最近的地球物理研究结果与此毫不矛盾,而是相反,看来适宜于用来排除由于下述情况带来的困难,即在按照它们的边界形状以前,显然曾经直接相连的那些地块之间现在存在着不规则的地表隆起,例如大西洋中脊那样的地质单元。至于此外还有古滕贝格设想的,大陆地块本身可能通过流动运动而“脱去外衣”,这种现象也是不应断然予以否定的;我们在不同的地方,特别是爱琴海,使用过这种观念。但是真正的流动,在这个角度上恐怕也只能局限于较深的地层,表面层则为断裂所切割。

因为目前地球物理学家对玄武岩或纯橄榄岩,到底在多大程度上可以确定是组成深海洋底物质这个问题尚未取得一致,我们想在下文中简明扼要地回过头来专门讨论一下硅铝层和硅镁层的区分。

如果硅镁层确实是一种粘滞流体,那么它的流动能力只表现在地块漂移过来时的避让上而不出现比较独立性质的环流,就是奇怪的事情。地图显示出在一些地方原先看来是直线状的岛带变形了,这就直接反映出这类主要是区域性的硅镁流。图61举出两个这方面的例子,一个是塞舌尔群岛,另一个是斐济群岛。半月形的塞舌尔陆棚承载着一系列由花岗岩组成的岛屿,这个陆棚与马达加斯加和前印度都对不上,后两者的直线状轮廓更接近于表明它们原来是直接相连的。易于接受的解释是,这个陆棚是从地块底部上升的熔融硅铝质,它上升后为硅镁流所带走,并且已经朝前印度方向走了很大一段距离。马达加斯加是尾随着这股硅镁流的,而后者本身则完全沿着前印度的方向"跑动",也许是由前印度的移动造成的,也可能相反,即它造成了前印度的移动,锡兰的断开似乎显示了这一点。在液体中,包括粘滞液体中的运动很少是如此简单的,而我们对这些事物的认识还太不完全。因此要求大陆移动论能够把每一个表现出来的相对运动都纳入其体系并解释清楚,那是荒唐的。我们考察这些事物只是为了阐述硅镁层中的流动现象,而这些现象特别表现在陆棚向回弯曲的末端,后者显示出硅镁流的运动从马达加斯加-前印度的中线向两侧减弱。也可以说:这股硅镁流在新出露的硅镁层处运动最为强烈,而从这里向西北和东南方向的较老深海底则运动较慢。第二个图是斐济群岛组,它的形状令人想起两臂旋涡星团,并且推论为螺旋状流体运动。这些群岛的形成似和运动的变化相关,澳大利亚在切断了它与南极洲的最后联系,同时留下新西兰岛弧,开始其现在还可以测出的西北向运动时,就经历过这种变化。我们猜测斐济群岛在卷拢之前,是一条与汤加脊地相平行的地带,两者共同构成澳大利亚—新几内亚地块的外层岛弧,它像所有的东亚岛弧一样,在外侧与古老的深海底紧密相连,因此在内侧则离开大陆地块;内带在地块离去时被拉成旋涡状。新赫布里底群岛和所罗门群岛可能是其他两个阶梯排列的岛弧,它们在移动的途中被留下了[①]。上文中已经提到过,在俾斯麦群岛中,新不列颠岛被新几内亚留下并且拖曳着,而在澳大利亚大地块的另一侧,巽他群岛最南端的两条环带的螺旋状回折,也像斐济群岛一样,暗示着在硅镁层中有一股相似的涡流。

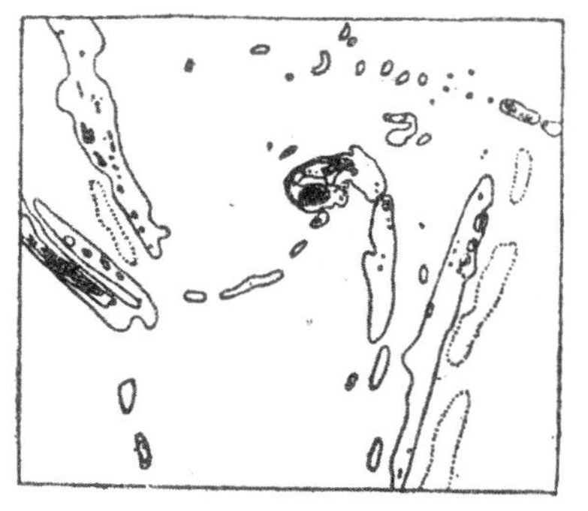

图 61　上:马达加斯加和塞舌尔浅滩　下:斐济群岛
(等深线 200 和 2 000 米;点线为深海沟)

关于深海沟的性质[②],根据现有的观测资料恐怕还不能得出结论性的概念。除了少数也许是其他成因的例外,这些深海沟总是位于岛弧之外(凸)侧前面,在这

① 赫德利通过生物方面的途径也得到同样的结果,即新几内亚和新喀里多尼亚、新赫布里底群岛和所罗门群岛构成一个统一体。

② “深海谷”这种叫法不甚妥当,因为它包含着类似大陆地块上的裂谷那样一种论断。

里岛弧碰上了古老的深海底;但在它们的内侧,新裸露的深海底呈窗状分布,却从未发现过海沟。换句话说,似乎只有古老的深海底,由于冷却和硬结的程度较高才能形成海沟。也许可以把它们理解为边缘断裂,其一侧由岛弧的硅铝质,另一侧则由深海底的硅镁质组成。图 62 示出在实际上甚为平缓的剖面不应造成误会,因为它通过重力的作用当然变得平坦多了。

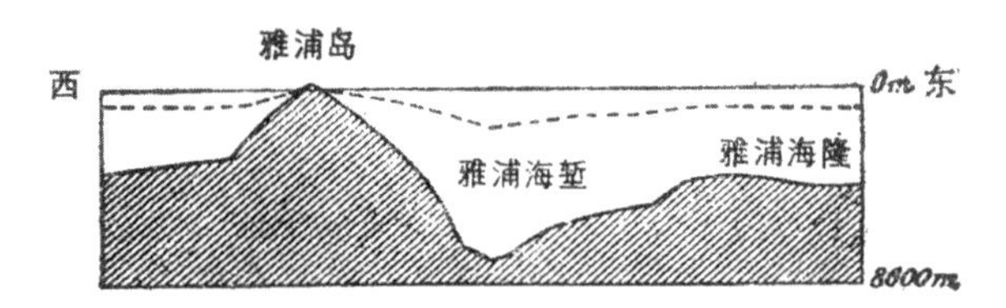

图 62　穿过雅浦海沟的剖面,深度放大五倍
(上方虚线为真实比例)(据索特和佩勒维支)

新不列颠岛南和西南方呈正交折曲的深沟,它的形成显然是由于该岛粘着于新几内亚而又被强力地扯向西北方的缘故;深深插入下方的岛屿地块犁过硅镁层,硅镁质随后流入空洞处,但尚未把它完全填满。这也许是我们能够最详细地解释深海沟形成的一个例子了。

对智利以西的阿塔卡马(Atakama)海沟,看来还有作另一种解释的可能性。就是如果我们考虑到在这条山脉堵起的时候,所有岩层都被压到深海水面之下,那么相邻的深海底也必然因此被向下拉①。此外大陆边缘的下沉还有另外一个原因,那就是山脉

① 阿姆弗洛、彭克等人指责说,在美洲向西运动时,地块边缘前面应堆起硅镁质山脉。如果我假设——我们必须这样假设——所有褶皱都要在维持均衡的状态下进行,那么,他们的说法就是不对的。硅镁层的避让运动,由于它自己较重而不可能向上去,只能向下,在大陆地块之下则向后,当一个漂浮的物体被慢慢地向前拉时,水的运动就完全是这样的。

向下褶皱的熔融，以及由于地块向西漂移而造成的熔融物质被带向东去。按照我们的设想，这些物质在阿波罗荷斯（Abrolhos）浅滩又部分地上升。由此，大陆边缘也必然下沉，并把相邻的硅镁层向下拖带。

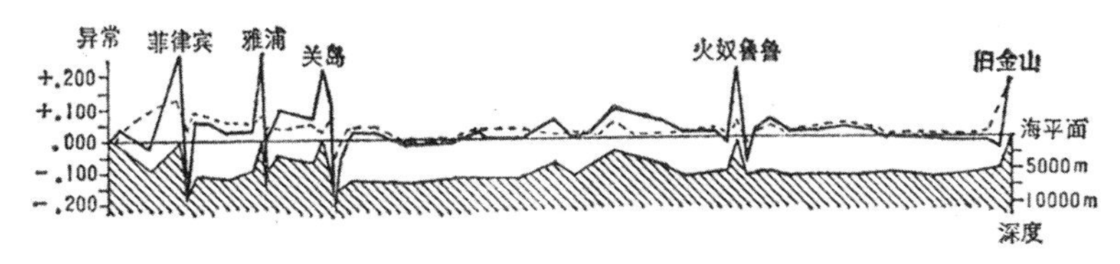

图 63　菲律宾和旧金山之间的重力异常曲线（据迈聂许）

左方为标度；点线：作均衡换算后，斜线：海底；右方为海深标度

当然这些想象还都要经过详尽的检验。对此，重力测量的结果是十分重要的。赫克尔[198]就已经发现在汤加海沟上有大的重力亏缺，而在相邻的汤加高原上则相反存在重力超值。迈聂许[39]在很多深海沟处证实了这种现象。我们在此引用他发表的文章中关于菲律宾和旧金山之间的重力剖面，并在图 63 中示出，图中也画上了海底剖面。这个剖面切过四条海沟，重力曲线都是相同的：在海沟本身出现亏缺，而在紧靠它的隆起之上则为超值。这个规律看来表明了在海沟中硅镁质的补给尚未完成均衡补偿；这种次序，也许可以解释为显示出隆起的地块的位置是倾斜的（参看本书图 52）。但是要作出结论性的判断，还需要作进一步的研究。

第三章附件

在本书印刷期间，第三章所要求的北美洲和欧洲之间距离的增大得到了证实，我们不想让读者错过它。里特尔和哈蒙德公布了1927年10月和11月在北美洲和欧洲之间所作的经度差测定的结果，并将它们和1913—1914年得到的测值作了比较①。

1927年得出华盛顿—巴黎的经度差为：

$5^h17^m36.665^s \pm 0.0019^s$

而1913—1914年为：

$5^h17^m36.653^s \pm 0.0031^s$，

$5^h17^m36.651^s \pm 0.003^s$。

1913—1914年的两个数据中，第一个取自美国的测值，第二个是法国的。

比较这些数据可以得出，在1913—1914年过程中，华盛顿—巴黎间的经度差增长幅度为：

0.013^s ±约 0.003^s

等于长度单位增长约：

---

① F. B. Littell and J. C. Hammond, World Longitude Operation. The Astronomical Journal 38. No. 908, S. 185, 14. Aug. 1928.

4.35m±约 1.0m。

相当于距离每年增加约：

0.32m±约 0.08m

这个变化的趋势和幅度，均和第三章中所阐述的从大陆移动论出发的推论极其相符。

文　　献

[1] A. Wegener, Die Entstehung der Kontinente. Peterm. Mitt. 1912, S.185—195, 253—256, 305—309.

[2] A. Wegener, Die Entstehung der Kontinente. Geol. Rundsch. 3, Heft 4, S. 276—292, 1912.

[3] A. Wegener, Die Entstehung der Kontinente und Ozeane. Samml. Vieweg, Nr. 23, 94 S., Braunschweig 1915; 2. Aufl., Die Wissenschaft, Nr. 66, 135 S., Braunschweig 1920; 3. Aufl. 1922.

[4] Carl Freiherr Löffelholz von Colberg, Die Drehung der Erdkruste in geologischen Zeiträumen. 62 S. München 1886. (2. sehr vermehrte Aufl., 247 S. München 1895.)

[5] D. Kreichgauer, Die Äquatorfrage in der Geologie, 304 S., Steyl 1902; 2. Aufl. 1926.

[6] H. Wettstein, Die Strömungen der Festen, Flüssigen und Gasförmigen und ihre Bedeutung für Geologie, Astronomie, Klimatologie und Meteorologie. 406 S. Zürich 1880.

[7] E. H. L. Schwarz, Geol. Journ. 1912, S. 294—299.

[8] Pickering, The Journ. of Geol. 15, Nr. 1, 1907; auch Gaea 43, 385, 1907.

[9] W. Franklin Coxworthy, Electrical Condition or How and Where our Earth was created. London, W. J. S. Phillips, 1890(?).

[10] F. B. Taylor, Bearing of the tertiary mountain belt on the

origin of the earth's plan. B. Geol. S. Am. 21(2),179—226,Juni 1910.

[11] Th. Arldt,Handb. d. Paläogeographie. Leipzig 1917.

[12] E. Suess,Das Antlitz der Erde 1,1885.

[13] Ampferer, Über das Bewegungsbild von Faltengebirgen. Jahrb. d. k. k. Geol. Reichsanstalt 56, 539 — 622. Wien 1906.

[14] Reyer,Geologische Prinzipienfragen.Leipzig 1907.

[15] M. P. Rudzki,Physik der Erde. Leipzig 1911.

[16] K. Andrée, Über die Bedingungen der Gebirgsbildung. Berlin 1914.

[17] A. Heim, Bau der Schweizer Alpen. Neujahrsblatt d. Naturf. Ges. Zürich 1908,110. stück.

[18] R. Staub, Der Bau der Alpen. Beitr. z. geolog. Karte der Schweiz,N. F. Heft 52. Bern 1924.

[19] Edw.Hennig,Fragen zur Mechanik der Erdkrusten-Struktur. Die Naturwissenschaften 1926,S. 452.

[20] E. Argand, La tectonique de l' Asie. Extrait du Compte-rendu du XIIIe Congrès géologique international 1922. Liège 1924.

[21] F. Kossmat, Erörterungen zu A. Wegeners Theorie der Kontinentalverschiebungen. Zeitschr. d. Ges. f. Erdkunde zu Berlin 1921.

[22] E. Dacqué, Grundlagen und Methoden der Paläogeographie. Jena 1915.

[23] G. de Geer,Om Skandinaviens geografiska Utvekling efter Istiden.Stockholm 1896.

[24] L. Kober,Der Bau der Erde. Berlin 1921;Gestaltungsgeschichte der Erde,Berlin 1925.

[25] H. Stille,Die Schrumpfung der Erde.Berlin 1922.

[26] F. Nölcke,Geotektonische Hypothesen.Berlin 1924.

[27] B. Willis,Principles of palaeogeography. Sc. 31,N. S.,Nr. 790,S. 241—260,1910.

[28] H. Wagner,Lehrb. d. Geographie 1. Hannover 1922.

[29] Kossinna, Die Tiefen des Weltmeeres. Veröff. d. Inst. f. Meereskde.,N. F. A,Heft 9.Berlin 1921.

[30] Krümmel,Handbuch der Ozeanographie. Stuttgart 1907.

[31] W. Trabert , Lehrb. d. kosmischen Physik. Leipzig und Berlin 1911.

[32] M. Groll, Tiefenkarten der Ozeane. Veröff. d. Inst. f. Meereskunde,N. F. A,Heft 2. Berlin 1912.

[33] A. Heim,Untersuchungen über den Mechanismus der Gebirgsbildung,2.Teil. Basel 1878.

[34] E. Kayser , Lehrb. d. allgem. Geologie, 5. Aufl. Stuttgart 1918.

[35] W. Soergel,Die atlantische"Spalte". Kritische Bemerkungen zu A. Wegeners Theorie von der Kontinentalverschiebung. Mona tsber. d. D. Geol. Ges. 68, 200 — 239, 1916.

[36] G.V. and A.V. Douglas,Note on the Interpretation of the Wegener Frequence Curve. Geolog. Magazine 60,Nr.705, 1923.

[37] A. Wegener,Der Boden des Atlantischen Ozeans.Gerlands Beitr. z. Geophys.17,Heft 3,1927,S. 311—321.

[38] F. Kossmat,Die Beziehungen zwischen Schwereanomalien und Bau der Erdrinde. Geol. Rundsch. 12,165—189,1921.

[39] F. A. Vening-Meinesz,Provisional Results of Determinations of Gravity, made during the Voyage of Her Majesty's Submarine K XIII from Holland via Panama to Java. Kon. Ak. van Wetensch. te Amsterdam Proceed. Vol. XXX,Nr.7,1927;Gravity survey by Submarine via Panama to Java. The Geograph. Journ.London LXXI,Nr.

2,Febr. 1928.Über die geologische Deutung siehe A.Born, Die Schwereverhältnisse auf dem Meere auf Grund der Pendelmessungen von Prof. Vening-Meinesz 1926. Zeitschr. f. Geophys. 3,Heft 8,S. 400,1927.

[40] W. Schweydar,Bemerkungen zu Wegeners Hypothese der Verschiebung der Kontinente. Zeitschr. d. Ges. f. Erdkde. zu Berlin 1921,S. 120—125.

[41] W. Heiskanen, Untersuchungen über Schwerkraft und Isostasie. Veröff. d. Finn. Geodät. Instiuts Nr. 4. Helsinki 1924.

[42] W. Heiskanen , Die Airysche isostatische Hypothese und Schweremessung. Zeitschr. f. Geophys. 1,225,1924/25.

[43] A. Born,Isostasie und Schweremessung. Berlin 1923.

[44] B. Gutenberg,Der Aufbau der Erde. Berlin 1925.

[45] B. Gutenberg, Lehrbuch d. Geophys. Berlin 1927/28, im Erscheinen.

[46] E. Tams, Über die Fortpflanzungsgeschwindigkeit der seismischen Oberflächenwellen längs kontinentaler und ozeanischer Wege. Centralbl. f. Min., Geol. u. Paläont. 1921,S. 44—52,75—83.

[47] G. Angenheister, Beobachtungen an pazifischen Beben. Nachr. d. Kgl. Ges. d. Wiss. zu Göttingen, Math. Phys. Klasse 1921,34 S.

[48] S. W. Visser, On the distribution of earthquakes in the Nederlands East Indian archipelago 1909/19. Batavia 1921.

[49] H. Wellmann, Über die Untersuchung der Perioden der Nachläuferwellen in Fernbebenregistrierungen auf Grund Hamburger und geeigneter Beobachtungen. Diss. Hamburg 1922.

[50] H. Wilde,Roy. Soc. Proc. June 19,1890 und January 22,

1891.
[51] A. W. Rücker, The secondary magnetic field of the earth. Terrestrial Magnetism and atmospheric Electricity 4, 113—129, March/December 1899.
[52] Raclot, C. R. 164, 150, 1917.
[53] H. Jeffreys, On the Earth's Thermal History and some related Geological Phenomena. Gerlands Beitr. z. Geophys. 18, 1—29, 1927.
[54] R. A. Daly, Our Mobile Earth. London 1926.
[55] S. Mohorovičić, Über Nahbeben und über die Konstitution des Erd-und Mondinnern. Gerlands Beitr. z. Geophys. 17, 180—231, 1927.
[56] J. Joly, The Surface History of the Earth, Oxford 1925 und unter gleichem Titel in Gerlands Beitr. z. Geophys. 15, 189—200, 1926.
[57] A. Holmes, Contributions to the Theory of Magmatic Cycles. Geol. Mag. 63, 306—329, 1926. — Ferner: Journ. of Geol. June/July 1926. — Oceanic Deeps and the Thickness of the Continents. Nature, 3. Dez. 1927.
[58] J. Joly and J. H. J. Poole, On the Nature and Origin of the Earth's Surface Structure. Phil. Mag. 1927, S. 1233 — 1246.
[59] B. Gutenberg, Der Aufbau der Erdkruste. Zeitschr. f. Geophys. 3, Heft 7, S. 371, 1927.
[60] A. Prey, Über Flutreibung und Kontinentalverschiebung. Gerlands Beitr. z. Geophys. 15, Heft 4, S. 401—411, 1926.
[61] W. Schweydar, Untersuchungen über die Gezeiten der festen Erde. Veröff. d. Preuß. Geodät. Inst., N. F. Nr. 54. Berlin 1912.
[62] W. Schweydar, Die Polbewegung in Beziehung zur Zähigkeit und zu einer hypothetischen Magmaschicht der

Erde. Veröff. d. Preuß. Geodät. Inst., N. F. Nr. 79. Berlin 1919.

[63] W. L. Green, The Causes of the Pyramidal Form of the Outline of the Southern Extremities of the Great Continents and Peninsulas of the Globe. Edinburgh New Philosophical Journ. Vol. 6, n. s., 1857 sowie Vestiges of the Molten Globe, 1875.

[64] B. Meyermann, Die Westdrift der Erdoberfläche. Zeitschr. f. Geophys. 2, Heft 5, S. 204, 1926.

[65] B. Meyermann, Die Zähigkeit des Magmas. Zeitschr. f. Geophys. 3, Heft 4, S. 135—136, 1927.

[66] M. Schuler, Schwankungen in der Länge des Tages. Zeitschr. f. Geophys. 3, Heft 2/3, S. 71. 1927.

[67] R. A. Daly, The Earth's Crust and its Stability, Decrease of the Earth's Rotational Velocity and its Geological Effects. The Amer. Journ. of Science, Vol. V. May 1923, pp. 349—377.

[68] O. Ampferer, Über Kontinentverschiebungen. Die Naturwissenschaften 13, 669, 1925.

[69] R. Schwinner, Vulkanismus und Gebirgsbildung. Ein Versuch. Zeitschr. f. Vulkanologie 5, 175—230, 1919.

[70] G. Kirsch, Geologie und Radioaktivität, Wien und Berlin (Springer) 1928, S. 115. ff.

[71] A. Penck, Hebungen und Senkungen. "Himmel und Erde" 25, 1 und 2 (Separat, ohne Jahreszahl).

[72] J. Keidel. La Geología de las Sierras de la Provincia de Buenos Aires ysus Relaciones conlas Montañas de Sud Africaylos Andes. Annal. del Ministerio de Agricultura de la Nación, Sección Geología, Mineralogíay Minería, Tomo XI, Núm. 3. Buenos Aires 1916.

[73] H. Keidel, Über das Alter, die Verbreitung und die ge-

genseitigen Beziehungen der verschiedenen tektonischen Strukturen in den argentinischen Gebirgen. Étude faite à la XIIe Session du Congrès géologique international, reproduite du Compte-rendu, S. 671 — 687 [Separat, ohne Jahreszahl].

[74] H. A. Brouwer, De alkaligesteenten van de Serra do Gericino ten Noordwesten van Rio de Janeiro en de overeenkomst der eruptiefgesteenten van Brazilië en Zuid-Afrika. Kon. Akad. van Wetensch. te Amsterdam, 1921, Deel 29, S. 1005—1020.

[75] Alex. L. du Toit, The Carboniferous Glaciation of South Africa. Transact. of the Geolog. Soc. of South Africa 24, 188—227, 1921.

[76] Lemoine, Afrique occidentale. Handb. d. regionalen Geologie VII, 6 A, 14. Heft, S. 57. Heidelberg 1913.

[77] R. Maack, Eine Forschungsreise über das Hochland von Minas Gereas zum Paranahyba. Zeitschr. d. Ges. f. Erdk. z. Berlin 1926, S.310—323.

[78] Alex. L. du Toit, A geological comparison of South America with South Africa. With a palaeontological contribution by F. R. Cowper Reed. Carnegie Institution of Washington Publ. Nr. 381. Washington 1927.

[79] Passarge, Die Kalahari. Berlin 1904.

[80] A. Windhausen, Ein Blick auf Schichtenfolge und Gebirgsbau im südlichen Patagonien. Geol. Rundsch. 12, 109 — 137, 1921.

[81] Gagel, Die mittelatlantischen Vnlkaninseln. Handb. d. regionalen Geologie VII, 10, 4. Heft. Heidelberg 1910.

[82] Kossmat, Die mediterranen Kettengebirge in ihrer Beziehung zum Gleichgewichtszustande der Erdrinde. Abhandl. d. Math.-Phys. Kl. d. Sächsischen Akad. d. Wiss. 38, Nr.

2. Leipzig 1921.

[83] K. Andrée, Verschiedene Beiträge zur Geologie Kanadas. Schriften d. Ges. z. Beförd. d. ges. Naturwiss. zu Marburg 13,7,437f. Marburg1914.

[84] N. Tilmann, Die Struktur und tektonische Stellung der kangdischen Appalachen. Sitz.-Ber. d. naturwiss. Abt. d. Niederrhein. Ges. f. Natur-u. Heilkunde in Bonn 1916.

[85] Lauge-Koch, Stratigraphy of Northwest Greenland. Meddelelser fra Dansk geologisk Forening 5, Nr. 17, 1920, 78 S.

[86] R. Mantovani, l' Antarctide. "Je m' instruis", 19. Sept. 1909, S. 595—597.

[87] Lemoine, Madagaskar. Handb. d. regional. Geol. VII, 4, 6. Heft. Heidelberg 1911.

[88] R. von Klebelsberg, Die Pamir-Expedition des D. u. Österr. Alpen-Vereins vom geologischen Standpunkt. Zeitschr. d. D. u. Österr. A. -V. 1914(XLV), S. 52—60.

[89] O. Wilckens, Die Geologie von Neuseeland. Die Naturwissenschaften 1920, Heft 41. Auch Geol. Rundsch. 8, 143—161, 1917.

[90] H. A. Brouwer, On the Crustal Movements in the region of the curving rows of Islands in the Eastern Part of the East-Indian Archipelago. Kon. Ak. v. Wetensch. te Amsterdam Proceed. 22, Nr. 7 u. 8, 1916. Auch Geol. Rundsch. 8, Heft 5—8, 1917 und Nachr. d Ges. d. Wiss. z. Göttingen 1920.

[91] G. A. F. Molengraaff, The coral reef problem and isostasy. Kon. Akad. van Wetensch. 1916, S. 621 Anmerkung.

[92] L. van Vuuren Het Gouvernement Celebes. Proeve eener Monographie 1, 1920(namentlich S. 6—50).

[93] Wing Easton, Het onstaan van den maleischen Archipel,

bezien in het licht van Wegener's hypothesen. Tijdschrift van het Kon. Nederlandsch Aardrijkskundig Genootschap 38, Nr. 4, Juli 1921, S. 484—512. Ferner: On some extensions of Wegener's Hypothesis and their bearing upon the meaning of the terms Geosynclines and Isostasy. Verh. van het Geolog.-Mijnbouwkundig Genootschap voor Nederland en Kolonien, Geolog. Ser., Deel V, Bl. 113 — 133, Juli1921. [Hierin werden einige meines Erachtens weniger glückliche Abänderungen der Verschiebungstheorie vorgeschlagen.]

[94] G. L. Smit Sibinga, Wegener's Theorie en het ontstaan van den oostelijken O. J. Archipel. Tijdschr. van het Kon. Ned. Aardrijkskundig Genootschap, 2e Ser. dl. XLIV, 1927, Aufl. 5.

[95] B. G. Escher, Over Oorzaak en Verband der inwendige geologische Krachten. Leiden 1922.

[96] Wanner, Zur Tektonik der Molukken. Geol. Rundsch. 12, 160, 1921.

[97] G. A. F. Molengraaff, De Geologie der Zeeën van Nederlandsch-Oost-Indië (Overgedruktuit: De Zeeën van Nederlandsch-Oost-Indië. Leiden 1921).

[98] C. Gagel, Beiträge zur Geologie von Kaiser-Wilhelmsland. Beitr. z. geol. Erforsch. d. Deutsch. Schutzgebiete, Heft 4, 55 S. Berlin 1912.

[99] K. Sapper, Zur Kenntnis Neu-Pommerns und des Kaiser-Wilhelmslandes. Peterm. Mitt. 56, 89—193, 1910.

[100] F. Kühn. Der sogenannte "Südantillen-Bogen" und seine Beziehungen. Zeitschr. d. Ges. f. Erdkde. z. Berlin 1920, Nr. 8/10, S. 249—262.

[101] F.B. Taylor, Greater Asia and Isostasy. Amer. Journ. of Science XII, July 1926, S. 47—67.

[102] H. Jeffreys, The Earth: Its Origin, History and Physical Constitution. Cambridge University Press, 1924.

[103] H. Cloos, Geologische Beobachtungen in Südafrika. IV. Granite des Tafellandes und ihre Raumbildung. Neues Jahrb. f. Min., Geol. u. Paläont., Beilage-Band XLII, S. 420—456.

[104] B. Gutenberg, Mechanik und Thermodynamik des Erdkörpers, in Müller-Pouillet, Bd. V, 1 (Geophysik). Braunschweig 1928.

[105] C. A. Matley, The geology of the Cayman Islands (British West Indies). Quart. Journ. Geol. Soc., vol. LXXXII, part 3, 1926, pp. 352—387.

[106] F. Hermann, Paléogéographie et genèse penniques. Eclogae geclogicae Helvetiae, Vol. XIX, Nr.3, 1925, S.604—618.

[107] J. W. Evans, Regions of Tension. Proceed. Geolog. Soc. LXXXI, part 2, pp. LXXX—CXXII. London 1925.

[108] Diener, Die Großformen der Erdoberflächen. Mitt. d. k. k. geol. Ges. Wien 58, 329 — 349, 1915. — Die marinen Reiche der Triasperiode. Denkschr. d. Akad. d. Wiss. Wien, math. -naturw. Kl. 1915.

[109] Jaworski, Das Alter des südatlantischen Beckens. Geol. Rundsch. 1921, S. 60—74.

[110] A. Penck, Wegeners Hypothese der kontinentalen Verschiebungen. Zeitschr. d. Ges. f. Erdkde. z. Berlin 1921, S. 110—120.

[111] W. Penck, Zur Hypothese der Kontinentalverschiebung. Zeitschr. d. Ges. f. Erdkde. z. Berlin 1921, S. 130—143.

[112] H. A. Brouwer, On the Non-existence of Active Volcanoes between Panter and Dammer (East Indian archipelago), in Connection with the Tectonic Movements in this

Region. Kon,Ak. van Wetensch. te Amsterdam Proceed. 21,Nr. 6 u. 7,1917.

[113] H. S. Washington,Comagmatic regions and the Wegener hypothesis. Journ. of the Washington Acad.of Sciences, Vol. 13,Sept. 1923,pp. 339—347.

[114] F. Nölke, Physikalische Bedenken gegen A. Wegeners Hypothese der Entstehung der Kontinente und Ozeane. Peterm. Mitt. 1922,S. 114.

[115] Stromer,Geogr. Zeitschr. 1920,S. 287ff.

[116] F. Ökland, Einige Argumente aus der Verbreitung der nordeuropäischen Fauna mit Bezug auf Wegeners Verschiebungstheorie. Nyt Mag. f. Naturv. 65, 339—363, 1927.

[117] L. v. Ubisch,Wegeners Kontinentalverschiebungstheorie und die Tiergeographie. Verh. d. Physikal-Med. Ges. z. Würzburg 1921.

[118] G. Colosi,La teoria della traslazione dei continenti e le dottrine biogeografiche. L' Universo 6, Nr. 3. Marzo 1925.(Hierin auch weitere biogeographische Literaturangaben.)

[119] W. R. Eckhard,Die Beziehungen der afrikanischen Tierwelt zur südasiatischen. Nat. Wochenschr. 1922,Nr. 51.

[120] H. Osterwald,Das Problem der Aalwanderungen im Lichte der Wegenerschen Verschiebungstheorie. Umschau 1928,S. 127—128.

[121] A. Wegener,Die geophysikalischen Grundlagen der Theorie der Kontinentenverschiebung. Scientia, February 1927.

[122] H. v. Ihering,Die Geschichte des Atlantischen Ozeans. Jena 1927.

[123] L. F. de Beaufort,De beteekenis van de theorie van We-

gener voor de zoögeografie. Handelingen van het XXe Ned. Natuur-en Geneeskundig Congres, 14./16. April 1925, Groningen.

[124] H. Hergesell, Die Abkühlung der Erde und die gebirgsbildenden Kräfte. Beitr. z. Geophys. 2,153,1895.

[125] Semper, Das paläothermale Problem, speziell die klimatischen Verhältnisse des Eozäns in Europa und den Polargebieten. Zeitschr. Deutsch. Geol. Ges. 48, 261f., 1896.

[126] Schröter, Artikel "Geographie der Pilanzen" im Handwörterbuch der Naturwissenschaften.

[127] W. Köppen, Das Klima Patagoniens im Tertiär und Quartär. Gerlands Beitr. z. Geophys. 17, 3, 391—394, 1927.

[128] A. Wegener, Bemerkungen zu H. v. Iherings Kritik der Theorien der Kontinentverschiebungen und der Polwanderungen. Zeitschr. f. Geophys. 4, Heft 1, S. 46 — 48, 1928.

[129] R. v. Klebelsberg, Die marine Fauna der Ostrauer Schichten. Jahrb. d. k. k. Geol. Reichsanstalt 62, 461—556, 1912.

[130] J. Huus, Über die Ausbreitungshindernisse der Meerestiefen und die geographische Verbreitung der Ascidien. Nyt Mag. f. Naturv. 65, 1927.

[131] Scharff, Über die Beweisgründe für eine frühere Landbrücke zwischen Nordeuropa und Nordameika (Proc. of the Royal Irish Ac. 28, 1, 1 — 28, 1909; nach dem Referat von Arldt, Naturw. Rundsch. 1910).

[132] W. Petersen, Eupithecia fenestrata Mill, als Zeuge einer tertiären Landverbindung von Nord-Amerika mit Europa. Beitr. z. Kunde Estlands 9, 4—5, 1922.

[133] H. Hoffmann , Moderne Probleme der Tiergeographie. Die Naturwissenschaften 13,77—83,1925.

[134] L.v.Ubisch, Stimmen die Ergebnisse der Aalforschung mit Wegeners Theorie der Kontinentalverschiebungüberein? Die Naturwissenschaften 12,345—348,1924.

[135] T. Arldt, Südatlantische Beziehungen. Peterm. Mitt. 62, 41—46,1916.

[136] A. Handlirsch, Beiträge zur exakten Biologie. Sitz. -Ber. d. Wiener AK. d. Wiss., math. -naturw. Kl. 122,1,1913.

[137] B. Kubart, Bemerkungen zu Alfred Wegeners Verschiebungstheorie. Arb. d. phytopaläont. Lab. d. Univ. GrazII,1926.

[138] B. Sahni, The Southern Fossil Floras: a Study in the Plant-Geography of the Past. Pros. of the 13. Indian Science Congress 1926.

[139] Wallace, Die geographische Verbreitung der Tiere, deutsch von Meyer,2 Bde. Dresden 1876.

[140] E. Bresslau, Artikel Plathelminthes im Handwörterbuch d. Naturw. 7,993.—Auch Zschokke, Zentralbl. Bakt. Paras. I, S. 36,1904.

[141] P. Marshall, New Zealand. Handb. d. regional. Geol. VII, 1,1911.

[142] H. V. Bröndsted , Sponges from New Zealand . Papers from Dr. Th. Mortensen's Pacific Expedition 1914/16. Vidensk. Medd. fra Dansk naturh. Foren 77,435—483; 81,295—331.

[143] E. Meyrick, Wegeners Hypothesis and the distribution of Micro-Lepidoptera. Nature, S. 834—835. London 1925.

[144] Simroth, Über das Problem früheren Landzusammenhangs auf der südlichen Erdhälfte. Geogr. Zeitschr. 7,665—676,1901.

[145] Andrée, Das Problem der Permanenz der Ozeane und

Kontinente. Peterm. Mitt. 63,348,1917.

[146] Th. Arldt,Die Frage der Permanenz der Kontinente und Ozeane. Geogr. Anzeiger 19,2—12,1918.

[147] A. Griesebach. Die Vegetation der Erde nach ihrer klimatischen Anordnung. Ein Abriß der vergleichenden Geographie der Pflanzen 2,528,u. 632. Leipzig 1872.

[148] O. Drude, Handbuch der Pflanzengeographie. S. 487. Stuttgart 1890.

[149] L. v. Ubisch, Hermann v. Iherings"Geschichte des Atlantischen Ozeans". Peterm. Mitt. 1927,S. 206—207.

[150] E. Irmscher, Pflanzenverbreitung und Entwicklung der Kontinente. Studien zur genetischen Pflanzengeographie. Mitt. aus d. Inst. f. allgem. Botanik in Hamburg 5, 15—235,1922.

[151] W. Köppen und A. Wegener,Die Klimate der geologischen Vorzeit. 256 S. Berlin 1924.

[152] W. Studt,Die heutige und frühere Verbreitung der Koniferen und die Geschichte ihrer Arealgestaltung. Diss. Hamburg 1926.

[153] F. Koch, Über die rezente und fossile Verbreitung der Koniferen im Lichte neuerer geologischer Theorien. Mitt. d. Deutschen Dendrologischen Gesellschaft, Nr. 34,1924.

[154] W. Michaelsen,Die Verbreitung der Oligochäten im Lichte der Wegenerschen Theorie der Kontinentenverschiebung und andere Fragen zur Stammesgeschichte und Verbreitung dieser Tiergruppe. Verh. d. naturw. Ver. zu Hamburg im Jahre 1921,37 S. Hamburg 1922.

[155] N. Svedelius, On the discontinuous geographical Distribution of some tropical and subtropical Marine Algae. Arkiv för Botanik,utg. av K. Svenska Vetensk. Ak. 19,

Nr. 3,1924.
[156] W. Köppen, Die Klimate der Erde. Grundriß der Klimakunde. Berlin und Leipzig 1923.
[157] V. Paschinger. Die Schneegrenze in verschiedenen Klimaten. Peterm. Mitt. 1912,Erg.-Heft 173.
[158] W. Köppen, Die Lufttemperatur an der Schneegrenze. Poterm.Mitt. [Separat,ohne Jahreszahl.]
[159] Th. Arldt, Die Ursachen der Klimaschwankungen der Vorzeit, besonders der Eiszeiten. Zeitschr. f. Gletscherkunde 11,1918.
[160] Rollin T. Chamberlin, Objections to Wegeners Theory, 1928;in[228].
[161] P. Reibisch. Ein Gestaltungsprinzip der Erde; 27. Jahresbericht d. Ver. Erdkunde zu Dresden 1901,S. 105—124.—Zweiter Teil[enthält nur unwesentliche Ergänzungen],Mitt. Ver. Erdk. Dresden 1,39—53,1905. —III. Die Eiszeiten. Ebenda 6,58—75,1907.
[162] H. Simroth,Die Pendulationstheorie.Leipzig 1907.
[163] Ch. Schuchert, The hypothesis of continental displacement,1928;in[228].
[164] E. Jacobitti, Mobilità dell' Assa Terrestre, Studio Geologico.Torino 1912.
[165] G. A. F. Molengraaff,The Glacial Origin of the Dwyka Conglomerate. Trans. of the Geol. Soc. of South Africa 4,103—115,1898.
[166] A. du Toit,The Carboniferous Glaciation of South Africa.Ebenda 24,188—227,1921.
[167] Koken,Indisches Perm und die permische Eiszeit. Festband d. N. Jahrb. f. Min. 1907.
[168] R. W. Sayles,The Squantum Tillite. Bull. of the Museum of Comparative Zoölogy at Harvard College 56,Nr.2

(Geol. Series, Vol. 10). Cambridge 1914.

[169] H. Potonié, Die Tropensumpfflachmoornatur der Moore des produktiven Karbons. Jahrb. d. Kgl. Preuß. Geol. Landesanstalt 30, Teil I, Heft 3. Berlin 1909. — Die Entstehung der Steinkohle, 5. Aufl., S. 164. Berlin 1910.

[170] Rudzki, L'âge de la terre. Scientia 13, Nr. XXVIII, 2, S. 161—173, 1913.

[171] E. Dacqué, Abschnitt "Paläogeographie" in Enzyklopädie der Erdkunde, herausgeg. v. Kende. Leipzig u. Wien 1926.

[172] Danmark-Ekspeditionen til Grönlands Nordöstkyst 1906/08 under Ledelsen af L. Mylius-Erichsen 6 (Meddelelser om Grönland 46). Köbenhavn 1917.

[173] F. Burmeister. Die Verschiebung Grönlands nach den astronomischen Längenbestimmungen. Peterm. Mitt. 1921, S. 225—227.

[174] P. F. Jensen, Ekspeditionen til Vestgrönland Sommeren 1922. Meddelelser om Grönland LXIII, S. 205—283. Köbenhavn 1923.

[175] A. Wegener, Ekspeditionen til Vestgrönland Sommeren 1922 (P. F. Jensen, Medd. om Grönland LXIII, S. 205—283, Köbenhavn 1923). Die Naturwissenschaften 1923, S. 982—983.

[176] E. Stück, Breiten-und Längenbestimmungen in Westgrönland im Sommer 1922. Annal. d. Hydrographie usw. 1923, S. 290—292.

[177] Galle, Entfernen sich Europa und Nordamerika voneinander? Deutsche Revue, Februar 1916.

[178] Jahresber. d. preuß. Geodät. Inst. in Vierteljahrsschr. d. Astron. Ges. 51, 139, sowie Astronomical Journal Nr. 673/674.

[179] B. Wanach, Ein Beitrag zur Frage der Kontinentalverschiebung. Zeitschr. f. Geophysik 2,161—163,1926.

[180] P. Poisson, L'Observatoire de Tananarive. Paris 1924. — P. E. Colin, Comptes Rendus, 5. Mars 1894, S. 512. — Ferner La Géographie 45, 354—355, 1926, wo auch die Positionen angegeben sind.

[181] Günther, Lehrb. d. Geophys. 1,278. Stuttgart 1897.

[182] W. D. Lambert, The Latitude of Ukiah and the Motion of the Pole. Journ. of the Washington Ac. of Sc. 12, Nr. 2, 19. Jan. 1922.

[183] Neumayr-Uhlig, Erdgeschichte 1, Allgem. Geol., 2. Aufl., S. 367. Leipzig und Wien 1897.

[184] E. Kohlschütter, Über den Bau der Erdkruste in Deutsch-Ostafrika. Nachr. d. Kal. Ges. d. Wiss. Göttingen, Math.-Phys.Kl., 1911.

[185] J. W. Gregory, The Nature and origin of Fjords. 542 S. London 1913.

[186] F. v. Richthofen, Über Gebirgskettungen in Ostasien. Geomorphologische Studien aus Ostasien 4; Sitz. -Ber. d. Kgl. Preuß. Akad. D. Wiss. Berlin, Phys. -Math. Kl. 40, 867—891, 1903.

[187] E. Wittich, Über Meeresschwankungen an der Küste von Kalifornien. Zeitschr. d. Deutschen Geol. Ges. 64, 1912, Monatsbericht Nr. 11, S. 505—512. —La Emersion moderna de la costa occidental de la Baja Californica. Mém. de la Société"Alzate"35, 121—144, Mexiko 1920.

[188] Tams, Die Entstehung des kalifornischen Erdbebens vom 18. April 1906. Peterm. Mitt. 64, 77, 1918.

[189] A. C. Lawson, The Mobility of the Coast Ranges of California. Univ. of California Publ. Geology 12, Nr. 7, S. 431—473, 1921.

[190] O. Meissner, Isostasie und Küstentypus. Peterm. Mitt. 64,221,1918.
[191] W. v. Lozinski, Vulkanismus und Zusammenschub. Geol. Rundsch. 9,65—98,1918.
[192] Steinmann, Die kambrische Fauna im Rahmen der organischen Gesamtentwicklung. Geol. Rundsch. 1,69,1910.
[193] Gothan, Neues von den ältesten Landpflanzen. Die Naturwissenschaften 9,553,1921.
[194] J. Walther, Über Entstehung und Besiedelung der Tiefseebecken. Naturwiss. Wochenschr., N. F. 3. Bd., Heft 46.
[195] S. Fujiwhara, On the Echelon Structure of Japanese Volcanic Ranges and its Significance from the Vertical Point of View. Gerlands Beitr. z. Geophys. XVI, Heft 1/2, 1927.
[196] B. Gutenberg, Die Veränderungen der Erdkruste durch Fließbewegungen der Kontinentalscholle. Gerlands Beitr. z. Geophys. 16,239—247,1927;18,225—246,1927.
[197] A. Wegener, Der Boden des Atlantischen Ozeans. Gerlands Beitr. z. Geophys. 17, Heft 3,1927, S. 311—321.
[198] O. Hecker, Bestimmung der Schwerkraft auf dem Indischen und Großen Ozean und an den Küsten. Zentralbureau d. Internat. Erdmess., N. F. Nr. 16. Berlin 1908.
[199] Eötvös, Verh. d. 17. Allg. Konf. d. Internat. Erdmessung, I. Teil, 1913, S. 111.
[200] W. Köppen, Ursachen und Wirkungen der Kontinentenverschiebungen und Polwanderungen. Peterm. Mitt. 1921, S.145—149 und 191—194. Siehe besonders S, 149. Über Änderungen der geographischen Breiten und des Klimas in geologischer Zeit. Geografiska Annaler 1920, S. 285—299. — Zur Paläoklimatocogie. Meteoro. Zeitschr.

1921, S. 97—101 (hier mit anderer Figur). — Über die Kräfte, welche die Kontinentenverschiebungen und Polwanderungen bewirken. Geol. Rundsch. 12, 314—320, 1922.

[201] P. S. Epstein, Über die Polflucht der Kontinente. Die Naturwissenschaften 9, Heft 25, S. 499—502.

[202] W. D. Lambert, Some Mechanical Curiosities connected with the Earth's Field of Force. The Amer. of Journ, of Science, Vol.II, Sept. 1921, pp. 129—158.

[203] R. Berner, Sur la grandeur de la force qui tendrait à rapprocher un continent de l'équateur. Thèse prés. à la Faculté des sciences de l'universitéde Genéve. Genève 1925.

[204] R. Wavre, Sur la force qui tendrait à rapprocher un continent de l'équateur. Archives des Sciences physiques et naturelles. Août 1925.

[205] M. Möller, Kraftarten und Bewegungsformen. Braunschweig 1922.

[206] U. P. Lely, Een Proef die de Krachten demonstreert, welke de Continentendrift kan veroorzaken. "Physica", Nederlandsch Tijdschrift voor Natuurkunde, 7e Jaargang, blz. 278—281, 1927.

[207] St. Meyer und E. Schweydler, Radioaktivität, 2. Aufl., S. 558ff. Leipzig 1927.

[208] B. Wanach, Eine fortschreitende Lagenänderung der Erdachse. Zeitschr. f. Geophys. 3, Heft 2/3, S. 102—105.

[209] Noch nicht veröffentlicht. Briefliche Mitteilung von Oberstleutnant Jensen mit Genehmigung von Professor Nörlund.

[210] W. A. J. M. van Waterschoot van der Gracht, Remarks regarding the papers offered by the other contributors to

the symposion,1928;in[228].

[211] Schiaparelli,De la rotation de la terre sous l'influence des actions géologiques(Mém. prés. à l'observatoire de Poulkova à l'occasion de sa fête semiséculaire). 32 S. St. Pétersbourg 1889.

[212] Sir W. Thompson,Report of Section of Mathematics and Physics,p. 11. Report of British Association 1876.

[213] G. Ferrié, L' opération des longitudes mondiales (octobre/novembre 1926).Comptes Rendus de l'académie des cciences 186. Paris,5. Mars 1928.

[214] R. Staub,Das Bewegungsproblem in der modernen Geologie. Antrittsvorlesung,Zürich 1928.

[215] R. Staub, Der Bewegungsmechanismus der Erde. Berlin 1928.

[216] M. Sluys, Les périodes glaciaires dans le Bassin Congolais. Compte Rendu du Congrés de Bordeaux 1923 de l'Association Française pour l'Avancement du Sciences, 30. Juillet 1923.

[217] A. Wegener,Two Notes concerning my Theory of Continental Drift,1928;in[288].

[218] W. Köppen, Muß man neben der Kontinentenverschiebung noch eine Polwanderung in der Erdgeschichte annehman? Peterm. geogr. Mitt. 1925,S. 160—162.

[219] W. Heiskanen, Die Erddimensionen nach den europäischen Gradmessungen. Veröff. d. Finn. Geodät. Inst., Nr. 6. Helsinki 1926.

[220] R. Schumann, Über Erdschollen-Bewegung und Polhöhenschwankung. Astr. Nachr. 227, Nr. 5442, S. 289—304,1926.

[221] W. D. Lambert,The variation of Latitude.Bull.of the National Research Council 10, Part 3, Nr. 53, pp. 43 —

45. Washington 1925.

[222] F. Nansen, The Earth's Crust, its Surface-Forms, and Isostatic Adiustment. Avhandl, utgitt av Det Norske Videnskaps-Akademi i Oslo, I. Mat.-Naturv. Klasse 1927, Nr. 12, 121 S. Oslo 1928.

[223] P. Byerly, The Montana Earthquake of June 28, 1925, G. M. C. T. The Bull. of the Seismological Society of America 16, Nr. 4, Dec. 1926.

[224] W. Bowie, Isostasie. 275 S. New York 1927.

[225] W. A. Jaschnov, Crustacea von Nowaja Zemlja. Sonderdruck aus den Berichten des Wissenschaftlichen Meeresinstituts, Lief. 12. Moskau 1925 (russisch, mit deutscher Zusammenfassung).

[226] C. Diener, Grundzüge der Biostratigraphie. Leipzig u. Wien 1925.

[227] L. von Ubisch, Tiergeographie und Kontinentalverschiebung. Zeitschr. f. induktive Abstammungs-und Vererbungslehre 47, 159—179, 1928.

[228] Theory of Continental Drift, a symposium on the origin and movement of land masses both inter-continental and intracontinental, as proposed by Alfred Wegener, by W. A. J. M. van Waterschoot van der Gracht, Bailey Willis, Rollin T. Chamberlin, John Joly, G. A. F. Molengraaff, J. W. Gregory, Alfred Wegener, Charles Schuchert, Chester R. Longwell, Frank Bursley Taylor, William Bowie, David White, Joseph T. Singewald, Jr., and Edward W. Berry. Publ. by the American Association of Petroleum Geologists, 240 S. London 1928.

[229] E. Brennecke, Die Aufgaben und Arbeiten des Geodät. Inst. in Potsdam in der Zeit nach dem Weltkriege. Zeitschr. f. Vermess. -Wesen 1927, Heft 23 u. 24.

后记:从现代的观点看魏根纳的大陆漂移论

安德里阿斯·伏格尔

本世纪二十年代,围绕着魏根纳的理论展开了激烈的学术争论,但在他去世以后的头二十年却沉静下来了,可是他的主要论据从来没有被真正动摇过。大多数科学家的态度是保留、怀疑和反对。主要的原因之一,恐怕在于魏根纳未能从物理学上令人满意地阐明大陆移动的原因,而就当时关于地球内部构造和动力学的知识水平来说,也不可能做到这一点。此外,魏根纳极为重视的尝试,即通过大地测量直接证明格陵兰的移动,表明是失败的。不过,要驳倒魏根纳基本论点的尝试也同样失败了。某些权威科学家断然拒绝魏根纳的思想,有时作为怪事提一提,偶尔也给予同情的一笑了之。可是世界各地总是有个别科学家接受魏根纳的学说,并且充满信心地进一步深化他的论证。

一、古地磁岩石研究的证实

二十年以后才出现了决定性的突破,而且是通过一个地球物理学的分支学科,这方面魏根纳只稍为提到过。地磁数据直到他去世时都未能对他的理论作出什么贡献。魏根纳引用了地磁观测结果指出,组成深海底的物质比大陆地块能更强地磁化,估计更富含铁。对他来说,这只是进一步证明了组成和结构都不同的大洋底,不可能是沉没的大陆块体。他认为这要和古生物的以及其他的因素联系起来,才能成为大陆移动的进一步证明。但是魏根纳也已认识到,由于一个强干扰场的叠加造成了了解相互之间关系的困难,这个干扰场与海陆分布无关。基于最新的理论,这个与地球两极磁场偏离的剩余场,包括它的表现为长周期性变异的变化,其根源极可能在于外地核的磁流体动力学。

五十年代末期,漂移假说突然变成了学术讨论的中心。对火成岩和沉积岩在其形成时"冻结住的"磁性的古地磁研究,为地极漂移和大陆移动提出了第一个直接的和独立的证明。岩石在它们形成的时候,按所在地点起作用的磁场的方向被磁化。设岩石样品按原位置未变,那么可以测定在岩石形成时磁极的位置。从不同地质时代的岩石,我们得出了不同的地极位置。用放射性测定法作出的精确年龄测值,使我们有可能画出地极漂移曲线,在曲线上的每一个点都对应着某一个年龄。该曲线的终点,就是现在的地极位置。前提是假设地磁场在地质历史时期中也具有两极性。

如果各大陆的位置不变,那么地极漂移曲线应该是相同的。可是不久以后表明,同一个大陆上岩石样品的曲线显示出内在的吻合,而不同大陆的曲线则十分明显地相互偏离。解释这种现象的努力,必然导致假设地球历史过程中存在着相对的大陆运动。这样,魏根纳的假说出乎意料地获得了复兴。

直到目前取得的古地磁结果,大体上和魏根纳关于现在各大陆由单一的一块原始大陆生成的观念相吻合。可是各种各样的干扰所带来的影响,给古地磁学家的研究工作带来了困难。在沉积岩石堆积或者火成岩凝固的时候,磁化的方向就已可能稍有偏离。而岩石在其历史发展过程中,又可能经历过我们未完全了解的倾斜和旋转运动。由于压力和矿物学上的变化,又可能出现次生的磁化。后来的磁场作用,可能已经叠加到原生磁化上去了。但是很多这样影响,我们已经可以控制。次生磁化不那么稳定,可以通过交替磁场和热处理方法加以消除。现在,地极漂移曲线有一部分已经十分可靠,以致可以反过来利用古地磁研究的结果来确定岩石系的倾斜和旋转运动,并复原较小地质单元从前的构造运动。

二、洋底的迁移("海底扩张")

魏根纳在世的时候,了解大陆移动的钥匙仍然埋藏在被世界各大洋覆盖的那些地壳部分中。可是最近几十年的海洋学和海洋地球物理的研究,打开了通向大洋底的大门。海底测深导致了大洋中脊的发现。系统地进行的海深测量,使我们了解到存在一个大洋中脊系统,它犹如巨大的洋底山系遍布于整个地球。这些山系的特点是沿它们的脊带热流都异常高。人们发现它们有一个共同的特征,就是在海岭的脊带有中央地堑,在地堑范围内,浅源地震和火山活动异常频繁。很容易得出的结论是,壳层沿垂直于海岭走向的方向伸延。横穿海岭的断层上发生的地震的机制,证实了这种推论。

大量这方面的观测结果,导致了提出迁移的洋底学说,在英文文献中称为“海底扩张”(sea-floor spreading)。按照这一学说,洋底海岭是地幔对流上升和散开的中心。洋底从水下海岭脊带向外迁移,地幔物质流入反复不断张开的裂隙,在那里冷却并循环反复补充海洋地壳。这种学说初看起来像是一种粗糙的简化,但是源源不断的新数据却也非常符合这种极其简化的设想。

对地磁场的海洋地球物理观测,使我们有可能定量地测定洋底的迁移速度。按洋底海岭对称排列的磁场异常,最初是一个令人十分迷惑不解的现象。把洋底迁移说与古地磁测定结果联系起来,这种巧妙思路解开了这个谜。

除了磁极漂移以外,地磁场的极性在地球历史过程中也发生过多次变化。世界各地所作的岩石磁性测定,都显示出正常和倒转极性的周期具有同时性。大量的古地磁测值结合着放射性年龄测定,使我们得以建立一个地磁极性时间表。

如果洋底确实从洋底海岭的脊带向外迁移,并且地壳由于炽热的深部物质补充而不断得到更新,那么涌出的熔岩在冷却到居里点以下后,就应获得当地磁场方向上的磁化。这时必然要出现极性交替的条带区,这些条带区会因洋底的迁移被带向外侧,而在最理想的情况下按海岭的轴线对称分布。它们的宽度——设迁移的速度是均匀的——则应和相同极性周期的延续时间成正比,而与中心轴线的距离应相当于它们的年龄。

在地球磁场中,这种极性交替的条带表现为条带状异常,并在空间分布上表示出极性时间标度。实际上观察到的按洋底海岭对称排列的条带图形,与极性时间标度存在一定的关系,从而可以用它来确定各个条带的年龄。这样得出的洋底迁移速度的量级每年为几个厘米。

洋底在迁移时凝固成岩石的状态能到达多大深度,这个问题受到特别重视。地震研究表明,固体岩石圈的厚度从海岭向大陆边缘增加,并且下面垫着软流圈能流动的地幔物质。任何地方的海洋地壳均不老于2亿年这个发现,使人们可以推测,从洋底海岭向大陆边缘游移的岩石圈或者同时带动了大陆,或者在每一个迁移循环之后,重新沉入地幔,并且在那里消亡。

在海底扩张和大陆移动之间存在着十分明显的因果联系。大洋中的磁性条带图案,使我们有可能画出洋底相同形成年龄的等年线,并从而复原现在各大陆的迁移路线。其结果也和魏根纳的想象非常相似,这是对他的理论的正确性又一个独立的证明。此外,磁性条带图形,还能够很精确地确定原始大陆分裂和彼此漂离的各个阶段的时间。非洲和阿拉伯之间的狭小地区,为我们提供了一个海洋张开、洋底扩展和大陆漂移间关系的良好例子。大洋中脊的张裂带始于印度洋,经过亚丁湾伸延到红海的中央地堑。如果把突出来的也门插到埃塞俄比亚的三角形的达纳基尔洼地中去,就可以看到非洲和阿拉伯之间曾经进行过的相对运动。

三、板块构造理论解释大陆漂移

补充观测数据使一种新理论趋于成熟,它得以把大陆的漂移和洋底的迁移统一起来。世界地震分布图表明,地震活动主要集中在像洋底海岭、褶皱山系和深海槽这类年轻地质单元范围中这样很有限的地带。具有强烈地震活动的不稳定地带,标明了相对坚硬的岩石圈大板块之间的边界,既包括大陆也包括海洋的一些部分。地震机制清楚地反映出现在板块边缘处的运动。张力运动出现在板块被拉离的洋底海岭轴线处。横向运动出现在大的断层带,如加利福尼亚的圣安的列斯断层和土耳其的北安纳托利亚断层,在这些地方岩石圈板块紧挨着相互滑动。在消减带、在环太平洋岩石圈俯冲区域和在欧亚大陆上板块碰撞处的年轻山系都出现挤压。

以地震波传播速度低为特征的软流圈流动性物质,可以用来解释为什么岩石圈板块能够运动。板块构造,一般也称为新全球构造,避免了由于魏根纳假设大陆硅铝地块在洋底硅镁层中运动造成的困难。按照现在的设想,大陆壳层的轻物质埋在岩石圈板块上。在岩石圈板块形成、迁移和消亡这个体系中,轻的大陆块体被动地各处漂流、破裂、分离开,然后又重新组合成新的大陆,大陆漂移论也就是这样提出问题的。现代的全球构造学使我们易于理解大陆的漂移,并同时解释了我们的地球的近代动力史和当前动力过程之间的关系,现在的动力过程反复不断地表现为地震和火山爆发,给人类造成深刻的印象,并且带来威胁。

现在我们假设板块运动的动力机制为热对流,原来估计热对流仅局限于软流圈,但是根据最新的研究,它完全可能扩展到整个地幔。

四、从今天的角度看魏根纳的论证

从以上章节中可以看到,精确地球科学特别在最近二十年中为大陆移动提出了定量的证明,而且它们是和魏根纳的证明方法无关的。这就对魏根纳的理论重新燃起了激烈的讨论。那么魏根纳的各种具体论证在各地学学科的发展面前是否站得住脚呢?他的思想如何起了丰富的作用,并且促进了我们对地球的发展历史的探索?

魏根纳试图从各个方面论证他的理论。相应于魏根纳著作最后一个版本的篇章,我们将在下文中引述大地测量、地球物理、地质、古生物和生物以及古气候等的观察,相应于魏根纳的五个主要论据,介绍目前关于大陆移动论讨论的状况。

1.大地测量论据

魏根纳在他著作的最后一版中,是以大地测量论据开始他的论证的,因为他认为这方面的论据意义重大,而且也因为他首先相信当时已经取得了格陵兰移动的准确证明,并且大陆移动和当时的测值间在数量上也是一致的。

大陆移动今天还在持续这一点,看来是极其可能的,只是要弄清这些运动是否大得足以用天文大地测量方法测出。关于各大陆分离的年龄,魏根纳取自当时的测定结果,对此他也已经使用了刚刚兴起的放射性年龄测定方法。他在各大陆现在的距离和裂离时间的基础上,得出的数值为每年 30—0.3 米。1807 和 1923 年的天文经度测定,似乎证实了格陵兰与欧洲之间的漂移在这个范围之内。1922—1927 年更为精确的无线电报时间传输经度测量,得出格陵兰相对于欧洲的漂移为每年 36 米。欧洲和美洲之间以及其他大陆之间的经度测值,似乎至少并不和所要求的移动幅度相矛盾。但是魏根纳在其著作的第四版中，已经比较了1913—1914和1929年的经度测值，得出了小得多的年漂移幅度(32厘米)。

现代的测量方法表明，这样的幅度应该说肯定是太高了。当时的经度测量并不具有必要的精确度，因此我们现在不得不放弃魏根纳的这种实验证明。1927年和1948年使用越来越精确的测量方法所作的对比测量，就没有显示出格陵兰和欧洲之间有明显的漂移。

在大陆范围，利用古地磁地极漂移曲线所作的最新大陆漂移复原曲线和结合放射性年龄测定方法，在海洋范围得出的地极倒转表明，大陆的漂移速度以及洋底的扩展速度均在厘米数量级。

迄今的大地测量方法的精确度，仍不足以为大陆的移动提供直接的证明。可是正在来临的空间时代，给我们带来了新的测量方法。使用这些方法，极可能会在几年内掌握现在的大陆漂移状况。通过人造卫星利用激光测量确定位置，可以达到5—10厘米的精确度。尤其对几千公里范围的测距，更有前途的是用射电望远镜对来自宇宙空间的射电信号作干涉测量。这种方法的精确度也是5—10厘米。通过卫星作计时比较，并消除大气的影响，估计有可能在几年内把精确度提高到1—3厘米。

2.地球物理论据

魏根纳认为，证实大陆和海洋在结构方面根本不同以及大陆块体并不能简单地下沉成为洋底，是重要的一环。

大陆的高度分布和通过测深得出的洋底深度分布方面的统计研究，显示出两个十分突出的频度最大值，分别为约100米高和约

4 700米深。魏根纳由此推论大陆块体和洋底性质不同,而且像他夸张地表达的那样,是“广阔的海洋和浮冰块那样的关系”;或者用另外的话表达,是处于根据阿基米得原理的均衡状态。

当时陆地上和海上的重力测量结果,同样证明了地壳处于均衡的漂浮平衡状态。大陆的物质超量对应于海洋的物质亏缺得到平衡,唯一的出路是设想构成大陆块体的物质比洋底的轻。魏根纳在他的论证中,除了重力测量结果外,也概括了当时地震研究的成果以及地球物理和地质学方面的进展。尤其是当时地震的纵波、横波和面波传播速度的研究已经表明,组成深海底的物质相当于组成大陆范围中某个较深层的物质。

魏根纳的所有这些设想,现在表明原则上都是正确的。大陆不能直接下沉而成为深海底。它们只是在地球历史过程中有时为浅海所淹盖。

现在我们拥有极其大量的重力数据。归算到海平面而未经质量校正的重力数据(准确一些说可称为露天异常),证实了存在着相当大程度的均衡平衡。现代的地球物理测量方法和数据处理方法,包括地震的和爆炸地震的、重力的、磁学的、地磁的、地热的等等,现在为我们提供了关于地球特别是其外壳的结构的详细概念。大陆范围的地壳结构,无疑是和海洋的结构根本不同的。地震测量结合重力测量可以得出速度模式,从这些模式,根据已知的规律能够计算出地壳和上地幔的密度分布。密度模式一般均显示出均衡平衡。均衡平衡的破坏主要反映在年轻的构造地区,如在洋底中脊以及年轻褶皱山系和深海槽区域。

当洋底中脊的轮廓刚刚通过回声测深显示出来时,魏根纳就把它们解释为离析的大陆块体的残余。地球物理研究后来表明洋底中脊是扩张中心,地球的固体外壳(即岩石圈)从这里向外迁移,并且通过地幔岩浆的补给而不断得到更新。年轻的褶皱山系和深海槽,事实表明是岩石圈聚挤的地带,并且在那里退到消减带后重新沉入地幔。

魏根纳认为,从物理学上证实大陆的可移动性也是重要的。他还觉得最新冰期冰川覆盖地区均衡状态重新补偿的观测,证明了地壳以下的物质具有某种程度的塑性。以前地球历史时代中的花岗岩熔融和现在的火山活动,他也认为是60公里深度以下处于熔融状态的另一个重要迹象。魏根纳还引用了一篇关于熔点曲线和温度曲线的文章,文章指出在约60—100公里的深处,有一个最佳熔融区。

另一方面也有一些有分量的理由,反对在地表附近存在大片的可流动物质的产地。地球潮汐研究表明地球具有弹性物质的行为,但比钢要硬。由于没有表现出地球潮汐的位相推移和对太阳及月球的延滞,地球潮汐的幅度只能属于弹性而不能属于塑性行为。地震波研究表明,不仅纵波,而且一般不能穿过液体的横波,也可以传播到数千公里深处。此外,地震学家还发现地震源可以达到700公里深度,从而推论固体岩石物质的移动也可以在这个深度出现。

本世纪初,在地震研究基础上发现并以其发现者命名的莫霍洛维奇间断(简称莫霍面),一般被作为地壳的下界。但是在这个界面上,固态物质过渡到粘液态物质的推测,与观测到的地震波速度跳跃增加因而物质硬性的增加形成无法解释的矛盾。

今天我们知道莫霍面是不同化学组成或者也可能是不同晶体结构的界线。

魏根纳对这个矛盾提出的解释,当初是使人满意的。地球外层部分对短时间的应力(如潮汐、地震波和造成地震的应力)的反应与固体弹性物质相同。只有当作用力在漫长地质时代长期起作用时,可流动性才表现出来。人们至今还把这种性质称为长期塑性。

魏根纳也已经稍微提示过地震研究,这一点后来对大陆可移动性课题具有决定性的意义。本世纪二十年代的地震研究已经指出,在岩石圈(即地球的固体外壳中)伸延着一个"低速"带,它是一个地震波低速区。

研究证实物质在这里固态特性消失而转变为可流动状态,导致形成软流圈这个概念。地震面波、地球的自振荡及地震的深度分布,加上关于速度分布的许多其他数据和地震体波的传播机制,使我们认识到软流圈是在全世界范围存在的,并且在 60—250 公里深度之间一个不准确定义的区间,它作层状伸延于全球。温度曲线和熔点曲线在这里相切,这种物理解释很可能具有重大意义。但是意义最大的,还是软流圈的发现为大陆的迁移提供了一个物理学上合乎情理的解释,或者说使人承认这种迁移是属于现实可能范围内的。根据新的概念,不再认为是以莫霍面为界的大陆地壳块体在其基底上往复漂流,而是埋在岩石圈板块中,并随着后者而运动。

在尝试从物理学上解释大陆移动的原因时,魏根纳特别引用了关于地球内部热对流的著作。今天大量迹象表明岩石圈板块的构造运动是由热对流控制的。仍然未能解决的问题是,对流室仅仅局限于软流圈范围抑或包括整个地幔。

3.地质论据

魏根纳注意到西非的海岸线和南美洲东侧的海岸线吻合时,第一次产生了大陆可能移动的想法。除了很多其他证据之外,尤其是地质方面的苗头使他深信自己设想的正确性。如果说原始大陆是在中生代裂离的,那么必然能辨认出漂移开的各大陆古老地质结构之间的联系。魏根纳在他著作的最后一版中,已经得以令人信服地提出层序和结构相似的例证,当他按海岸轮廓把一些大陆拼合起来的时候,这种相似性就出人意外地显示了出来。

随后的研究工作表明,基于现在海平面高度形成的纯粹偶然的海岸线,并不最适合于用来把以前连成一片的大陆拼对起来。而正是那些与深海接壤的大陆陡坡,才应视为大陆的真正边界,世界各大洋的测深及地球物理研究都表明了这一点。

六十年代中期以来,使用了电子计算机方法来最佳地拼对以前相连的各大陆的陆棚边缘。基于500寻(915米)海深线的复原图,示出大西洋周围陆棚边缘惊人地相符,空挡和重叠均极小。如果取陆棚边缘1 000寻(1 830米)海深线作比较,则对西非和北美之间、东南非和澳大利亚及南极洲之间的陆棚边缘,均会得出极其良好的对应。但是其中首先要考虑到原有的陆棚边缘,在裂离后由于沉积作用、构造作用以及尤其火山过程造成的变化。

利用海深线把陆棚边缘拼对起来时,如果不是同时也出现构造地质、岩石和地层方面的联系和一致,那么这种拼对也是不能令人信服的。魏根纳和其他学者提出的地质证据尝试,起初就不太令人信服。这种情况,后来因近几十年地质知识的增长和成功地划分古生代、中生代的动物区系,以及区别前寒武纪和古生代的造山带才有所改变。这里放射性年龄测定是一种首要手段。于是如果把各大陆按陆棚的轮廓拼在一起,就会得到明显得多、大范围的并超越今天大陆边界的联系。

特别是大西洋两侧的区域地质研究提出了大量证明材料,以致单纯靠构造的和地层的验证就无法怀疑它们原来是彼此相连的。在南大西洋地区,区域地质研究甚至使人们有可能确定这个发展的时间顺序。非洲的前寒武纪构造还能十分明显地追溯到另一侧的南美洲。非洲和南美洲的古生代、中生代岩系仍然惊人地相似。在南大西洋周围,没有任何石炭纪、二叠纪、三叠纪和侏罗纪沉积表明当时存在南大西洋。直到侏罗纪和白垩纪的界限时,大面积的玄武岩喷出,才表现出强烈的大地构造活动和南大西洋裂谷从南向北张开。今天我们能够根据地质证据复原出大西洋裂开的各个阶段,直至下白垩纪末期非洲和南美洲最后彼此脱离。"格罗马尔·查伦杰尔"(Glomar Chollenger)号研究船的深海钻孔,在这方面提供了特别有价值的参考材料。

关于北大西洋,今天也可以根据海岸线的吻合和构造对比,把它的张裂过程恢复出来。这里的情况复杂得多,因为四个大陆块体,即欧洲、格陵兰、北美洲和非洲在不同的时间彼此分离。这些大陆的加里东和华力西山系,在地层、动物和构造方面早已为人所知的关系,在原始大陆最新的复原图的基础上得到了使人满意的解释。

4.古生物和生物论据

正如魏根纳自己说的,他是在知道关于以前陆地通道的古生物研究结果和证明之后,才开始深信大陆移动论的原则正确性的。

他出于地球物理学的考虑,认为沉没的中间大陆这种说法不可取。因此他对当时已经很丰富的关于存在过畅通无阻的陆地通道的古生物证据所作的解释,完完全全地站在大陆移动论的角度。如果说在魏根纳的时代,列举生物证据来说明大陆移动论,对于外行人已经是一件无法掌握的事情的话,那么今天就更是如此了。在本文简短评价魏根纳工作的范围内,只能指出魏根纳论证的基本方法,在多大程度上经受住了科学发展的挑战和起了丰富它的作用,并导致了新的认识。

根据化石标本得出以前的动物界和植物界的分布,要是按各大陆今天的位置,就会给我们带来大量不解之谜。如果改变大陆现在的位置后,去复原以前地质时代的动物和植物地理,往往导致易于理解的联系和简单的分布地区。这样就产生了古生物的论据。

如果在现存繁多的动植物种属中,相同的类型出现在相隔遥远的大陆上,或者完全不同的动物和植物区系在邻近地区存在,并且这些特殊的现象可以通过改变大陆的位置得到简单的解释,我们就称之为生物论据。这两类论据不能严格分开,而且也应该相互协调。

一个原来连成一片的陆地分开后,其结果是原来均一的动物和植物区系在遗传上隔离,因而形态上发生变异。根据进化论应形成适应性分布,适应各自的气候和环境条件。

但是这种大陆漂移复原的简单模式，还要受到其他因素的干扰，魏根纳也已经认识到了这一点。地极位移会导致气候带的变化，从而也会造成植物和动物的气候屏障。在互相远离的陆地地区，可以通过在相同气候和生态条件下的平行进化，发展出具有相似形态的动物和植物种属。但是生态条件影响并不会涉及整个动物区系。其他的问题是鸟类和海生动物在多大程度上能够把种子从一个大陆带到另一个大陆，或者说水障碍必须怎样才能使陆地动物或浅海水域的生物无法游过去。

可是古生物学者利用可靠的分类学，成功地判断了地球不同部分化石的相似性和区别，并进一步论证从寒武纪初期开始的漂移方式。对化石标本的进一步研究，有助于改进古地理图的复原，和更准确地确定重大事件如印度和亚洲或者非洲和欧洲之间第一次接触的时间。

海生软体动物和陆地脊椎动物的均匀分布，支持了侏罗纪和白垩纪时冈瓦纳古陆连成一片这种说法。差异的增加表明南美洲在上白垩纪时从非洲分离出来。相同介形虫类出现在地层学上相应、年纪相同而现在互相远离标本采集地区的下白垩纪岩层中，这个事实从古生物地理上说，只有把非洲和南美两大陆根据其他标志移到一起才能解释。

冰碛岩（即所有各南方大陆上的冰川痕迹）不仅仅从古气候学的角度看是各大陆原来连成一片的证明。在各个区域中，冰碛岩都不单纯只在相同地质时代有所发现，而且也出现在不同时代，且含有相同植物种属化石遗迹的水平岩层中。称为冈瓦纳岩系的地层组，反映出各大陆间从泥盆纪到三叠纪存在着密切关系。二叠纪和石炭纪岩层的关系最为密切,在这些岩层中有两种特有的植物种属,即舌羊齿类和恒河羊齿类达到了它们发展的顶点,并且形成煤层。目前,冈瓦纳沉积岩层最有力地证明了南美洲、非洲、澳大利亚、印度、马达加斯加以及南极洲从泥盆纪到三叠纪都是连在一起的,并且漂移越过南极,或者在靠近它的地方经过。除了高级生物和植物的化石遗体外,特别是海底沉积中的低级有机体,标志出各大陆聚合和分裂的开始,并且指示出这些大陆间的连接和分离持续了多久。海洋底为年代不同的沉积物所覆盖,使得我们有可能追溯其发展历史。海洋沉积物和生物地层对比,结合着放射性年龄测定方法,大大有助于确定海洋张开和发展的时间进程,和为大陆漂移提出进一步的古生物证据。

化石有助于复原大陆漂移。反过来,由于我们依靠各种不同的标志,相当精确地了解至少是最近2亿年中各大陆的位置。今天有可能根据已知的大陆漂移,来考察和研究进化的问题。问题是大陆漂移在多大程度上能够帮助我们更好地了解动物界和植物界现存种类的复杂多样。哺乳动物在从白垩纪进入第三纪时的大发展,是否可能是大陆裂开的结果呢?

5.古气候论据

魏根纳认为地质原始时期气候分布的证据是十分重要的,而且是他的证明系列中的突出环节。他和他的岳父柯本一起研究了这个问题,并且于1924年共同发表了《地质原始时期的气候》(见所附魏根纳著作目录123)这一本受到热烈讨论的书,魏根纳在该书中研讨了前第四纪的气候史。两位作者在书中从大陆移动、地极位移和辐射变化引起全球气候波动学说的观点出发,简明地引述了大量各种科学观察结果和论述。

作者们经验地从现在气候带的模式概念出发,分为一个赤道多雨带、两个亚热带干旱带、两个中纬度多雨带和两个大小不等的极地冰盖。魏根纳在他那些大胆复原的当时逐渐漂移开的巨型大陆地分布图中,填入了那时候地质文献中已知的气候证据。作为热带沼泽森林残迹的煤炭、热带珊瑚礁、盐和石膏沉积产地,以及作为干旱气候标志的红色砂岩、寒冷的化石证据、冰成块状粘土和树干的年轮,都像魏根纳所表达的那样,自然地排列成为“我们从现代情况出发所熟知的那种气候分带”,由此可以估计当时经纬度网的位置。在复原地图上表现出来的气候分带性,一方面为以前如此混乱的古气候学领域带来了头绪,另一方面可以视为大陆漂移论正确性的证明。例如假设非洲的位置在各个时期是恒定的,就可以得出一条地极的轨迹。柯本自己后来在他年事已经很高的时候,对所要求的地极位移速度和准确性范围作了改正和修订。但他的工作方法仍旧是方向性的。气候模式和古地理模式这两种模式概念的联合,迫使古气候学领域的科学家进行了一次极为有益的争论。

魏根纳的地质地貌复原图尤其遭到激烈的批评。这些图在很多细节上无疑是站不住脚的。现代方法如用最佳程序作大陆边缘对接、地质对比、地极漂移曲线计算和洋底迁移定量数据等的结合,使我们现在能够复原出得到多方面保证的、从古生代末期起的各地质时代古地理图。也有不少人尝试用这些图来计算气候模型,并进而用越来越多的气候证据来充实它们。

当然，根据最近的计算，柯本和魏根纳的分带气候模型必须加以修订。今天看来可以肯定，自 550×10^6 年前的寒武纪早期以来地球历史的绝大部分时间里，两极地区都没有为冰川所覆盖。如果假设两极无冰盖，但不一定无霜冻，则大气环流会把亚热带干旱带从纬度 30°推至约纬度 50°，同时温带气候多雨区的西向漂移局限在极盖处。柯本和魏根纳已经知道这一点，他们在其著作中就指出过“极地气候的显著变化”。

虽然在冰期出现过很大的区域性气温变化，但整个地球的平均气温自二十多亿年以来保持着惊人的稳定，也就是说太阳辐射并没有经历过突出的变化。冰期的状况是由很微小的影响引起的。各种次生因素作用于水和冰这个不稳定系统。作用最大的也许是地形和海陆分布的变化，在这里大陆的漂移可能起着重大作用。

但是正如柯本和魏根纳所假设的，在理论模式中只有假定地球表面均匀，才会得出各种分带的气候模式。干旱和潮湿区域的分布，在很大程度上取决于大陆的分布和地形。今天的古气候模式计算是从已有的古地理图出发的。假设了现在的空气环流并给定陆地的各种高度，则模式计算既能得出气候地图，也能提供植被图，它们都大大偏离分带模式。

现在有无数气候证据可以用来检验这样得出的气候模式的正确性。魏根纳在世的时候，沉积岩和大化石用来确定原始时期的气候，而现在微体化石也成为气候证据。特别是放射性年龄测定，使人可以准确地按时间来排列气候证据。在文献中还反映出不断深入地把气候证据化石细致分类。煤炭不一定必须生成于热带原始森林。分析它的组成部分，如研究树干的年轮，可以了解煤炭生成的气候条件。

五、结束语

对所有的科学领域,都交替出现表面上看来停滞的时期和蓬勃发展的时代,以及革命性的思想、假说和理论开创兴起的时期。典型的例子是哥白尼创立日心说,开普勒的行星运动定律,牛顿的万有引力定律,达尔文的进化论,量子力学定律以及爱因斯坦的相对论。

过渡到运动的地球这个观念,认为地球外壳漂浮在可流动的基底之上,并在热动力的影响下经历了大规模的移动,而且现在仍然受这些力的作用,这些观点在地球科学中开创了大发现和大认识的时代。魏根纳站在这个时代的开端,他是一个天才的思想家,像表演幻术似地创造了一种理论,解决了绝望的矛盾,把最广泛的自然科学领域的成果和事实结合起来,并能够很自然地把它们贯穿起来。魏根纳怀着巨大的勇气,并不为当时的学术思潮及公认权威的非难所左右,提出和宣布了他的论断。

科学的进一步发展证明了他是正确的。他的理论今天已成为地球科学的思想基础。至于说各大陆是否完全按魏根纳根据当时的科学水平所构想那样移动过,相对于确实出现过大规模的移动这个事实来说,则是次要的了。即使科学的进步还会改变其中许多细节,也丝毫不会损害魏根纳著作的伟大。

魏根纳体现了地球科学的综合。在他的著作的最后一版中,他高兴地指出,随着二十年代的开始,他的理论已越来越广泛地被用作进一步研究的基础。他的思想和思路,在最近二十年中,以更大得多的规模推动人们去组织大型的和目标明确的多学科研究项目。很多的自然科学分支新取得的数据，表明和他的说法出奇地相符，特别是在定量地测定漂移速度和大陆的漂移路线方面。从这个已被肯定的理论出发，今天不仅能够取得新的科学知识，而且大陆漂移和成矿区以及石油产地和矿床形成之间的联系，把围绕大陆漂移的讨论变成了全球性的能源和原料供应问题。并且依据大陆移动和板块构造学说广泛取得的关于地震成因的知识，还启发人们去组织大规模的多学科研究项目，希望达到地震预报的目的。

今天魏根纳基本思想正确性的证据已经占绝对优势，以致几乎没有一个科学家再对此怀疑。几年以前，在当代学术权威中，还有一位最恶劣的怀疑者称这个理论为活跃的幻想的产物。我们这个时代的权威科学家的信徒，显然被魏根纳思想的大胆和他出色的文笔吓昏了。在这点上我们不得不同意那些批评者。魏根纳的著作，确实是对我们地球的历史所作的引人入胜和扣人心弦的描述，而且是一个伟大的学者怀着火热的激情和发现者的喜悦写下的。

对魏根纳著作的这个简短评价的作者，感谢地球科学各个领域的各位同行给予的宝贵指教和有益的文献提示。

文　献

Beloussov, V. V., 1970: About the hypothesis of ocean-floor spreading. Conferencia sobre Problemas de la Tierra Sólida, Buenos Aires 1970

Bullard, E. C., Maxwell, A. F. and Revelle, R., 1956: Heat flow through deep sea floor. Adv. Geophys. 3

Bullard, E. J., Everett, J. E. and Smith, G., 1965: The fit of the continents around the Atlantic. Phil. Trans. R. Soc. 1088, 41—51

Bullard, E. C., Everett, J. E. and Smith, A. G., 1965: The fit of the continents around the Atlantic. Philosophical Transactions of the Royal Society of London, Series A, 258, 41—51

Coulomb, J., 1972: Sea floor spreading and continental drift. D. Reidel, Dordrecht-Holland

Cox, A., 1973: Plate tectonics and geomagnetic reversals. W. H. Freeman and Co., San Francisco

Dewey, J. F., Bird, J. M., 1970: Mountain belts and the new global tectonics. J. Geophys. Res. 75

Dietz, R. S., 1961: Continent and ocean basin evolution by spreading of the sea floor. Nature. London, 190, 854—857

Dietz, R. S. and Holden, J., 1970: Reconstruction of Pangaea: Break-up and dispersion of continents, Permian to present. J. Geophys. Res. 75

Flohn, H., 1970: A. Wegener und die Paläokimatologie. Alfred Wegener Gedenkheft zum 90. Geburtstag am 1. Nov. 1970. Polarforschung VII, 40

Flohn, H., 1959: Kontinental-Verschiebungen, Polwanderungen und Vorzeitklimate im Lichte paläomagnetischer Messungen.

Naturwissenschaftliche Rundschau.
Frakes, L. A. and Crowell, J. C., 1968: Late paleozoic glacial geography of Antarctica. Earth and Planet. Sci. Letters, 4
Garland, G. D. (Editor), 1966: Continental Drift. University of Toronto Press, The Royal Society of Canada, Special Publications No. 9
Gutenberg, B., 1969: Low-velocity layers in the earth, ocean and lithosphere. Science.
Hallam, A., 1972: Continental drift and the fossil record. Planet Earth. Readings from the Scientific American
Heezen, B. C., 1960: The rift in the ocean floor. Sci. Amer. 203
Heirtzler, J. R., Dickson, G. O., Herron, E. M., Pitman III, W. C., and le Pichon, X., 1968: Marine magnetic anomalies, geomagnetic field research and motions of the ocean floor and continents. J. Geophys. Res. 73
Hess, H. H., 1960: Evolution of ocean basins: Report to Office of Naval Research on research supported by ONR Contract
Hess, H. H., 1962: History of ocean basins. In Engel, A. E. J., James, H. L. and B. F. Leonard, eds., Petrologic Studies: A Volume to Honor A. F. Buddington. Geol. Soc. Am. 599—620
Hurley, P. M., de Almeida, F. F. M., Melcher, G. G., Gordani, U. G., Rand, J. R., Kawashita, K., Vandoros, P., Pinson, W. H. and Fairbairn, H. W., 1967: Test of continental drift by comparison of radiometric ages. Sci. 157, 495—500
Irving, E. and Pullaiak, G., 1976: Reversals of the geomagnetic field. Earth Sci. Rev. 12
Irving, E., 1964: Paleomagnetism and its application to geological and geophysical problems. John Wiley & Sons New York, London, Sydney Isacks, B., Oliver, J. and L. R. Sykes, 1968: Seismology and the new global tectonics. J. Geophys. Res. 73
Krömmelbein, K., 1967: Ostracoden aus der marinen "Küsten-

Kreide"Brasiliens.Senck.leth.48,6

Loeschke,J.,1970:Der Stand der Diskussion über die Kontinentalverschiebung. Geographische Rundschau 22

Maack, R., 1952: Die Entwicklung der Gondwanaschichten in Südbrasilien und ihre Beziehungen zur Karru-Formation Südafrikas. Symp. sur les séries de Gondwana, XIX Cong, Geol. Intern.,Alger.,S. 339—372

Martin, H., 1970: Geologische Aspekte der Kontinentalverschiebungs-Hypothese. Alfred Wegener Gedenkheft zum 90. Geburtstag am 1.Nov.1970.Polarforschung VII,40

Martin,H.,1968:A critical review of the evidence for a former direct connection of South America with Africa. Biogeography and Ecology in South America. Dr. W. Junk, N. V. Publishers The Hague,Vol. 1,25—53

Marvin,U. B.,1975:Continental Drift:the evolution of a concept. Smithonian Institution Press

McElhinny, M. W., 1973: Palaeomagnetism and plate tectonics. Cambridge at hte University Press

McKenzie, D. P., 1972: Plate tectonics. In Robertson, E., ed., The nature of the solid earth. McGraw Hill,N. Y.

Menard, H.W.,1965:The world-wide oceanic rise-ridge system. Phil. Trans. R. Soc. 1088,109—122

Morgan, W. J., 1968: Rises, trenches, great faults and crustal blocks. J. Geophys. Res. 73

Le Pichon. X.,1968:Sea-floor spreading and continental drift.J. Geophys. Res.73

Runcorn,S. K.,1962: Continental Drift. Academic Press, New York and London

Runcorn,S. K.,1959:Rock magnetism. Science 129. Nr. 3355

Saxov, S., 1958: The uplift of western Greenland. Medd. fra Dansk Geologik Forening,13,6,Copenhagen

Schneider, O., 1970: Kontinentalverschiebung und Erdmagnetismus. Alfred Wegener Gedenkheft zum 90. Geburtstag am 1. Nov. 1970. Polarforschung VII, 40

Schwarzbach, M., 1974: Das Klima der Vorzeit. 3. Aufl. F. Enke, Stuttgart

Several authors, 1974: Planet Earth. Scientific American, W. H. Freeman and Comp.

Tarling, D. H. and Runcon, S. K., 1973: Implications of continental drift to the earth sciences. Vol. 1 and 2, Academic Press, London and New York

Du Toit, A L., 1937: Our wandering continents. Oliver and Boyd, Edinburgh

Uyeda, S. 1978: The new view of the earth. Moving continents and moving oceans

Vine, F. J. and D. H. Matthews, 1963: Magnetic anomalies over oceanic ridges. Nature, 199

Vogel. A. (Editor), 1979: Terrestrial and space techniques in earthquake prediction research. Vieweg Wiesbaden Braunschweig

魏根纳著作目录*

1905 年

1. Die Alphonsinischen Tafeln. Diss. Berlin 1905.
2. Blitzschlag in einen Drachenaufstieg am Königlichen Aeronautischen Observatorium Lindenberg. Das Wetter, 22,165—167.1905.
3. Bericht über Versuche zur astronomischen Ortsbestimmung im bemannten Freiballon. Ergebnisse der Arbeiten des Königl. Preussischen Aeronautischen Observatoriums bei Lindenberg,1,120—123.1906.
4. Über die Entwicklung der kosmischen Vorstellungen in der Philosophie. Mathematisch-Naturwissenschaftliche Blätter,4,Heft 4 u. 5. 1906. 8. S.

1906 年

5. Die Erscheinungen der oberen Luftschichten im January 1906. Das Wetter,23,37—39. 1906.
6. Die Erscheinungen der oberen Luftschichten im February 1906. Das Wetter,23,65—66. 1906.
7. Astronomische Ortsbestimmungen des Nachts bei der Ballonfahrt vom 5. bis 7. April 1906. Illustrierte Aeronau-

* 根据 H. Benndorf,Gerlands Beiträge zur Geophysik,31,1931。

tische Mitteilungen,10,205—207. 1906.

8. Über die Flugbahn des am 4.January 1906 in Lindenberg aufgestiegenen Registrierballons. Beiträge zur Physik der freien Atmosphäre,2,30—34. 1906.
9. Studien über Luftwogen. Beiträge zur Physik der freien Atmosphäre,2,55—72,1906.

1908 年

10. Mit Mylius-Erichsen in Grönland. Umschau,12,1011—1016. 1908.
11. Mylius-Erichsens "Danmark"-Expedition nach Nordost-Grönland, 1906 — 1908. Mathematisch-Naturwissenschaftliche Blätter,6,Heft 8,9,10. 1908. 6 S.

1909 年

12. Die Ergebnisse der Danmark-Expedition. Gerl. Beitr. z. Geoph.,10,"Kleine Mitteilungen"22—27. 1909.
13. Die Drachen-und Fesselballonaufstiege der "Danmark"-Expedition. Illustrierte Aeronautische Mitteilungen, 10, Heft 15. 1909. 6 S.
14. Probleme der Aerologie. Das Wetter,26,Heft 11.1909. 15 S.
15. Vorläufiger Bericht über die Drachen-und Ballonaufstiege der "Danmark"-Expedition nach Nordost-Grönland. Met. ZS.,26,23—24.1909.
16. Zur Entstehung des Cumulus mammatus. Met. ZS., 26, 473—474. 1909.
17. Über den v. Bezoldschen Satz von der abkühlenden Wirkung der Erdoberfläche. Met. ZS., 26, 496—500. 1909.
18. Drachen-und Fesselballonaufstiege. Meddelelser om Grønland

XLII, Danmark-Eksped. til. Grønlar ds Nordo st-Kyst 1906—1908,2,5—75. 1909.

1910 年

19. Über die Ableitung von Mittelwerten aus Drachenaufstiegen ungleicher Höhe. Beiträge zur Physik der freien Atmosphäre,3,13—19.1910.
20. Zur Schichtung der Atmosphäre. Beiträge zur Physik der freien Atmosphäre,3,30—39.1910.
21. Referat über: Henryk Arctowski: L' Enchainement des Variations Climatiques. Gerl. Beitr. z. Geoph., 10, "Kleine Mitteilungen",298—299.1910.
22. Das Profil der Atmosphäre. Umschau,14,403—408. 1910.
23. Über eine eigentümliche Gesetzmäßigkeit der oberen Inversion Beiträge zur Physik der freien Atmosphäre, 3, 206—214. 1910.
24. Über eine neue fundamentale Schichtgrenze der Erd-Atmosphäre. Beiträge zur Physik der freien Atmosphäre, 3,225—232. 1910.
25. Die Größe der Wolken-Elemente. Met. ZS., 27, 354—361. 1910.
26. Über die Eisphase des Wasserdampfes in der Atmosphäre. Met. ZS.,27,451—459. 1910.
27. Fortschritte der Aerologie. Medizinische Klinik, Jg. 1910,Nr. 40. 10 S.
28. Über die Ursache der Zerrbilder bei Sonnenuntergängen. Beiträge zur Physik der freien Atmosphäre, 4, 26—34. 1912.
29. Über Temperaturinversionen. Beiträge zur Physik der freien Atmosphäre,4,55—65. 1912.
30. Nachtrag zu den "Studien über Luftwogen". Beiträge zur

Physik der freien Atmosphäre, 4, 23—25. 1912.

31. Untersuchungen über die Natur der obersten Atmosphären-Schichten. (Vorläufige Mitteilung). Sitz.-Ber. d. Ges. z. Beförderung d. gesamten Naturwissenschaften zu Marburg, Jg. 1911, Nr. 1. 23 S.

1911 年

32. Referat über: R. Wenger: Untersuchungen über die Mechanik und Thermodynamik der freien Atmosphäre im nordatlantischen Passatgebiet. Petermanns Mitt., 57/1, 41. 1911.
33. Photographie optischer Erscheinungen vom Ballon aus. Jahrbuch des Deutschen Luftschifferverbandes, Jg. 1911. 9 S.
34. Untersuchungen über die Natur der obersten Atmosphärenschichten. (Vorläufige Mitteilung.) Sitz.-Ber. d. Ges. z. Beförderung d. gesamten Naturwissenschaften, Jg. 1911, Nr. 1. S. 13—35.
35. Untersuchungen über die Natur der obersten Atmosphärenschichten. Phys. ZS., 12, 170—178 u. 214—222. 1911.
36. Stuchtey, K., und Wegener, A., Die Albedo der Wolken und der Erde. Nachr. d. K. Ges. der Wissenschaften zu Göttingen, Math. -phys. Kl., Jg. 1911, S. 209—235.
37. Die obersten Schichten der Atmosphäre. Umschau, 15, 403—405. 1911.
38. Über den Ursprung der Tromben. Met. ZS., 28, 201—209. 1911.
39. Die Windverhältnisse in der Stratosphäre. Met. ZS., 28, 271—273. 1911.
40. Neue Studien über die äußersten Schichten der Atmosphäre. Chemiker-Zeitung, 35, 561—562. 1911.

41. Untersuchungen über die Natur der obersten Atmosphärenschichten. Met. ZS.,28,420—422. 1911.
42. Neuere Forschungen auf dem Gebiet der atmosphärischen Physik. Abderhalden, Fortschritte der Naturwisser schaftlichen Forschung,3,1—70. 1911.
43. Meteorologische Beobachtungen während der Seereise 1906 und 1908. Meddelelser om Grønland XIII, Danmark-Eksped. til Grønlands Nordostkyst 1906—1908,2, 115—123. 1911.
44. Meteorologische Terminbeobachtungen am Danmarks-Havn. Meddelelser om Grønland XLII, Danmark-Eksped. til Grønlands Nordostkyst 1906 — 1908, 2, 129 — 355. 1911.
45. Koch, J. P., und Wegener, A., Die Glaciologischen Beobachtungen der Danmark-Expedition. Meddelelser om Grønland XLVI, Danmark-Eksped. til Grønlands Nordostkyst 1906—1908,6,5—77. 1911.
46. Thermodynamik der Atmosphäre. Leipzig 1911 (J. A. Barth). 331 S.

1912 年

47. Referat über E. Vincent: Sur la marche des minima baromètriques dans la région polaire aretique du mois de sept. 1882 au mois d'août 1883. Petermanns Mitt.,58/1, 52. 1912.
48. Die Erforschung der obersten Atmosphärenschichten. Gerl. Beitr. z. Geoph., 11. "Kleine Mitteilungen", 104 — 124. 1912.
49. Über turbulente Bewegungen in der Atmosphäre. Met. ZS.,29,49—59. 1912.
50. Die Erforschung der obersten Atmosphärenschichten.

ZS. f. anorg.Chemie,75,107—131. 1912.

51. Die Entstehung der Kontinente.Petermanns Mitt.,58/1, 185—195,253—256,305—309. 1912.
52. Barometer. Artikel im Handwörterbuch der Naturw.,1, 828—839. 1912.
53. Luftdruck. Artikel im Handwörterbuch der Naturw.,6, 465—471. 1912.
54. Die Entstehung der Kontinente.Geologische Rundschau, 3,276—292. 1912.
55. Die Erforschung der obersten Schichten der Erd-Atmosphäre. Himmel und Erde,24,289—310. 1911/12.
56. Die Dänische Expedition nach Königin Louises Land und die Durchquerung Nordgrönlands 1912—1913. Gerl. Beitr.z. Geoph.,12,"Kleine Mitteilungen",43—45. 1912.
57. Koch, J. P., Die Dänische Expedition nach Königin-Luise-Land und quer über das nordgrönländische Inlandeis 1912/13, unter Leitung von Hauptmann J. P. Koch. I. Die Reise durch Island 1912, übersetzt von A. Wegener. Pe termanns Mitt., 58/2,185—189. 1912.

1914 年

58. Durch Grönlands Eiswüste. Himmel und Erde,26,453—511. 1913/1914.
59. Durch Grönlands Schneewüste. Umschau,18,203—208. 1914.
60. Vorläufiger Bericht über die wissenschaftlichen Ergebnisse der Expedition. ZS. d. Ges. f. Erdkunde Berlin, Jg. 1914,S. 17—21.
61. Beobachtungen über atmosphärische Polarisation auf der Dänischen Grönland-Expedition unter Hauptmann Koch. Sitz.-Ber. d. Ges. z. Beförderung d. gesamten Naturwis-

senschaften z. Marburg,Jg. 1914,S. 7—18.
62. Staubwirbel auf Island.Met. ZS.,31,199—200. 1914.
63. Brand,W.,und Wegener,A.,Meteorologische Beobachtungen der Station Pustervig. Meddelelser om Grønland XLII, Danmark-Eksped. til Grønlands Nordostkyst 1906—1908 2,451—562. 1914.

1915 年

64. Neuere Forschungen auf dem Gebiet der Meteorologie und Geophysik. Ann. d. Hydrogr.,43,159—168. 1915.
65. Zur Frage der atmosphärischen Mondgezeiten. Met. ZS., 32,253—258. 1915.
66. Vervielfältigung des Schalles. Met. ZS.,32,406. 1915.
67. Verschwisterte und vergesellschaftete Halos. Met. ZS., 32,550—551. 1915.
68. Über den Farbenwechsel der Meteore. Das Wetter, Sonderheft(Assmann-Festschrift). 1915. 5 S.
69. Über den Farbenwechsel der Meteore. Sirius,48, 145—149. 1915.
70. Die Entstehung der Kontinente und Ozeane. Sammlung Vieweg,Heft 23. Braunschweig 1915. 94 S.

1916 年

71. Windhose im Mürztal vom 11. Mai 1910. Das Wetter, 33,91—92. 1916.
72. Äußere Hörbarkeits-Zone und Wasserstoff-Sphäre. Met. ZS.,33,523—524. 1916.

1917 年

73. Referat über E. Neuhaus: Die Wolken in Form. Färbung und Lage als lokale Wetterprognose. Geogr. ZS., 23,

46—47. 1917.

74. Referat über F. M. Exner: Dynamisc e Meteorologie. Ann. d. Hydrogr.,45,307—309. 1917.
75. Die Neben-Sonnen unter dem Horizont. Met. ZS., 34, 295—298. 1917.
76. Das detonierende Meteor vom 3. April 1916, 3 ½ Uhr nachmittags in Kurhessen. Schriften d. Ges. z. Beförderung d. gesamten Naturwissenschaften z. Marburg, 14, 1—83, 1917.
77. Wind-und Wasserhosen in Europa. Sammlung Wissenschaft, Bd. 60, Braunschweig 1917(Vieweg). 301 S.

1918 年

78. Über die planmäßige Auffindung des Meteoriten von Treysa. Astr. Nachr.,207,185—190. 1918.
79. Einige Hauptzüge aus der Natur der Tromben. Met. ZS.,35,245—249. 1918.
80. Haareis auf morschem Holz. Naturwissenschaften, 6, 598—601. 1918.
81. Elementare Theorie der atmosphärischen Spiegelungen. Ann. d. Physik,(4),57,203—230. 1918.
82. Der Farbenwechsel großer Meteore. Nova Acta, Abh. d. Kaiserl. Leop. Carol. Deutschen Akademie d. Naturforscher,104,1—34. 1918.

1919 年

83. 1. Über Luftwiderstand bei Meteoren. 2. Versuche zur Aufsturz-Theorie der Mondkrater. Sitz.-Ber. d. Ges. d. gesamten Naturwissenschaften zu Marburg. Jg. 1919, S. 4—10.
84. Referat über J.P.Koch Nordgrönlands Trift nach West-

en. Astr. Nachr.,208,270—276. 1919.
85. Klimatische Windkarten. Met. ZS.,36,53—55.1919.
86. Kleintromben auf See. Ann. d. Hydrogr., 47, 281 — 283. 1919.
87. Deutsche Ausgabe von J. P. Koch: Durch die weiße Wüste. Die Dänische Forschungsreise quer durch Nordgrönland 1912/13. Berlin 1919(J. Springer). 247 S.

1920 年

88. Frostübersättigung und Cirren. Met. ZS., 37, 8 — 12. 1920.
89. Turbulenz und Kolloidstruktur der Atmosphäre. Met. ZS.,37,231—232. 1920.
90. Über Cirruswolken.Met.ZS.,37,347. 1920.
91. Versuche zur Aufsturz-Theorie der Mondkrater. Nova Acta. Abh. d. Kaiserl. Leop. Carol. Deutschen Akademie d.Naturforscher,106,109—117.1920.
92. Die Aufsturzhypothese der Mondkrater. Sirius,53,189—194. 1920.
93. Die Entstehung der Kontinente und Ozeane. 2. Aufl. Sammlung Wissenschaft, Bd. 66. Braunschweig 1920 (Vieweg). 135 S.

1921 年

94. Die Theorie der Kontinentalverschiebungen. ZS. d. Ges. f. Erdkunde Berlin,Jg. 1921,89—103.
95. Die Theorie der Kontinentalverschiebungen. Verh. d. 20. Deutsch. Geographentag,20,133—137. 1921.
96. Sind die Zyklonen Helmholtzsche Luftwogen? Met. ZS.,38,300—302. 1921.
97. Die Entstehung der Mondkrater. Naturwissenschaften,

9,592—594. 1921.
98. Das Antlitz des Mondes. Umschau, 25, 556—560. 1921.
99. Wandernde Kontinente. Reclams Universum, 37, 475—476. 1920/1921.
100. Schlußwort in den "Erörterungen zu A. Wegeners Theorie der Kontinentalverschiebungen." ZS. d. Ges. f. Erdkunde Berlin, Jg. 1921, 125—130.
101. Die Entstehung der Mondkrater. Sammlung Wissenschaft, Bd. 55. Braunschweig 1921 (Vieweg). 48 S.

1922 年

102. Die Klimate der Vorzeit. Deutsche Revue, 47, 34—44. 1922.
103. Het onstaan van de Kraters op de Maan. Wetenschappelijke Bladen, 2, 10—17. 1922.
104. Kuhlbrodt, E. und Wegener, A., Pilotballonaufstiege auf einer Fahrt nach Mexiko, März bis Juni 1922. Archiv d. Deutschen Seewarte 30, Nr. 4, 1—46. 1922.
105. The Origin of Continents and Oceans. Discovery, 3, 114—118. 1922.
106. Über die Rolle der Inversionen in den Zyklonen. Beiträge zur Physik der freien Atmosphäre. Sonderheft 1922, 47—52.
107. Referat über A. Philippson: Grundzüge der allgemeinen Geographie, Bd. 1. Ann. d. Hydrogr., 50, 27—28. 1922.
108. Aerologische Flugzeug-Aufstiege der Deutschen Seewarte im Jahre 1921. Ann. d. Hydrogr., 50, 113—120. 1922.
109. Kuhlbrodt, E. und Wegener, A., Der Spiegeltheodolit für Pilot-und freie Registrierballon-Aufstiege auf See. Ann. d. Hydrogr., 50, 241—244. 1922.

110. Mond-und Welten-Entstehung. Über Land und Meer, 64,364—365,388—389. 1921/1922.
111. Die Entstehung der Kontinente und Ozeane. 3. Aufl. Sammlung Wissenschaft, Bd. 66. Braunschweig 1922 (Vieweg),144 S.

1923 年

112. Kontinentforskydnings-Theorien og dens Betydning for de systematiske og de eksakte Naturvidenskaber. Naturens Verden,7,193—217. 1923.
113. Het ontstaan van de Vastelanden en van de Oceanen. Wetenschappelijke Bladen,2,278—294. 1923.
114. Tre Foredrag Holdte i Danmarks Naturvidenskabelige Samfund 1922. 1. Kontinenternes Forskydning. 2. Jordskorpens Natur. 3. Fortidens Klimater. Danmarks Naturvidenskabelige Sumfund,1923. 26 S.
115. Das Wesen der Baumgrenze. Met. ZS., 40, 371 — 372. 1923
116. Referat über W. Brand: Der Kugelblitz Met. ZS., 40, 381—382. 1923.
117. Referat über P. F. Jensen: Ekspeditionen til Vestgrönland Sommeren 1922. Naturwissenschaften, 11, 982 — 983. 1923.

1924 年

118. Referat über W. R. Eckardt: Grundzüge einer Physioklimatologie der Festländer. Naturwissenschaften, 12, 211. 1924.
119. Luftdruck und Mittelwasser am Danmarks-Havn. Ann. d.Hydrogr.,52,32—38. 1924.
120. Das Stehenbleiben der Registrieruhren in der Kälte.

Beiträge zur Physik der freien Atmosphäre, 11, 113—116. 1924.

121. Köppen, W., und Wegener, A., Die Klimate der geologischen Vorzeit. Umschau, 28, 745—748. 1924.

122. Die Theorie der Kontinentenverschiebung, ihr gegenwärtiger Stand und ihre Bedeutung für die exakten und systematischen Geo-Wissenschaften. Naturwiss. Monatshefte, 5 (der ganzen Folge, Bd.22), 142—153. 1924.

123. Köppen, W., und Wegener, A., Die Klimate der geologischen Vorzeit. Berlin 1924 (Bornträger). 256 S.

124. Thermodynamik der Atmosphäre. 2. Aufl. Leipzig 1924 (J.A.Barth). 331 S.

1925 年

125. Die äußere Hörbarkeitszone und ihre periodische Verlagerung im Jahreslauf. Met. ZS., 42, 261—266. 1925.

126. Die Temperatur der obersten Atmosphären-Schichten. Met. ZS., 42, 402—405. 1925.

127. Alfred Merz †. Met. ZS., 42, 439—440. 1925.

128. Theorie der Haupthalos. Archiv d. Deutschen Seewarte, 43, Nr.2, 1—32. 1925.

129. Die äußere Hörbarkeitszone. ZS. f. Geoph., 1, 297—314, 1924/1925.

1926 年

130. Referat über Felix M Exner: Dynamische Meteorologie. Naturwissenschaften, 14, 775—776. 1926.

131. Die prognostische Bedeutung der Luftspiegelung nach obe. Ann. d. Hydrogr., Köppenheft, 93—95. 1926.

132. Referat über F. Nansen: Zur Frage der Klimaänderung in historischer Zeit in Nordeuropa und Grönland. ZS. f.

Gletscherkunde,14,241—245. 1926.
133. Referat über B. Gutenber: Lehrbuch der Geophysik, Lieferung 1.Geogr.ZS.,32,489—492. 1926.
134. Zusatz zu F. A. Lindemann und G. M. B. Dobson: Die Temperatur der obersten Atmosphärenschichten. Met. ZS.,43,103—104. 1926.
135. Messungen der Sonnenstrahlung am Sanatorium Stolzalpe. Met. ZS.,43,104—106. 1926.
136. Referat über Rudolf Meyer: Halo-Erscheinungen. Met. ZS.,43,190—194. 1926.
137. Photographien von Luftspiegelungen an der Alpenkette. Met. ZS.,43,207—209. 1926.
138. Beobachtungen der Dämmerungsbögen und des Zodiakallichtes in Grönland. Sitz.-Ber. d. Akademie d. Wissenschaften in Wien,Abt.II a,135,323—332. 1926.
139. Nansen nochmals über Klimaänderung in historischer und postglazialer Zeit. ZS. f. Gletscherkunde,15,60—62. 1926/1927.
140. Ergebnisse der dynamischen Meteorologie. Ergebn. d. exakten Naturwissenschaften,5,96—124. 1926.
141. Paläogeographische Darstellung der Theorie der Kontinentalverschiebungen. Enzyklopädie der Erdkunde. Leipzig-Wien 1926. S. 174—189.
142. Thermodynamik der Atmosphäre. H. Geiger u. K. Scheel,Handbuch der Physik,11,156—189,Berlin 1926 (J.Springer).

1927 年

143. Theorie der Haupthalos. Met. ZS.,44,66. 1927.
144. Anfangs-und Endhöhen großer Meteore. Met. ZS.,44, 281—284. 1927.

145. Die Geschwindigkeit großer Meteore. Naturwissenschaften,15,286—288. 1927.
146. Die geophysikalischen Grundlagen der Theorie der Kontinentenverschiebung. Scientia.41,102—116. 1927.
147. Der Boden des Atlantischen Ozeans. Gerl. Beitr. z. Geoph.,17,311—321. 1927.
148. Referat über B.Gutenberg: Grundlagen der Erdbebenkunde. Geogr. ZS.,33,544. 1927.
149. Referat über B. Gutenberg: Lehrbuch der Geophysik, Lieferung 2. Geogr.ZS.,33,53—54. 1927.
150. Referat über B. Gutenberg: Lehrbuch der Geophysik. Lieferung 3. Geogr.ZS.,33,345. 1927.
151. Referat über D. Kreichgauer: Die Äquatorfrage in der Geologie. Petermanns Mitteilungen,73,171. 1927.
152. Optik der Atmosphäre. B. Atmosphärische Strahlenbrechung, optische Erscheinungen in den Wolken. Beitrag in B. Gutenberg: Lehrbuch der Geophysik. Berlin 1929(Bornträger). S. 693—729.

1928 年

153. Die Windhose in der Oststeiermark vom 23.September 1927. Met. ZS.,45,41—49. 1928.
154. Beiträge zur Mechanik der Tromben und Tornados. Met. ZS.,45,201—214. 1928.
155. Kraus, E., Meyer, R., und Wegener, A., Untersuchungen über den Krater von Sall auf Ösel. Gerl. Beitr. z. Geoph.,20,312—378,und Nachtrag,428—429. 1928.
156. Bemerkungen zu H.v.Iherings Kritik der Theorien der Kontinentverschiebungen und der Polwanderungen. ZS. f. Geoph.,4,46—48. 1928.
157. Two Notes Concerning my Theory of Continental Drift.

Beitrag in W. van der Gracht: The Theory of Continental Drift, Tulsa, Oklahoma, The Americ. Assoc. of Petroleum Geologists 1928. pp. 97—103.

158. Referat über P. Gruner und H. Kleinert: Die Dämmerungs-Erscheinungen. Gerl. Beitr. z. Geoph., 19, 335—337. 1928.

159. Referat über R. Staub: Der Bewegungs-Mechanismus der Erde. Naturwissenschaften, 16, 497. 1928.

160. Referat über B. Gutenberg: Lehrbuch der Geophysik, Lieferung 4. Geogr. ZS., 34, 112—113. 1928.

161. Akustik der Atmosphäre. Beitrag in Müller-Pouillet: Lehrbuch d. Physik, Bd. V/1. 11. Aufl. Braunschweig 1928 (Vieweg). S. 171—198.

162. Optik der Atmosphäre. Beitrag in Müller-Pouillet: Lehrbuch d. Physik, Bd. V/1. 11. Aufl. Braunschweig 1928 (Vieweg). S. 199—289.

163. Koch, J. P. und Wegener, A., Wissenschaftliche Ergebnisse der Dänischen Expedition nach Dronning Louises-Land und quer über das Inlandeis von Nordgrönland 1912/1913 unter Leitung von Hauptmann J. P. Koch. Meddelelser om Grønland, LXXV. København 1930. 676 S.

164. Thermodynamik der Atmosphäre. 3. Aufl. Leipzig 1928 (J.A.Barth). 331 S.

1929 年

165. Letzmann. J., und Wegener, A., Ein Versuch zur Tromben-Erklärung. Gerl. Beitr. z. Geoph., 22, 138 — 140. 1929.

166. Denkschrift über Inlandeis-Expedition nach Grönland. Deutsche Forschung. Heft 2, 1—24. Berlin 1929.

167. Letzmann, J., und Wegener, A., Die Druckerniedrigung

in Tromben. Met. ZS.,47,165—169. 1930.

168. Deutsche Inlandeis-Expedition nach Grönland, Sommer 1929. ZS., d. Ges. f. Erdkunde Berlin. Jg. 1930, 81—124.

169. Mit Motorboot und Schlitten in Grönland. Bielefeld und Leipzig 1930. 192 S.

170. Die Entstehung der Kontinente und Ozeane. 4. Aufl. Sammlung Wissenschaft, Bd. 66. Braunschweig 1929 (Vieweg). 231 S.

汇集文献索引时尽量争取完全,但是《大陆和海洋的形成》一书的外文译本没有列入。魏根纳的报告收入了,因为这些报告往往包括了有趣的说明。只要可能,著作都按脱稿的年份而不按出版的年份排列。

关于魏根纳生平和著作的文献

W. Köppen: Alfred Wegener. Petermanns Mitt. 77,1931.

H. Benndorf: Alfred Wegener. Gerlands Beiträge zur Geophysik 31,1931.

E.v.Drygalski: Alfred Wegener. Nachruf gehalten auf dem Deutschen Geographentag zu Danzig. Verhandlungen und wissenschaftliche Abhandlungen des 24. Deutschen Geographentags, Breslau 1931.

H. V. Ficker: Alfred Wegener. Meteorologische Zeitschrift 48, 1931.

F. Roßmann: Alfred Wegener. Zeitschrift für Meteorologie 48, 1931.

Else Wegener (Hrsg.): Alfred Wegeners letzte Grönlandfahrt. Unter Mitwirkung von Fritz Löwe mit Beiträgen der Expeditionsmitglieder. F. A. Brockhaus, Leipzig 1932.

J. Georgi: Im Eis vergraben. Erlebnisse auf Station "Eismitte" der letzten Grönland-Expedition Alfred Wegeners. P. Müller, München 1933 (Erweiterte Auflage F. A. Brockhaus, Leipzig 1955,1957).

Kurt Wegener (Hrsg.): Wissenschaftliche Ergebnisse der Deutschen Grönland-Expedition Alfred Wegeners in den Jahren 1929 und 1930/1931.7 Bände. F. A. Brockhaus, Leipzig 1933—1940.

K. Herdemerten: Die weiße Wüste — Mit Alfred Wegener in

Grönland. E. Brockhaus, Wiesbaden 1951.

A. Schmaus: Alfred Wegeners Leben und Wirken als Meteorologe. Rede zur Gedenkfeier der Deutschen Geophysikalischen Gesellschaft und der Meteorologischen Gesellschaft in Hamburg an Wegeners 70. Geburtstag. Annalen der Meteorologie 4, 1951.

F. Löwe: Alfred Wegeners letzte Schlittenreise. Zu Alfred Wegeners 75. Geburtstag. Zeitschrift für Polarforschung 26, 1956.

J. Georgi: Zur 25jährigen Wiederkehr von Alfred Wegeners GrönlandExpedition 1930/1931. Zusammenfassung einer Vortragsreihe, Arktis in Vergangenheit und Gegenwart. Zeitschirft für Polarforschung 26, 1956.

J. Georgi: Alfred Wegener zum 80. Geburtstag. Zeitschrift für Polarforschung, 2.Beiheft 1960.

Else Wegener (Hrsg.): Alfred Wegener — Tagebücher, Briefe, Erinnerungen. F. A. Brockhaus, Wiesbaden 1960.

J. Georgi: Memories of Alfred Wegener. In S. K. Runcorn (Ed.), Continental Drift. Academic Press, New York und London 1962.

G. Stäblein: Alfred Wegener (1880 — 1930) Geophysiker und Grönlandforscher. In Ingeborg Schmack (Hrsg.), Marburger Gelehrte in der ersten Hälfte des 20. Jahrhunderts. Lebensbilder aus Hessen, Bd. 1, Veröffentlichungen der Historischen Kommission für Hessen 35. 1, 1977.

附录:魏根纳格陵兰遇难记

卡尔·韦肯

阿尔弗雷德·魏根纳已经参加过两次丹麦组织的格陵兰考察旅行,1929 年他又去北极,作第一次由他自己组织的探险。这是一次预备性探险,为原定于 1930—1931 年进行的大规模德国科学家格陵兰考察旅行作准备,魏根纳在这一次探险中遇难死去。韦肯教授作为著名的波茨坦大地测量研究所的大地测量学家参加了这次旅行,他现在已经 85 岁了(指在 1980 年。——译者)。在和《科学图片》(*bild der Wissenschaft*)杂志的一次谈话中,他回顾了这次不幸的旅行。——《科学图片》杂志编者

我有点埋怨魏根纳:在回程到 280 公里处时,那些橇狗显然已经筋疲力尽,他不得不把所有的狗拴在一个雪橇上,而把另一个雪橇扔掉。魏根纳自己却想滑雪和狗并行。后来我们让一些年轻人做过试验,没有一个能够支持多长时间。

魏根纳显然由于滑雪时间太长而疲劳过度。其实他完全可以和拉斯穆斯坐到一个雪橇上去。那样可能会走得慢些,但是两个人都可能支持到储有足够食物的地方。

还是让我从头详细叙述吧! 1929 年 10 月,我从一位同事那里听说,魏根纳有意思要组织一次格陵兰探险,并且曾经要求大地

测量研究所在大陆冰盖上作重力测量。管事的几位先生认为，在大陆冰盖的极地条件下是做不到的。

后来我自告奋勇，请求至少能和魏根纳谈一次话，果然得到了安排。我事先当然作过仔细考虑，哪些条件已经存在，哪些还必须创造，当时的重力测量还是使用振动摆的。

在这次长达几个小时的谈话中，魏根纳以他一贯的明确态度阐述了他的设想。我很快就得出结论：这还是行得通的。我就这样参加了探险，并且在重力测量方面获得了良好的结果。

1930 年 4 月 1 日，我们从哥本哈根出发，不能再早了，因为格陵兰尚未解冻。我们原计划利用 1930 年的夏季，在那里过冬后再利用 1931 年的夏季。

我们的铁船未能驶进冰盖，于是开到了南格陵兰的霍尔斯腾堡（Holstenborg），那里的港口已经解冻。我们在这里把物资转移到一条能在冰上行走的木船上去，沿海岸继续向北行驶。

我们原想可以在 5 月初直接停泊在卡马卢尤克（Kamarujuk）冰川口，它位于乌马纳克湾（Umanak）的西北角，我们选择这条冰川登岸，然后上溯内陆冰盖。途中有两个人拦住我们，带来海湾管理主任的一封信，通知说该海湾尚未解冻。

坚硬的外冰缘自北向南穿过乌马纳克湾中间。我们沿冰缘向北驶去。尽量驶近原定的目的地，但相距还有 40 公里，我们在冰盖边缘把船固定，并把所有物资卸在冰上。

从大陆冰盖下来的风，使峡湾内的冰层融化得很厉害。只有螺旋桨雪橇在空载时，并不带马达，才由于滑板宽，还能用较多的狗勉强拖到卡马卢尤克湾去。所有其他考察用物资，都用狗橇运到离卡马卢尤克湾最近的居民点乌夫库西克塞特(Uvkusigsat)去了。我们离目的地还有30公里,这段距离先是坚硬的冰,接着是正在融化的冰,最内部是开阔的水面。

直至6月17日冰层才开化。这时我们才能用乌马纳克地方的摩托帆船,将我们的考察物品送到卡马卢尤克去,并开始把它们运到大陆冰盖上。

极地的夏季是短暂的,在大陆冰盖上的旅行季节只有4月中到9月中这段时间,而对我们来说只剩下三个月了。冰层耽误了我们六周,这使我们痛心。

登上大陆冰盖,要经过卡马卢尤克小冰川。它在半腰处流经一个岩脊,在该处形成了破碎强烈的冰川断裂,我们用十字镐和爆破开辟了一条通过这个断裂的路,并用马区和一个大绞盘艰难地把物资逐件往上运。

我们建了一个夏季西部站,包括我们的气象学家霍兹阿费尔博士的气象站,海拔940米,在大陆冰盖边缘的陆地尽头处,和上面提到的那条冰川起点的北侧。

下一步就是尽快建立"冰盖中心"研究站,离大陆冰盖边缘的西部站400公里,海拔3 000米。第一次进入冰盖中心的载重旅行于7月17日出发,由格奥尔基博士领导,他在冰盖中心作为气象学家工作了整整一年。

在中途,即200公里处,我们建立了一个能自动记录的气象站。骆沃博士带着一部分格陵兰的雪橇夫从那里返回西部站。我和四个格陵兰人则把格奥尔基和第一批装备送到冰盖中心去。

魏根纳经验丰富,考虑周全。为了便于随时能再找到冰盖中心站,在整个400公里长的路上,每隔5公里堆起一个1.5米高的雪人。在这些雪人之间,又每隔500米插一面小黑旗在雪地里。15×20厘米的黑布飘在一根一米长、手指粗的棍子上。这样,整段路程都非常明显地标志出来了。

我们的第一次和由骆沃带领的第二次去冰盖中心的旅行,去程都用了13天(每天31公里),回程是空载并且顺风,只用6天(每天67公里)。这些都在夏季。初春和秋季气候恶劣,道路难行,往往每天只能前进几公里。

我返回以后,又不得不和几个格陵兰人把所有供冰盖中心用的物资以及螺旋桨雪橇用的汽油,用雪橇越过裂缝区运到西部站以东20公里的一个仓库里,这个仓库后来得到"出发仓库"的名称。

螺旋桨雪橇也是魏根纳的一个新主意,探险旅行可以用狗橇,它们是可靠的;但发动机力量更大。然而主要的是:狗拖不拖车都要吃,马达却不是这样。因此螺旋桨雪橇正适用于从一个站出发的旅行。

魏根纳听说芬兰有人冬天在海洋冰层上使用这种螺旋桨雪橇。于是他到芬兰去观看,觉得是好东西。他订了两部,然后在德国用德国发动机装备起来。它们的功率比芬兰的稍差,但这是人家送给他的。如果用新的,他就得花钱买,当时钱是紧张的。

魏根纳希望他这次使用的螺旋桨雪橇能经得起雪地研究的要求。但是他也没有把握。因此还是作了规定:"谁都不得依赖螺旋桨雪橇。计划给冰盖中心站的冬季供应物品要用三部狗橇运进去。如果螺旋桨雪橇确有能力,那就多运些东西进去。"

8月29日,螺旋桨雪橇在西部站以南2公里的冰川上装配完毕,并且开到了出发仓库。里面坐着的有它们的司机——汉莎航空公司的两个航空工程师克劳斯和克尔伯尔,以及魏根纳专门招聘来作这两部机器的带队的史夫工程师。里面作为客人的还有魏根纳,我因为熟悉要经过的裂缝地带,也参加了这次航行。

作第三次雪橇旅行的那批人正巧走在我们前面,他们也从西部站前往出发仓库,雪橇还是空的。这次旅行的队长是佐尔格博士,他是冰川学家,准备在冰盖中心过冬。和他一起的还有沃尔肯博士和于尔格,他们要把那些同去的格陵兰人从冰盖中心带回来。佐尔格和他的伙伴们兴奋地看着螺旋桨雪橇轻巧地驶往出发仓库。

魏根纳还说:"我们不要打搅佐尔格,他把物资分配到各雪橇上去是很困难的。"第二天上午,佐尔格与他的队伍和我们告别,然后就出发了。

魏根纳知道头两次载重运输把哪些物品带进了冰盖中心。现在他要了解佐尔格是否确实把分配给他这次旅行的那部分物资带走了。我根据存货清单查出:"佐尔格把所有他的物资都带走了,包括他明年夏天在冰盖中心作冰层厚度测量用的仪器和炸药,这些东西本应到明年春天才运进去。可是他却没有带走供冰盖中心用的过冬房子和大部分煤油。"

魏根纳大为吃惊。格奥尔基和佐尔格没有冬用房子,已经运进去的煤油又不够,怎么能在冰盖中心过冬呢?也许那些螺旋桨雪橇还能把不够的部分补运进去。

他开始还想用螺旋桨雪橇,并且观察它们的运输试验。它们有很大困难。上次到出发仓库去时它们并没有装东西,并且是在冻硬的车道上行驶的。现在逐渐进入深秋,从冰盖中心刮出来的风增多,雪也不断增加。越来越多的松散积雪,增加了雪橇滑动的阻力。车道难行而且顶风,载重的螺旋桨雪橇无法直接爬上大陆冰盖边缘处接连的斜坡。它们不得不斜着爬坡然后向下转。

魏根纳了解所有这些困难,也知道"也许螺旋桨雪橇还能把缺少的物资送进冰盖中心去,但这无论如何是不可靠的。因此还必须派出第四批狗雪橇队到冰盖中心去。"

骆沃和我组织这第四批旅行。要给一次计划外的大规模旅行到乡村里去找到足够的格陵兰人、橇狗和合用的雪橇,是十分困难和费时间的。凑齐了一切以后,我们最后准备在 9 月 21 日出发。头一天晚上,魏根纳从卡马卢尤克上到西部站来。

他说:"现在季节已经太晚。我确信这次旅行无法抵达冰盖中心。而现在要采取的行动只能由我自己单独负责。韦肯一定要留在这里。我不得不自己来领导这次旅行。这现在是不能改变的了。"

也无法提出什么反对意见。我们商定,骆沃跟魏根纳去,我则在西部站代表魏根纳。

第二天早晨,正好沃尔肯和于尔格结束第三批雪橇旅行回来。他们报告说,回程中在 200 公里处碰到了那两部螺旋桨雪橇。它们装着供冰盖中心用的冬用房子和尚缺的煤油停在那里,由于天气恶劣,还无法继续前进。那些人想等待好天气再往前走。

这样,魏根纳还是不清楚那些螺旋桨雪橇到底是否会把物资运到冰盖中心去。沃尔肯和于尔格还从冰盖中心带回来两封信。一封是佐尔格写的,他开列了那里营地中有的食品和物资。在另一封中,格奥尔基写明他们不要冬用房子,因为他在冰雪中建好了一个可用的窑洞。

但是他们过冬一定需要尚缺的煤油。如果煤油在10月20日以前还不运到冰盖中心,他和佐尔格只得离开营地用滑雪板走回西部站。

这样做当然是胡闹。因此魏根纳和骆沃第二天还是出发了。在51公里处,他们遇到了那两部螺旋桨雪橇。上面的人员等好天气等了较长时间,已认为无望;况且他们的口粮也将吃完。因此他们把装载的物品堆在200公里处就往回走了。

魏根纳和他的第四批雪橇旅行队,迎着猛烈的风暴在松软的深雪中历尽艰辛继续前进。在62公里处,格陵兰人不干了。他们声称在这种困难的旅行条件下,到冰盖中心去是不可能的,坚持要返回。

魏根纳担心的事情现在发生了。第四批雪橇旅行队作为载重旅行要垮台了。魏根纳成功地说服了四个格陵兰人继续这次旅行。他把所有装载的物品堆放在一起,把八个格陵兰人连同他们所驾的雪橇打发回来。魏根纳带着六部雪橇,几乎不负任何有效载荷,继续前进。

如果在内陆虽然冷,但是风小一些,而车道好一些的话,那就可以在200公里处带上一些那里存放着的煤油到冰盖中心去。越走条件越困难,每天走的路程越少。

到150公里处时,魏根纳不得不算算口粮,按这种速度的话,饲料不够供给六个拉雪橇的狗到冰盖中心。因此他又打发了三个格陵兰人连他们的雪橇回来。拉斯穆斯表示愿意同魏根纳和骆沃一起继续前进。

现在要运任何一点东西到冰盖中心去的打算,都是没有希望实现的了。可是格奥尔基写的那封信说,他和佐尔格等到10月20日,如果所缺的煤油还不运来,就要离开冰盖中心,并徒步返回西部站。

魏根纳深知这两个人如果徒步往回走的话,在途中就要完蛋。因此他认为有责任继续前进,并给他们两人带去橇狗和一个格陵兰人,以便他们能从那里出来。他和骆沃则打算去坚持那个营地,而且用现存的少量煤油在冰盖中心过冬。

魏根纳在150公里处打发回来的格陵兰人带回了一封信,告诉我他的上述想法,同时要求我大概在11月10日,派两位同伴最远到62公里处去迎接从冰盖中心回来的人,这两个人也许还可以把一些储存物资向前推进一点。

11月10日,我就和克劳斯工程师带着他的收发报机以及两个格陵兰人出发了,迎着马上要来临的风暴前进。我们甚至无法到达出发仓库旁边的固定帐篷。直至第十一天,即11月20日,我们才在仍然是十分强烈的风暴中找到62公里处的仓库,其实还是由于偶然的机会。

在头一个适于上路的日子,我们就向左前方10公里和右前方10公里插上了很密的两排红旗,它们肯定能把从东面来的人引到我们这里来。

在下一个宁静的日子,我们把口粮、狗饲料、煤油和一封信送到80公里处的雪人那里。

每隔几天,克劳斯就和克尔伯尔交换一次电报:“西线无战事”表示没有人抵达我们这里;而“东线无战事”则代表没有人经过我们这里。

到12月7日,我们认为已经不可能再有人从冰盖中心来了,于是离开了62公里处。在严冬满月的寒光下,零下33度的低温中,风雪从背后吹着我们回到了西部站。虽然当天就到了,但那却是漫长的一天。

魏根纳原想把两位同伴从死亡中挽救出来,排除命运对他们的任意摆布。现在却有五位同伴任由命运去摆布了。

我们原来希望:格奥尔基和佐尔格在10月20日前早已看出步行到西部站去是完全不可能的,因而留在了冰盖中心站。魏根纳、骆沃和拉斯穆斯抵达了冰盖中心站,并且不指望那些出发时虽然壮健的狗还能负担回程的任务。那样,五位同伴就都在冰盖中心站越冬了。

我计算过,那里储存的食品如果十分节约的话,还是可以够用的。原来我们对两个人的需要是打得很宽的;此外那些狗的营养价值也不差。

1931年4月3日,于尔格和我带着八部雪橇起程,并将鱼装到麻袋里作为狗饲料运到120公里处。起初气温为零下30度,但后来降到零下42度。去程延续了七天,回程两天。我们不得不让橇狗有休息的时间,于尔格则害了雪盲症。我只好请求霍兹阿费尔一起前往冰盖中心站。

我们4月23日上路,想去解救冰盖中心站。

每前进一段,不论对狗和对人都是艰辛的搏斗。但我们还是每天走了20公里。

在189公里处,我们找到两只滑雪板,那是魏根纳的。他为什么把滑雪板留在这里呢?我们以为是到冰盖中心站的去程时留下的。于是向下挖到原先的雪面,找到一个空的食品箱,其他什么也没有。我们把滑雪板抽起来一点,插上一面旗,就继续往前走。

魏根纳的最后一张相片,旁边是他的格陵兰陪同者拉斯穆斯。1930 年 11 月 1 日,即魏根纳的五十岁生日,两人从“冰盖中心站”出发,想冲出一条路回到西部站。但是他们始终没有到达那里。

经过十天的旅途,我们才到了 200 公里处,大家都精疲力竭了。因此我们想先休息一天,睡个够。

在到达200公里处的那天晚上,气候大变。变得晴朗和寒冷。这样我们一下子就得到了一条良好的滑雪道。因此我们仅下午就滑了20公里。在这样好的道上,我们甚至只用了三天就走完了余下的180公里路程。

在大约320公里处,螺旋桨雪橇赶上了我们。我让克劳斯和克尔伯尔在340公里处扎帐篷过夜。

第二天早上,我们这些乘狗橇的还是很早出发,摩托雪橇则待太阳升高一些再起程。他们在下午又赶上了我们。到深夜,我们也抵达了冰盖中心站。外面没有人影。螺旋桨雪橇停在那里,中间是司机的帐篷。

我在帐篷前跳下雪橇。克劳斯和克尔伯尔以及他们的格陵兰副手躺在帐篷里。骆沃站在他们前面。我喊道:"骆沃!出什么事了?"骆沃一瘸一拐地走出来说:"魏根纳和拉斯穆斯11月1日就起程到西部站去了。如果他们没有抵达那里,那就是死了。"现在再也没有什么可怀疑的了。

第二天我向骆沃详细谈了我在路上遇到的所有情况。分析什么是魏根纳来程、什么是回程留下的痕迹。我们集中到189公里处魏根纳的滑雪板上。它们是回程留下的;我们应该在那里寻找。

在回来的路上,我们在魏根纳的两只滑雪板之间向下挖,找到了魏根纳的尸体。他显然是晚上在帐篷里写日记时死于心力衰竭的。他想减轻体质已十分衰弱的橇狗的负担,就穿上滑雪板跟在雪橇后面走。

拉斯穆斯极其周密细心地埋葬了魏根纳,他挖了一个四分之三米深的坑，让魏根纳躺在一张兽皮和他的睡袋上，用两张睡袋套缝起来，上面又盖上了一张兽皮。

我们再次埋葬魏根纳，但是加上一个我们用的南森[1]雪橇盖在他身上。魏根纳就安息在那里，他将随着冰川慢慢向西移去，千百万年以后，在冰川边缘融解出露或者随一座冰山漂浮到大洋中去。

译自联邦德国《科学图片》杂志，1980 年 11 期

① 南森（1861－1930），挪威北极区探测家、海洋学家。——译者

人名译名对照表

Adams　亚当斯
Agassiz　阿加西兹
Airy　艾黎
Ami　阿米
Ampferer　阿姆弗洛
Andrée　安德烈
Angenheister　恩根亥斯特
Arber　阿尔伯
Argand　阿尔干
Arldt　阿尔特

Barus　巴卢斯
Becke　贝克
Berner　贝尔纳
Bennorf,Hans　伯恩多夫,汉斯
Bergeat　贝吉埃
Bertrand　贝特兰
Berry　贝里
Bidlingmaier　毕令麦尔
Bluhme　布鲁默
Börgen　伯尔根
Born　博恩
Böse　伯塞
Bowie　鲍伊
Brady　伯雷迪
Brauwer　伯罗沃尔
Brennecke　布伦纳克
Bresslau,E.　布来斯劳
Brondsted　布伦斯特
Bunsen,Robert　邦森,罗伯特
Burckhardt　伯克哈特
Burmeister　布迈斯特
Byerly　拜尔利

Cayeux　卡佑
Champerlin,R.T.　张伯林
Cheesman　奇斯曼
Clairaut　克莱劳
Clarke　克拉克
Closs　克鲁斯
Colin,P.　科林
Colosi　科洛希
Colberg,L.von　冯·柯尔贝格
Coleman　科勒曼
Copeland　柯佩兰
Coxworthy　柯克斯沃尔西
Cross　克罗斯

Dacqué 达奎
Daly 德利
Dana 丹纳
David 大卫
Davis 戴维斯
Dawson 道森
Day 德伊
De Beaufort 德彪福
De Geer 德·耶尔
Dinner 迪纳尔
Doelter 德尔特
Douglas,A.V. 道格拉斯
Douglas,D.V. 道格拉斯
Drude 特鲁德
Drygalski,V. 冯·德吕嘎斯基
Dutoit 迪托埃
Dutton,von 冯·德通

Easton,Wing 伊斯顿,温
Eckhardt 埃克哈特
Eigenmann 艾根曼
Engler 恩格勒
Eötvös 阿特乌斯
Epstein,P.S. 爱泼斯坦
Escher 埃塞尔
Euler 俄勒
Evans,John W. 埃文斯,约翰

Falbe 法尔伯
Faye 费耶
Ferrié 费里
Ferraz,L.C. 费拉兹
Filchner 希尔希纳
Fisher,Osmond 费舍尔,奥斯蒙德
Frech 费勒希
Fritz 费里茨
Fujiwhara 藤原

Gagel 嘎格尔
Galle 伽勒
Gentil 根蒂尔
Georgi,Johannes 格奥尔基,约翰内斯
Gilbert 吉尔伯特
Goldschmidt 戈尔德施米特
Gothan 哥坦
Gracht,van Waterschoot van der 格拉赫,范·瓦特锡特·范·德
Grogory 格里哥利
Griesebach 格里塞巴赫
Golfier 戈尔弗尔
Green 格林
Groll 格罗尔
Grosse 格罗塞
Gumbel 格于姆伯尔
Günther 冈特
Guppy 古皮
Gutenbery 古滕贝格

Hall,James 霍尔,詹姆斯
Hammer 哈姆尔
Hammond,J.C. 哈蒙德
Handlirsch 汉德里希
Hansens,Scott 亨逊,斯科特

Harrison 哈里逊
Haug 豪格
Hayford 海福特
Hecker 赫克尔
Hedley 赫德利
Heer 赫尔
Heil 海尔
Heim, A. 海姆
Heiskanen 海斯坎能
Helmert 赫尔梅特
Henning, Edw. 亨宁
Herder 赫德尔
Hergesell 赫尔格谢尔
Herman 赫尔曼
Heyde, H. 海德
Hobson 霍布森
Hoernes 赫尔内斯
Hofmann 霍夫曼
Högbom 霍格伯姆
Holzapfel, Rupert 霍兹阿费尔,鲁佩特
Holmes 霍姆斯
Horn 霍恩
Hough 奥格
Huus 胡斯

Ihering, V. 冯·依赫令
Irmsches 伊姆舍尔

Jacobitti 雅可比蒂
Jaschnov, W. A. 雅什诺夫
Jaworski 雅沃尔斯基
Jeffreys 杰弗里斯
Jensen 詹森
Joly 乔利
Jukes-Browne 雅克斯—勃劳恩
Jülg, Hugo 于尔格,胡戈

Karpinsky 卡宾斯基
Katzer 卡策尔
Kayer, E. 凯萨
Kelbl, Franz 克尔伯尔,弗朗茨
Kelvin 开尔文
Kühn, F. 克于恩
Kirsch 基尔希
Kober 柯伯尔
Koert 科埃特
Kohlschütter 科尔许特
Keidel 凯德尔
Keilhack 凯尔哈克
Klebelsberg, von 冯·克雷伯斯贝格
Koch, Hauptmann 科赫,豪普特曼
Kohn 科恩
Koken 科肯
Königsberger 柯尼斯贝格尔
Koppen, Else 柯克,艾尔莎
Kossina 柯西那
Kossmat 柯斯马特
Kostinsky 柯斯廷斯基
Kraus, Manfred 克劳斯,曼弗雷德
Kreichgauer 克赖希高尔
Kritzinger 克里欣格
Krümmel 克吕梅尔

Kubart 库巴特

Lambert 兰伯特
Laplace 拉普拉斯
Lapparent 拉帕兰特
Lauge-Koch 劳治一柯赫
Lawson, A. C. 劳森
Lely 莱利
Lemoine 雷莫埃
Letzmann, J. 列兹曼
Liapunow 里阿普诺夫
Lignier 李格尼尔
Little, F.B. 里特尔
Loewe, Fritz 骆沃,弗里茨
Lohse 罗谢
Loukaschewitsch 洛乌卡谢维奇
Lozinski, von 冯・罗辛斯基
Lugeon 鲁吉昂
Lyell 赖尔

Maack 马克
Mantovani 曼托万尼
Marshall 马歇尔
Matley 马特莱
Matthew 马修
Maurain, ch. 摩黎
Meinesz, Vening 迈聂许,温宁
Meissner 迈斯纳
Meyermann 迈耶曼
Meyrick 梅里克
Michaelsen 迈克尔森
Milankovitch 米兰柯维奇
Mirtzink, Marü 米欣克,马吕
Mohn 摩恩
Mohorovičič 莫霍洛维奇
Molengraaff, G. A. 摩伦格拉夫
Möller 摩勒
Moolengraaf 姆伦格拉夫
Murray 摩里伊
Mylius-Erichsen, Ludwig 米留斯一艾里逊,路德维希

Nansen 南森
Nathorst 纳特荷斯
Neumayr 诺麦尔
Neumayr-Uhlig 诺麦尔一乌利希
Newcomb 纽坎布
Nippoldt 尼波尔特
Noetling 诺厄特令
Nölcke 纳尔克

Obst, E. 奥勃斯特
Ökland, von 冯・鄂克兰
Oldham 奥尔德姆
Ors 俄尔斯
Ortmann 俄特曼
Osborn 俄斯伯恩
Osterwald 奥斯特瓦尔得

Paschinger 帕斯辛格
Passarge 帕萨格
Penck 彭克
Perlewitz 佩勒维支
Pfeffer 佩弗

Pickering, W. H. 皮克林
Poisson, P. 泊桑
Poole 普尔
Potonié, H. 波多尼
Pratt 普雷特
Prey 普雷

Quiring 奎令

Raclot, Auch 雷克洛,奥希
Rasmus 拉斯穆斯
Reade 里德
Rebeur-Paschwitz, v. 雷波尔—帕许维支
Reibisch 赖比许
Reichel, M. 赖歇尔
Reusch 罗依许
Reyer 赖日尔
Rucker 吕克尔
Rudzki 鲁茨基
Ryder 吕德尔

Sabel-Jörgenseen 萨贝尔—乔根逊
Sabine 萨宾
Sahni 萨尼
Salter 索尔特
Sapper 萨佩尔
Sayles 塞尔斯
Schardt 沙尔特
Scharff 沙尔夫
Schenk 申克
Schiaparelli 夏帕勒里
Schif, Curt 史夫,库尔特
Schiötz 史俄茨
Schmidt, Ad. 斯密特
Schmidt, J. 斯密特
Schmidt-ott 斯密特—俄特
Schott 索特
Schubert 舒伯特
Schuchert 舒赫特
Schuler 舒勒
Schumann 舒曼
Schwarz, Annaschwarz 许瓦茨,安娜
Schwarz, E. H. L. 许瓦茨
Schweydar 许韦达
Schwinner 许温诺尔
Semper 森班
Sibinga, Smit 西宾加,史密特
Simroth 西姆罗特
Skerl, J. G. A. 斯克尔
Skottsberg 斯科茨贝格
Snider, Antonio 斯尼德,安东尼奥
Soergel 塞格尔
Sokolow 索科罗
Sorge, Ernst 佐尔格,恩斯特
Staub 斯托布
Steinmann 许泰曼
Sterneck 许特恩艾克
Stille 斯蒂尔
Stokes 斯托克斯
Stromer 斯特罗默
Strutt 许图鲁特
Stück 许得克

Studt 许图特
Stutzer 许图策尔
Sueß,Edward 修斯,爱德华
Supan 苏潘
Süssmilch 许斯米尔希
Svedelius 史维德利乌斯

Taber 塔伯尔
Tams 塔姆斯
Tayler,F. B. 泰勒
Tilmann 梯尔曼
Trabert 特拉伯特
Traversi 特拉维希
Triulzi 特里乌济
Tschernischew 车尔尼雪夫

Ubisch,von 冯·乌比许
Udden 尤登

Visser 维塞
Vogt 伏格特
Vuuren,Van 范伍伦

Wagen,L. 瓦根
Wagner,H. 瓦格纳
Wallace 华莱士
Walther 瓦尔特
Wanach 瓦纳赫
Wanner 沃纳
Warming 魏尔明
Washington,H. S. 华盛顿
Wavre 韦夫来
Wegener,Richard 魏根纳,理查德
Weidman,S. 韦特曼
Wellmann 威尔曼
Wettstein,H. 维特斯坦因
Whitmann 惠特曼
Wiechert 维赫特
Wilckens 威尔肯斯
Wilde 维尔德
Willianson 威廉孙
Willis 威里士
Windhausen 温特豪森
Wittch 韦蒂希
Witting 韦廷
Wölcken,Kurt 沃尔肯,库特
Wolcott 沃尔科特
Wolff,von v. 冯·沃尔夫
Woodworth 伍德沃斯
Wundt-Schwenninger,W. 伍恩特—许温宁格

Yokoyama 横山

图书在版编目(CIP)数据

大陆和海洋的形成/〔德〕魏根纳著；张翼翼译. —北京：商务印书馆，1986(2020.8重印)
(汉译世界学术名著丛书)
ISBN 978-7-100-02409-9

Ⅰ. ①大… Ⅱ. ①魏… ②张… Ⅲ. ①大陆起源—研究②海洋起源—研究 Ⅳ. ①P311.2 ②P736.11

中国版本图书馆CIP数据核字(2010)第216290号

汉译世界学术名著丛书
大陆和海洋的形成
〔德〕阿·魏根纳 著
张翼翼 译

商 务 印 书 馆 出 版
(北京王府井大街36号 邮政编码100710)
商 务 印 书 馆 发 行
北京中科印刷有限公司印刷
ISBN 978-7-100-02409-9

1986年5月第1版　　开本850×1168 1/32
2020年8月北京第4次印刷　　印张13⅝　插页1
定价：39.00元